高等院校化学化工实验教学改革系列教材

化学工程与工艺专业实验

HUAXUE GONGCHENG YU GONGYI ZHUANYE SHIYAN

主 编　安 红

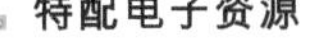

微信扫码

拓展阅读

视频学习

互动交流

南京大学出版社

图书在版编目(CIP)数据

化学工程与工艺专业实验 / 安红主编. -- 南京 : 南京大学出版社，2020.8

ISBN 978-7-305-23121-6

Ⅰ. ①化… Ⅱ. ①安… Ⅲ. ①化学工程—化学实验—高等学校—教材 Ⅳ. ①TQ016

中国版本图书馆 CIP 数据核字(2020)第 137317 号

出版发行　南京大学出版社
社　　址　南京市汉口路 22 号　　　　邮　编　210093
出 版 人　金鑫荣

书　　名　化学工程与工艺专业实验
主　　编　安　红
责任编辑　刘　飞　　　　编辑热线　025-83592146

照　　排　南京南琳图文制作有限公司
印　　刷　广东虎彩云印刷有限公司
开　　本　787×1092　1/16　印张 15.5　字数 362 千
版　　次　2020 年 8 月第 1 版　2020 年 8 月第 1 次印刷
ISBN 978-7-305-23121-6
定　　价　39.00 元

网址：http://www.njupco.com
官方微博：http://weibo.com/njupco
微信服务号：njuyuexue
销售咨询热线：(025) 83594756

前 言

《化学工程与工艺专业实验》是以化工过程研究与开发的方法为主线，按照化学工程学科的发展方向构建的专业实验教学内容。在实验内容选择上，充分考虑教学内容的系统性、典型性和综合性，以培养学生在实验研究过程中所必需的设计能力和研究能力为目的，锻炼和提高学生的动手能力，强化分析及解决复杂工程问题的能力。

本书结合目前国内理工院校较多采用的化工实验装置，以及相关实验教学内容进行编写。全书分“化工专业实验基础知识”和“化工专业实验实例”两个部分。化工专业实验基础知识包括化工实验安全知识和实验方案设计与数据处理，讲解了实验过程风险分析、风险防范的必要性及具体防范方法，以强化学生的健康、安全、环保意识和社会责任。化工专业实验实例包括基础数据测试实验、化工热力学实验、反应工程实验、化工分离技术实验、化工工艺实验以及研究开发实验等类型，共 27 个实例，读者可根据条件和教学要求选用。附录列出了一些实验设计的正交表和部分实验研究过程中所需的辅助仪器设备使用方法，以及应用 Aspen plus 软件进行物性估算。

本实验教材以期达到以下四个方面的教学要求和学习目标：

1. 通过实验验证所学的专业知识，提高学生的感性认识，并帮助其深入理解、巩固和加深所学的理论知识。

2. 加强实验基本操作技能的训练，掌握专业实验的基本技术和操作技能，学会专业实验主要仪器和装备的使用，通过实验掌握本专业实验研究的基本方法，为今后独立工作打下良好的操作技能基础。

3. 通过实验，观察实验中发生的各种现象，运用所学知识加以分析与归纳，找出发生的原因，提高分析问题和解决问题的能力，并为解决复杂工程问题打下良好的基础。

4. 培养学生在解决专业实验和复杂工程问题时考虑的解决方案，对社会、环境、健康、安全、法律以及文化的影响，并理解应承担的责任，在实践中理解并遵守工程职业道德规范，强化自身的团队合作能力和沟通能力。

本书可作为高等学校化工及相关专业的本科生教材，也可供相关行业及科研人员参考。第一篇实验基础知识可供学生自学，第二篇“实验实例”中有些实例侧重于验证专业理论，使学生加深对理论的理解，有些实验着眼于模拟生产实际过程，以提高学生对工程和工艺问题的认识。本书实例可根据具体条件和教学计划选择。研究开发型实验，可供学生进一步拓展选做。

参与本书编写以及相关化学工程与工艺专业实验指导的教师有：江苏海洋大学的许前会、武宝萍、葛洪玉、高树刚、张珍明。武宝萍、周华兰和王升康对部分实验项目进行了校对，南京工业大学任晓乾对部分实验内容提供了指导，史笑参与本书第一篇的编写，并对本书的图表制作和全书的文字进行了校对。

对本书中所引用文献资料的作者和单位，表示衷心感谢。

书中不妥之处，敬请批评指正。

安 红

2020年6月

目　录

第一篇　化工专业实验基础知识

第二篇　化工专业实验实例

第一篇

化工专业实验基础知识

第1章　化工实验安全知识

1.1　化工实验的危险性

化工实验过程的危险性主要来源于三个方面。

第一，化学品危险性：实验使用的大多数物质属于易燃、易爆、有毒、有害或者具有腐蚀性的危险化学品，实验者在操作或存储危险化学品时蕴含着一定风险。实验过程中，会产生一定中间产物或者副产物，也会产生废气、废液、废固，如果操作不及时或处理不当，会对人身安全和环境造成严重的影响。

第二，化学反应危险性：不同的化学反应，具有不同的原料、产品、工艺流程、控制参数，其危险性也呈现不同的水平。一般情况下，中和反应、复分解反应、酯化反应较少危险性，操作较易控制；氧化、还原、硝化反应等就存在火灾和爆炸的危险。一些情况下，操作稍有不慎将引发严重的安全事故，例如原料、中间产物或副产物中存在不稳定物质；高温、高压条件下易燃易爆物料参与的化学反应；接近爆炸极限运行的化学反应；高毒、强腐蚀性物料存在的化学反应等。

第三，操作过程危险性：化工实验室中，一些推进科研成果转化的综合性实验装置往往流程长、工艺复杂、操作变量多，又存在高温、高压、高速搅拌等苛刻实验条件，实验操作过程的危险性高。如“一氧化碳中温-低温串联变换实验”，该装置包含了气体钢瓶、原料气净化器、混合器、脱氧槽、水饱和器、反应器、分离器、气相色谱等部件；实验过程包含了气体流量控制与检测、反应器温度控制与检测、压力检测、气体样品含量分析等环节；操作参数高度依赖测控仪表、自控系统。因此，不确定因素多，实验过程存在较高的操作风险。

1.2 化工实验室常见事故

(1) 触电

在水控、换热、有机合成、分析等化工实验室中一般空气湿度较大，潮湿的空气凝结成的水滴容易附着在老化的用电线路、绝缘层破损处，容易发生触电事故。实验室中乱拉电线、实验设备的损坏等引起的触电事故常有发生。

(2) 灼烫

化工实验室中很多实验需要高温或者加热环境，实验过程中高温设备、物料容易烫伤实验人员。

(3) 火灾

实验人员误操作、实验设备损坏、危险化学品存放不当、仪器设备过热以及消防设备不足等因素均容易引起实验室火灾，造成人员伤亡和财产损失。

(4) 物理爆炸

在某些合成、反应等实验室中存在很多的高温高压容器，若实验设备材料质量不合格、腐蚀导致壁厚变薄、设备发生脆性变化以及人为损坏等，设备在高温高压的环境下很容易发生爆炸。在化工实验室中存在的氧气罐、氮气罐、氢气罐，若没有安装防护设施均容易发生爆炸事故。另外空气压缩机长期超负荷运行，使压缩空气的温度、压力波动大，导致储气罐的交变应力增加；压力容器本体、压力表、安全阀未定期校验，失去安全附件的作用等都是实验室发生物理爆炸的原因。

(5) 化学爆炸

实验室中存在的静电放电，如果与易燃易爆化学品接触容易发生化学爆炸；禁忌物品的存放不合理也是导致发生爆炸的主要原因；很多实验在高温高压环境下进行，因工艺条件不当、误操作等可能发生爆炸。

(6) 中毒和窒息

合成实验、有毒气体吸收实验、分解实验等化工实验大多数都涉及有毒有害物质，如果通风不畅或者未正确佩戴防护面罩很容易发生中毒和窒息事故；化学品储存室中储存有上百甚至几百种化学品，如果毒性气体泄漏、易挥发性有毒液体挥发也会导致中毒和窒息事故发生。

(7) 冻伤

实验室中的液氮、液氧以及一些低温反应，如果管线破裂或操作不当导致低温物质泄漏，对实验室人员可能造成冻伤。

随着我国高等教育的发展，高校实验室规模不断扩大，教学科研活动密集。高校实验室，特别是化学化工类实验室，安全事故频发且破坏程度大，火灾性和爆炸性事故给社会带来了严重的财产损失、危及人身安全。有调查分析证明，2010—2015 年间我国发生的 46 件典型实验室安全事故，89%的实验室安全事故是人为原因造成的，如违反标准操作规程、操作不慎或使用不当、试剂存储不规范、废弃物处置不当等。因此，建立制度化的安全防范措施，提高安全意识和自我保护能力，显得尤为重要。

化学化工实验室的安全监管和防范的问题，也是一个全球关注的问题。2008年，美国化学安全委员会（Chemical safety board，CSB）注意到实验室安全监管是个空白，专门制订发行了一份有关实验室危害识别与评估的指导手册（《Identifying and Evaluating Hazards in Research Laboratories》），指导实验人员如何识别和评价实验室危害，熟悉危害控制措施，掌握实验标准操作规程（standard operating procedures），通过采取合适的安全措施将危害控制和消灭在萌芽状态。综上所述，实验室安全不仅是个理念和意识问题，也是个需要掌握的技术问题。

1.3　实验过程危害识别

危害识别就是识别可能导致系统发生事故的危险因素，即采用特定的辨识方法对系统、工艺进行调查和分析，确定系统中哪些位置、区域、设备、材料等存在危险性。危害识别是实验室安全管理和防范工作的基础，在此基础上，可进行风险分析，即采用定性、定量或者两者相结合的方法分析各种危险因素，确定其危险程度、危险性质、可能发生的事故。通过危险识别和风险分析指导安全管理工作，可有效地控制危险因素使其不能转化为事故，制定有效的安全管理与风险控制措施。

1.3.1　确定范围

开展危害识别与风险分析之前，首先要确定范围，需要明确以下几点：

① 进行哪一步实验？

② 哪些人参与？

③ 需要什么类型的设备？

④ 在哪里进行实验？

⑤ 需要哪些化学物质或材料？

⑥ 从文献或已有经验获得关于实验的哪些信息？

1.3.2　危害识别

危害识别是最核心的工作，危害就是一种潜在的伤害。在一定条件下，如果对化学品实验条件、实验操作失去控制或防范不周，就会发生事故，造成人员伤亡和财产损失以及环境污染。

就化工实验过程而言，不论其规模大小、复杂与否，不外乎包含两个规程：一类是以化学反应为主，通常在特定反应器中进行，如石油裂解炉、催化加氢反应器、高分子聚合反应釜等，由于化学反应性质不同，反应器的差别很大；另一类是以物理变化为主，通常是利用专门设备完成的过程，如流体输送、传热、精馏、结晶等操作，此类操作通常涉及温度、压力、浓度等参数的变化，称为化工单元操作过程。因此，化工实验过程的危害识别主要关注三个方面:化学品、化学反应过程、单元操作。危险化学品的识别重点包括具有爆炸危险的物料、可引起爆炸和火灾的活性物料(不稳定物料)、可燃气体及易燃物料,以及能通过呼吸或皮肤吸收引起中毒的高毒和剧毒物料。危险化学反应过程的识别重点是具有不稳定活性物料参与或产生的化学反应,能释放大量反应热,且在高温、高压和气液两相状态下进行的化学反应。对此类反应风险分析的重点是反应失控的条件、反应失控的后果及防止反应失控的措施。表 1-1 中列出了国家安全监管总局公布的重点监管的 18 类化工工艺。

表 1-1　化工实验研究活动中常见的危害种类

危害类型	举　例
化学品	易燃、易爆、毒性、氧化性、还原性、自催化或不稳定、自燃性、潜在爆炸性、与水易反应、敏感性、生成过氧化物、催化性、化学性窒息、致癌、致畸、刺激性、致突变、非电离辐射、生物学危害
18 类危险性化工工艺	加氢、氯化、聚合,烷基化、光气及光气化、电解、氧化、硝化,合成氨、裂解、氟化、重氮化,过氧化、氨基化、磺化、新型煤化工、电石生产、偶氮化
操作过程	加热、冷却、冷凝冷冻、筛分、过滤、粉碎、混合、输送、干燥、蒸发、蒸馏、吸收、液-液萃取、结晶、熔融

1.3.2.1　化学品危害

(1) 化学品分类

化工实验室都少不了和各种化学品打交道,实验人员必须了解化学品的分类规则。最通用的规则是全球化学品统一分类和标签制度(globally harmonized system of classification and la beling of chemical, GHS),这是对危险化学品的危害性进行分类定级的标准方法,旨在世界范围内建立一种公认、全面、科学的化学品危险识别和分类方法,促进信息交流,加强化学品风险管理。GHS 充分考虑危险品在对健康和环境存在着潜在的有害影响,按照物理危害(16)、健康危害(10)及环境危害(3)三个方面,将危险化学品分为 26 类,如表 1-2 所示。我国颁布了 2020 版《危险化学品目录》,分类标准与国际接轨,同时,按照国家《危险化学品安全管理条例》,生产企业应当依据标准对化学品进行强制分类标签。

表 1-2　危险化学品分类

物理危险		
1	爆炸物	不稳定爆炸物、1.1、1.2、1.3、1.4
2	易燃气体	类别 1、类别 2、化学不稳定气体类别 A、化学不稳定气体类别 B
3	气溶胶(又称气雾剂)	类别 1
4	氧化性气体	类别 1
5	加压气体	压缩气体、液化气体、冷冻液化气体、溶解气体
6	易燃液体	类别 1、类别 2、类别 3

（续表）

物理危险		
7	易燃固体	类别 1、类别 2
8	自反应物质和混合物	A 型、B 型、C 型、D 型、E 型
9	自燃液体	类别 1
10	自燃固体	类别 1
11	自热物质和混合物	类别 1、类别 2
12	遇水放出易燃气体的物质和混合物	类别 1、类别 2、类别 3
13	氧化性液体	类别 1、类别 2、类别 3
14	氧化性固体	类别 1、类别 2、类别 3
15	有机过氧化物	A 型、B 型、C 型、D 型、E 型、F 型
16	金属腐蚀剂	类别 1
健康危险		
1	急性中毒	类别 1、类别 2、类别 3
2	皮肤腐蚀/刺激	类别 1A、类别 1B、类别 1C、类别 2
3	严重眼损伤/眼刺激	类别 1、类别 2A、类别 2B
4	呼吸道或皮肤致敏	呼吸道致敏物 1A、呼吸道致敏物 1B、皮肤致敏物 1A、皮肤致敏物 1B
5	生殖细胞致突变性	主要指可能导致人类生殖细胞发生可传播给后代的突变的化学品
6	致癌性	类别 1A、类别 1B、类别 2
7	生殖毒性	类别 1A、类别 1B、类别 2、附加类别
8	特异性靶器官毒性——一次接触	类别 1、类别 2、类别 3
9	特异性靶器官毒性—反复接触	类别 1、类别 2
10	吸入危险	类别 1
环境危险		
1	危害水生环境—急性危害	类别 1、类别 2
2	危害水生环境—长期危害	类别 1、类别 2、类别 3
3	危害臭氧层	类别 1

其类别号见《重大危险源辨识》(GB18218—2009)分类标准。

(2) 危险化学品标志

危险化学品安全标志是通过图案、文字说明、颜色等信息，简单地表征危险化学品的特性和类别，向使用者传递安全信息的警示性资料。当一种危险化学品具有一种以上的危险特性时，应同时用多个标志表示其危险性类别。按照国家标准《危险货物包装标志》(GB190—2009)，根据常用危险化学品的危险特性和类别，设主标志 16 种，副标志 11 种，主标志由表示危险特性的图案、文字说明、底色和危险品类别号四个部分组成的菱形标志，副标志图形中没有危险品类别号，当一种危险化学品具有一种以上的危险性时，应用主标志表示主要危险性类别，并用副标志来表示其他重要的危险性类别。危险化学品的 16 种主标志及图案说明，如表 1-3 所示。

表 1-3　危险化学品的 16 种主标志及图案说明

标志 1　爆炸品	标志 2　易燃气体	标志 3　不燃气体	标志 4　有毒气体
底色：橙红色 图形：正在爆炸的炸弹 文字：黑色	底色：正红色 图形：火焰(黑色或白色) 文字：黑色或白色	底色：绿色 图形：气瓶(黑色或白色) 文字：黑色或白色	底色：白色 图形：骷髅头和交叉骨形文字：黑色
标志 5　易燃液体	**标志 6　易燃固体**	**标志 7　自燃物品**	**标志 8　遇湿易燃物品**
底色：红色 图形：火焰(黑色或白色) 文字：黑色火焰(黑色或白色)	底色：红白相间的垂直宽条 图形：火焰(黑色) 文字：黑色	底色：上半部白色 图形：火焰(黑色或白色) 文字：黑色或白色	底色：蓝色 图形：火焰(黑色) 文字：黑色
标志 9　氧化剂	**标志 10　有机过氧化物**	**标志 11　有毒品**	**标志 12　剧毒品**
底色：柠檬黄色 图形：从圆圈中冒出的火焰(黑色) 文字：黑色	底色：上半部红色，下半部柠檬黄色 图形：火焰(黑色或白色) 文字：黑色或白色	底色：白色 图形：骷髅头和交叉骨形(黑色) 文字：黑色或白色	底色：白色 图形：骷髅头和交叉骨形(黑色) 文字：黑色

（续表）

标志 13　一级放射性物品	标志 14　二级放射性物品	标志 15　三级放射性物品	标志 16　腐蚀品
底色：上半部黄色，下半部白色 图形：上半部三叶形（黑色），下半部一条垂直的红色宽条 文字：黑色	底色：上半部黄色，下半部白色 图形：上半部三叶形（黑色），下半部两条垂直的红色宽条 文字：黑色	底色：上半部黄色，下半部白色黑色 图形：上半部三叶形（黑色），下半部三条垂直的红色宽条 文字：黑色	底色：上半部白色，下半部黑色 图形：上半部两个试管中液体分别向金属板和手上滴落（黑色） 文字：（下半部）白色
一级放射性物品 Ⅰ 7	二级放射性物品 Ⅱ 7	三级放射性物品 Ⅲ 7	腐蚀性

（3）化学品安全说明书

化学品安全说明书（safety data sheet for chemicals，SDS）是化学品生产商和经销商按法律要求必须提供的化学品理化特性（如 pH 值、闪点、易燃度、反应活性等）、毒性、环境危害，以及对使用者健康（如致癌、致畸等）可能产生危害的一份综合性文件，国际上称作化学品安全信息卡。按照要求，每种化学品都应该编制一份 SDS，一份合格的 SDS 应该包括化学品 16 个方面的信息：① 化学品及企业标示；② 成分/组成信息；③ 危险性概述；④ 急救措施；⑤ 消防措施；⑥ 泄漏应急处理；⑦ 操作处置与储运；⑧ 基础控制/个人防护；⑨ 理化特性；⑩ 稳定性与反应活性；⑪ 毒理学资料；⑫ 生态学资料；⑬ 废弃处置；⑭ 运输信息；⑮ 法规信息；⑯ 其他信息。使用者根据 SDS 提供的信息，可以充分考虑化学品在具体使用条件下的风险评估结果，采取必要的预防措施。化学品 SDS 信息由化学试剂供应商提供，也可以上网查询，以下是三个公共网站：

http://www.somsds.com/

http://www.ichemistry.cn/cas/SDS

http://www.51ghs.cn/msds_list/index.htm

1.3.2.2　反应过程危害

化学反应过程常常由于一些非预期的因素，如进料错误、杂质、反应器过热、冷却系统故障、外部火灾和搅拌失效等原因，使反应偏离正常操作范围，造成异常放热。若此时无法将所产生的热量迅速移除，则可能导致加速放热反应，有可能达到物料热分解温度，并引发二次分解反应的发生，造成体系温度和压力升高，最终导致灾难性事故的发生。某高校实验室氧化法制备石墨烯爆炸正是反应过程强放热引发二次分解反应的发生，因而造成爆炸事故。放热化学反应的冷却失效相当于反应体系处于绝热环境中，在冷却完全失效的条件下，目标反应发生失控，体系达到反应最高温度 MTSR（maximum temperature of the synthetic reaction），引发二次分解反应发生，整个过程如图 1-1“冷却失效模型”所示。因此，热危险性是可能造成反应失控的最典型表现，掌握热危险性的规律是实现化学反应过程安全的关键。

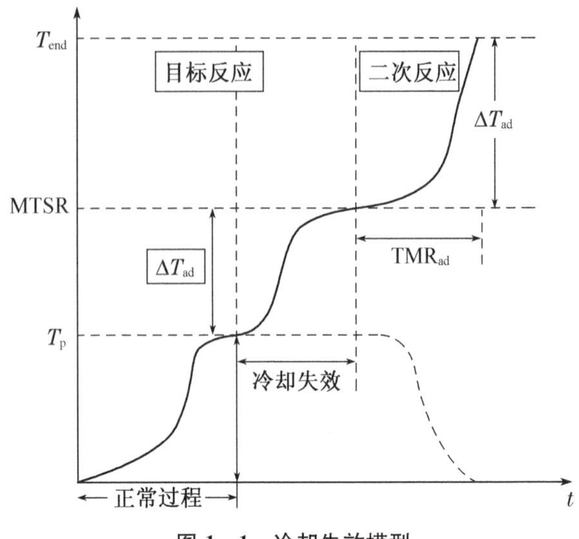

图 1-1 冷却失效模型

1.3.2.3 操作过程危害

在化工实验中，大多数的单元操作因其自身的特点或操作条件的影响存在不安全因素，为保证单元操作过程的安全性，首先应当熟悉安全操作技术，才能做到风险防范。某高校石油醚爆炸，正是因为夏季环境温度升高，石油醚未能及时冷却导致。因此，实验前应充分了解操作特点、分析操作过程的危害。

(1) 加热过程

实验室化工装置的加热应杜绝明火加热，常用的加热方法有热水、过热蒸汽、导热油、熔盐，以及载热体加热和电加热。采用水蒸气或热水加热时，应定期检查蒸汽夹套和管道的耐压强度，并安装压力计和安全阀，与水会发生反应的物料不宜采用水蒸气或热水加热；采用充油夹套加热时，油循环系统应严格密闭，防止热油泄漏。为了提高电感应加热设备的安全可靠程度，可采用较大截面的导线，以防过负荷；电感应线圈应密封起来，防止与可燃物接触。电加热器的电炉丝与被加热设备的器壁之间应有良好的绝缘，以防短路引起电火花，将器壁击穿，绝缘层应防潮、防腐蚀、耐高温；导线的负荷能力应能满足加热器的要求；加热或烘干易燃物质，以及受热能挥发可燃气体或蒸气的物质，应采用封闭式电加热器；电加热器应设置单独的电路，并安装适合的快速熔断器。

(2) 干燥过程

干燥是利用热能将固体物料中的水分(或溶剂)除去的单元操作。干燥的热源有热空气、过热蒸气、烟道气等，所用的介质有空气、烟道气、氮气或其他惰性气体。干燥过程的危险性来自于被干燥的物料。易燃易爆物料干燥时，采用真空干燥比较安全；加热时放热分解并释放大量气体的物质，应采用真空干燥或使用惰性气体保护；溶剂中含有易燃液体，应严格禁止明火加热并采用适当的防爆措施；在空气中加热发生放热氧化的物质，应控制加热温度。

(3) 精馏过程

精馏过程涉及热源加热、液体沸腾、气液分离、冷却冷凝等过程，热平衡安全问题和相态变化安全问题是精馏过程安全的关键。精馏操作的控制目标是在保证产品质量合格的前提下，使塔的回收率最高、能耗最低。在精馏操作中会有多方面原因影响它的正常进行。比如：① 塔的温度和压力；② 进料状态；③ 进料量；④ 进料组成；⑤ 进料温度；⑥ 回流量；⑦ 塔釜加热量；⑧ 塔顶冷却水的温度和压力；⑨ 塔顶采出量；⑩ 塔釜采出量。在精馏过程中，应该对以上因素进行实时监控，保证这些指标在正常范围内。

实验室精馏操作最重要的安全隐患有三个：其一，常压精馏塔顶冷却水忘记开通或中途断水，导致易燃有害的化学物质的蒸气从精馏塔顶逸出；其二，塔釜加热量过大，塔顶冷却量不够，导致常压精馏塔易燃有害的化学物质的蒸气从塔顶逸出，或导致加压精馏塔塔压骤升，引起塔体爆炸；其三，实验设备常用玻璃材质，不耐压且易碎，控制不当或操作不当，均会导致塔体崩裂，伤及人员。因此，从安全角度，在精馏操作过程中应关注物料和热量的平衡、操作条件与设备材质的匹配，严格规范的操作。

(4) 吸收过程

气体吸收是利用气体混合物各组分在液体溶剂中溶解度的差异来分离气体混合物的单元操作，其逆过程是解吸。吸收过程实质是气液两相在吸收塔内充分接触表面，使得两相间传热与传质过程能够充分有效地进行，两相接触后又能及时分开，互不夹带。气体吸收过程的危险性来自于不同危险性的吸收剂和气体。吸收操作的主要安全隐患包括三方面：其一，吸收尾气中的有毒物质没有设置合适的排放通道，聚集在实验室内；其二，有害吸收剂的蒸气裹挟在气体中并在空气中扩散；其三，溶剂在高速流动过程中产生大量静电，导致静电火花的危险。因此，吸收过程安全运行必须做好预先的防范措施。

(5) 萃取过程

溶剂的选择是萃取操作的关键，萃取剂的性质决定了萃取过程的危险性大小和特点。萃取剂的选择性、物理性质（密度、界面张力、黏度）、化学性质（稳定性、热稳定性和抗氧化稳定性）、萃取剂回收的难易和萃取的安全问题（毒性、易燃性、易爆性）是选择萃取剂时需要特别考虑的问题。

(6) 结晶过程

结晶是固体物质以晶体状态从蒸气、溶液或熔融物中析出的过程，也是个放热过程。结晶常见的安全隐患，一是来自于外力，即结晶过程常采用搅拌装置，当结晶设备内存在易燃液体蒸汽和空气的爆炸性混合物时，摩擦容易产生静电，引发火灾和爆炸，或搅拌不稳定引起的反应结晶放热不稳定，物料暴沸伤人；二是来自于内力，即强放热的快速反应结晶控制不当引起飞温爆炸。

1.4　实验过程风险分析

化工实验室危险因素繁多，人、物（设备、危险化学品等）、环境、管理等因素都可能引发事故；引起化工实验室事故的各种潜在危险因素是相互关联、相互影响的；在进行风险评价时应该运用安全系统工程原理和方法，以系统安全为目的，对系统中存在的危险因素进行辨识与分析，判断系统发生事故和职业危害的可能性及其严重程度，从而为制定防范措施和管理决策提供科学依据。新开发实验项目或对于现有实验项目做技术改进时，应当对具体实验过程开展风险分析、制定适宜的管理措施，如：取消或者替代某物质；优化工艺流程；加强通风橱、吸风罩等工程控制手段；加强危险性气体监控手段；增加个人防护用品等。常用的风险分析方法有安全检查表法（safety check list，SCL）、预先危险性分析（preliminary hazard analysis，PHA）法、故障类型与影响分析（failure model and effects analysis，FMEA）法、危险与可操作性分析（hazard and opera bility analysis）法、事件树分析（event tree analysis，ETA）法、事故树分析（failure tree analysis，FTA）法和因果分析（cause-consequence analysis，CCA）法。此外，还有故障假设分析（what if）、管理疏忽与危险树（management oversight and risk tree，MORT）等方法，可用于特定目的的危险因素辨识。各种评价方法都有各自的特点和使用范围，当系统的危险性较低时，一般采用经验的、不太详细的分析方法，如安全检查表法等；当系统的危险性较高时，通常采用系统、严格、预测性的方法，如危险与可操作性分析、故障类型与影响分析、事件树分析、事故树分析等方法。下面分别介绍三种适用于实验室风险分析的常用定性评价方法。

1.4.1 安全检查表法

安全检查表法是运用安全系统工程的原理，为发现设备、系统、工艺、管理以及操作中的各种可能导致事故的不安全因素而制作的分析表格；安全检查表的内容包括周边环境、设备、设施、操作、管理等各个方面；安全检查表不仅可以用于系统安全设计的审查，也可用于实验中危险因素的辨识、评价和控制，以及用于标准化作业和安全教育等方面，是实验室进行科学化管理、简单易行的基本方法。表1-4列举了化工实验室安全检查表的内容。

表1-4 化工实验室安全检查表

序号	检查项目	检查内容	是/否
1	通风、照明	(1) 实验室应保持照明充足、均匀； (2) 有通风排烟方案，配有排风设施	
2	电器	(1) 电线电缆完好，无破损； (2) 电闸保险丝符合规格； (3) 有无超负荷用电，乱拉电线等现象	
3	安全教育	(1) 安全管理部门对师生、工作人员进行实验室安全教育； (2) 对初次进入实验室的人员进行安全教育情况； (3) 定期对实验室师生和工作人员进行安全教育； (4) 关键和贵重仪器设备的操作者进行安全教育	
4	安全制度	(1) 按规程操作仪器； (2) 大型精密仪器设备履历表的填写； (3) 毒害品、易制毒品等专人专锁； (4) 实验室防盗、防火，易燃易爆、放射源、有毒有害等危化品的各项措施健全，明确有效安全管理制度； (5) 落实实验室的安全负责人和安全检查制度； (6) 落实实验室安全责任，明确实验室安全检查内容	

（续表）

序号	检查项目	检查内容	是/否
5	防火措施	(1) 易燃易爆危险化学品要有专人保管； (2) 消防器材按标准配备，有效安全、方便、应急通道无障碍； (3) 消防器材布置合理； (4) 各种易燃、压缩、液化气体有专人保管； (5) 有易燃物质的场所禁止吸烟； (6) 仪器设备是否有漏电现象，电线是否有破损现象； (7) 废弃纸箱、泡沫不得堆放于实验室内	
6	环境卫生	(1) 无漏水、漏气、漏油现象； (2) 实验室整齐划一、清洁卫生； (3) 实验台有无积尘	
7	危化品管理	(1) 危险品（易燃、易爆、剧毒、病原物和放射源等）储存、使用、搬运等符合规定； (2) 严控实验室危险品的出入； (3) 特种品（剧毒品、放射性物质）领取、使用手续严格，做到可根据记录追溯； (4) 特殊危险品库房严密监控，特殊危险品要双人双锁保管； (5) 妥善、科学处置实验室废弃物； (6) 未经许可，无关人员不得进入药品库房	
8	高压容器及管道	(1) 高压容器存放安全合理； (2) 易燃与助燃气瓶分开放置，容器阀门紧闭； (3) 实验室气瓶放置于气瓶架上或气瓶柜中； (4) 水、气管道完好不泄漏； (5) 高压容器注意安全使用	

1.4.2　危险性分析法

预先危险性分析法是在项目设计、实施之前，对存在的危险有害因素、事故后果、危险等级进行分析，找出主要危险因素，通过修改设计、加强安全措施来控制或消除识别的主要危险因素，使危险因素不致发展为事故，达到防患于未然的效果。表1-5和表1-6分别是危险因素和事故等级划分，表1-7是采用预先危险性分析法对"一氧化碳中温-低温串联变换反应实验"进行危害分析。

表1-5　危险因素等级划分表

危险等级	影响程度	定　义
Ⅰ	安全的	暂时不会发生事故
Ⅱ	临界的	事故处于边缘状态，暂时还不至于造成人员伤亡和财产损失，应予以措施控制
Ⅲ	危险的	必然会造成人员伤亡和财产损失，要立即采取措施
Ⅳ	灾难的	会造成灾难性事故（伤亡事故、系统破坏），必须立即排除

表 1-6 事故等级划分表

危险等级	影响程度	定 义
Ⅰ	安全的	不造成人员和系统损伤
Ⅱ	临界的	造成轻伤和次要系统损失
Ⅲ	危险的	造成一定程度伤害和主要系统损失
Ⅳ	灾难的	造成人员伤亡或系统损坏

表 1-7 预先危险性分析表

系统名称	CO与水变换反应生成CO_2,由钢瓶提供含有CO 17%(体积分数)原料气,经由减压阀调节,以一定气速进入水饱和器,再进入固定床催化反应器进行变换反应
故障状态 (触发事件)	(1) CO气体浓度超标; (2) 通风不良; (3) 实验人员缺乏CO危险性及其应急预防方法的知识; (4) 实验人员不清楚CO可能泄漏,应急处理不当; (5) 有毒现场无相应的防毒过滤器、面具、空气呼吸器以及其他相关防护用品; (6) 因故未戴防护用品; (7) 防护用品选型不当或使用不当; (8) 救护不当。
危险描述	(1) CO气体超过容许浓度; (2) CO摄入体内; (3) 缺氧。
危险因素等级	危险Ⅲ级
后果	(1) 人员中毒 (2) CO泄漏
事故等级	危险Ⅲ级
防范措施	(1) 严格控制设备及其安装质量,消除泄漏的可能性; (2) 良好的通风设施; (3) 泄漏后应采取相应措施① 查明泄漏源点,切断相关阀门,消除泄漏源,及时报告;② 如泄漏量大,应疏散有关人员至安全处; (4) 定期检修、维护保养,保持设备完好 (5) 要有应急预案,正确使用防毒过滤器、氧气呼吸器及其他个人防护用品; (6) 组织管理措施: ① 加强检查、监测有毒有害物质有否泄漏; ② 教育、培训实验人员掌握预防中毒、窒息的方法及其急救法; ③ 要求实验人员严格遵守各种规章制度、操作规程; ④ 张贴危险、有毒、窒息性标识; ⑤ 设立急救点,配备相应的急救药品、器材。

1.4.3 故障假设分析法

故障假设分析法是一种对系统工艺过程或操作过程的创造性分析方法。使用该方法的人员应对实验过程或设备熟悉,通过提问(故障假设)的方式来发现可能的、潜在的事故隐患,实际上是假想系统中一旦发生严重事故,找出促成事故的潜在因素,在最坏的条件下，导致事故的可能性。按照假设分析方法，首先要对实验过程提出各种假设问题，比如，如果原料用错，如果原料浓度不合适，如果原料含有杂质等。通常，将所有的问题都记录下来，然后将问题分门别类，例如：按照电气安全、消防、人员安全等问题分类，再分别进行讨论。表 1－8 是采用故障假设分析法对已经接入排风系统的“一氧化碳中温-低温串联变换反应实验”过程进行危害分析。

表 1－8　故障假设分析表

<table>
<tr><td>部门：__________</td><td colspan="3">操作过程描述：由钢瓶提供含有 CO 17%（体积分数）的原料气，经减压阀，以一定流速通过玻璃水饱和器，再进入固定床催化反应器进行变换反应，气体钢瓶柜、实验装置已接入通风系统</td><td>检查日期：__________</td></tr>
<tr><td>假　设</td><td>结　果</td><td>可能性</td><td>严重性</td><td>措　施</td></tr>
<tr><td>排风系统断电</td><td>人会接触暴露于高浓度 CO 气体中</td><td>很高</td><td>严重</td><td>提供应急电源并正常关闭钢瓶气体阀门</td></tr>
<tr><td>钢瓶减压阀失灵或直通</td><td>反应器或者管道破损，漏气</td><td>低</td><td>严重</td><td rowspan="3">在钢瓶减压阀出口处安装气体节流阀或者故障关闭阀，安装 CO 浓度监测报警及安全联锁系统</td></tr>
<tr><td>钢瓶减压阀压力表炸开</td><td>高压气体泄漏，人员暴露于高浓度 CO 气体中</td><td>低</td><td>严重</td></tr>
<tr><td>减压阀下游原料气泄漏</td><td>低压气体泄漏，潜在风险，随流速增加，人员暴露于 CO 气体中</td><td>中</td><td>严重</td></tr>
<tr><td>钢瓶内气体受污染</td><td>潜在放热反应，损坏反应器</td><td>低</td><td>严重</td><td>仔细检查钢瓶标签</td></tr>
<tr><td>钢瓶压力表指示不正确</td><td>压力表损坏，高压气体快速释放，玻璃水饱和器破裂</td><td>低</td><td>严重</td><td>在钢瓶减压阀出口处安装气体节流阀或者故障关闭阀，安装 CO 浓度监测报警及安全联锁系统</td></tr>
<tr><td>在接入 CO 气体前，反应器管路中仍有一定氧气未置换</td><td>CO 达到可燃范围，若存在点火源，将引起爆炸；氧气使得催化剂中毒</td><td>中</td><td>严重</td><td></td></tr>
<tr><td>反应器、管路中有残余气体时拆卸或打开</td><td>人暴露于有毒气体中</td><td>中</td><td>严重</td><td>监测空气质量或者配套自给式呼吸器</td></tr>
</table>

1.5　实验室危害控制措施

识别实验危害、开展风险分析的目的是建立不同层次的控制措施，如通风橱、应急计划、个人防护用品，以及确立必要的标准操作规程，将危险扼杀在摇篮中。不同的措施有不同的控制效果，从根本上避免实验危害才是上策，按照防范有效性从高到低依次为：消除、替代、改进、隔离、工程控制、行政管理、个人防护；可以分为三个层次：消除危害、减小危害、辅助控制，如图 1－2 所示。

(1) 层次一:消除危害

在新技术、新产品的开发过程中尽量避免使用具有危险性的物质、工艺和设备,即用不燃和难燃物质替代可燃物质,用无毒和低毒物质代替有毒物质,这样可以大大降低火灾、爆炸、中毒事故发生的可能。这种消除潜在危害因素的方法是预防事故的根本措施。

(2) 层次二:减小危害

这一层次主要包括以下 4 类措施。

① 替代危险,用危害更小、更安全的物质或设备替代现有的危害物质与设备。

② 改进设计,改进实验流程、操作条件、投料量的设计,使得危害物质在实验室的强度减小或使得危害因素得到有效控制。

③ 隔离危险,隔离产生危害因素的设备、物料等,如使用计算机在线控制、远程控制的方法,使得实验人员与危害因素之间形成物理上的分离。

④ 工程手段,运用各种工程技术控制手段降低各类事故的危害程度,降低有毒有害因素在实验室的暴露强度,如消防器材、化学通风橱、防溅护罩、手套箱、压力消毒柜、气体泄漏报警器、紧急冲淋、洗眼器等。

(3) 层次三:辅助控制

主要是指行政管理和个人防护两大类。

① 行政管理,通过行政手段加强实验室安全管理、加强人员安全教育,利用完善的管理制度及有效措施的实施来避免各类危害事故的发生。如成立 HSE(健康、安全、环境)管理办公室、建立科学规范的安全管理制度、建设安全教育网站做好人员培训、建立实验室准入制度等。

② 个人防护,利用防护设备使得实验人员避免接触物理、化学、生物等危害因素,从而保护人员安全。常用的个体防护分为眼面部防护、呼吸防护、听力防护、手足防护等。

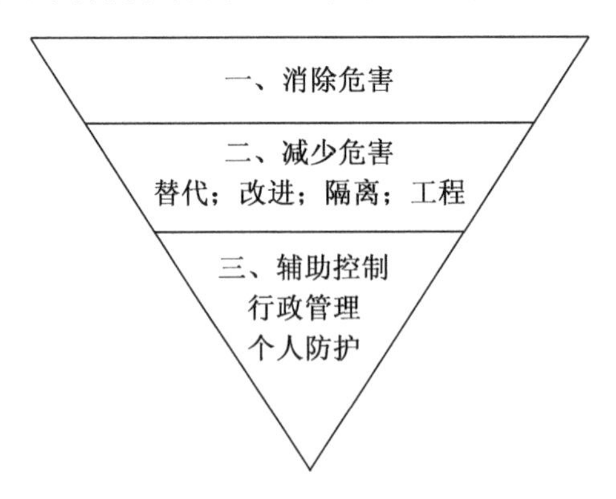

图 1-2　危害控制措施的三个层次

1.5.1　实验室安全设施

(1) 通风橱

通风橱是通风系统中的关键部分,能够防止易燃、有毒或有危害的蒸气、异味进入实验室普通区域,从而防止化学品暴露;钢化玻璃活动门拉至低位时,通风橱可为实验人员提供物理隔离;当发生化学品泄漏时可以提供一定的溢出容积。为保障其发挥正常功能,实验者应当掌握正确的使用方法和维护方法。

① 操作点应距离活动门边缘至少 10 cm。

② 活动门应始终保持在最低允许位置以减小通风面开度及暴露风险。

③ 拆装设备或其他任何操作时，实验人员头部决不能伸进通风橱的活动门平面以内。

④ 尽量减少在通风橱前面走动，避免干扰通风橱的气流。

⑤ 针对不同污染物，通风橱风速要求不一样：对人体无害但有污染 0.3～0.4 m/s，轻、中度危害物 0.4～0.5 m/s，极度危害或少量有放射性危害物要求 0.5～0.7 m/s。

⑥ 使用 TLV(8 h 日时量平均容许浓度)小于 50×10^{6} 的挥发性物质时，应当配备通风橱或者其他现场通风设施。

⑦ 安装实时气流监控装置，监控通风橱风速，通风橱至少每年完整检查一次以确保其运行。

⑧ 当通风系统停止，所有实验必须停止，盖好原料瓶，并将所有通风橱活动门关闭。

(2) 气体监测系统及报警器

实验室的监测报警系统主要考虑以下情况，即易燃气体、毒性气体和火警报警，通常针对三种危害气体进行监测：易燃气体(氢气、甲烷、乙炔等)、有毒气体(一氧化碳、硫化氢等)和窒息性气体(氮气、氦气等)。监测环境中的气体浓度，如果超过报警限值，则报警信号将启动，表现形式为蜂鸣器响、指示灯亮。为保障警报系统发挥正常功能，实验者应当掌握正确的使用方法和维护方法。

① 各种气体的报警装置使用有强制性要求，报警值应根据气体性质从安全使用角度设置，例如：可燃性气体可设置 25%LFL(燃烧下限)为低位报警点，50%LFL 为高位报警点；氧气检测装置，设置 19.5%为缺氧低位报警点，23.5%为富氧高位报警点。

② 气体监测器的安装位置应遵循以下原则：若蒸气密度比空气大，安装在离地面 0.45 m 以下的位置，特别注意蒸气可能在较低的区域积聚；若蒸气密度比空气小，安装在离地面 1.8～2.4 m 的位置，特别注意屋顶区域积聚；对于整个实验区域，监测探头之间距离建议不要超过 15 m。

③ 气体监测系统及报警器至少每年检查一次以确保其运行。

(3) 安全淋浴设备及洗眼器

当实验人员发生化学品暴露时，安全喷淋设备或者洗眼器可提供紧急防护。为保障其发挥正常功能，实验者应当掌握正确的使用方法和维护方法。

① 彻底冲洗 15 min，若眼睛发生化学品暴露，应当撑开眼皮确保水冲淋到了眼睛，若衣物等受污染，应当边冲淋边脱去所有防护用品和衣物；紧急情况下呼救，持续冲淋直到救护人员到达现场。

② 定期检查，做好记录，建议每周一次。

③ 安全喷淋、洗眼器与化学品之间的最大距离不应该超过 10 s 路程，距离应当不超过 30 m。

④ 安全喷淋、洗眼器应使用亮黄色或红色，便于实验人员或急救人员识别。

⑤ 安全喷淋附近应配有报警系统。

⑥ 洗眼器的阀门应当容易操作，打开时间不超过 1 s，阀门具有防腐蚀功能。

1.5.2 个人防护计划

(1) 预先了解实验室应急计划

① 熟悉实验室内最近的火警报警地点、报警电话。

② 掌握灭火器材的放置位置、类别和使用方法。

③ 了解安全设备放置位置、使用方法，如安全喷淋、紧急洗眼器等，保持周围无阻挡物。

④ 熟悉逃生通道，并保持安全出口畅通。

(2) 选择正确的个人防护用品

① 在实验室里面工作时应始终穿好实验服，扣好实验服扣子，不要将袖管卷起；保持实验服清洁干净，如果沾染有害化学品，将其脱污或者丢弃。

② 鞋子应当包跟、包趾、防渗漏、遮盖脚面 3/4 面积。

③ 佩戴合适的安全眼镜，防护眼镜用来保护眼睛免受飞来的碎屑伤害，但不能防气体、蒸气、液体和粉尘，在这种情况下，应当佩戴护目镜。

④ 根据操作需要选择合适的手套，如防烫、防冷冻、防刮伤、防化学品、防静电等，对于所有类型的手套使用前都要查看是否存在针孔以及撕裂处。

⑤ 选择正确的呼吸防护罩，如空气过滤式、供气式，或者半面式、全面式；非抛弃式呼吸罩存放时应避免粉尘、阳光直射、极端温度、化学品污染或者挤压变形。

⑥ 束起头发，不要穿肥大衣物和戴首饰。

1.6 实验室常用安全常识

(1) 防火安全常识

化学工程与工艺专业实验室通常配有一定数量不同类型的各种消防器材，实验操作人员要熟悉消防器材的存放地点和使用方法。

① 易燃液体(密度小于水)，如汽油、苯、丙酮等的使用，应远离火源，一旦着火，应该用泡沫灭火器来灭火，因为泡沫比易燃液体轻且比空气重，可覆盖在液体上面隔绝空气。

② 金属钠、钾和白磷等暴露在空气中极易燃烧，所以金属钠、钾应保存在煤油中，白磷则可保存在水中。钠、钾、钙、镁、铝粉、电石、过氧化钠等着火，应采用干砂灭火，此外还可用不燃性固体粉末灭火，绝对不能用水或二氧化碳泡沫灭火，因为这类物质可与水、二氧化碳发生剧烈化学反应，并大量放热。

③ 电气设备或带电系统着火，应采用四氯化碳灭火器灭火，绝对不能用水或二氧化碳泡沫灭火。因为后者可导电，易造成人员触电事故。四氯化碳灭火器使用时人员要站在上风侧，以防四氯化碳中毒。室内灭火后，应及时打开门窗通风。

④ 其他地方着火，通常可用水来灭火。一旦发生火情，不要慌乱，要冷静判断情况，及时采取措施，迅速找来灭火器和水龙头等进行灭火。若遇自行不能扑灭的火情，应立即

拨打火警电话报警。

（2）用电安全常识

① 实验之前，必须了解室内总电闸与分电闸的位置，便于出现用电事故时及时切断电源。

② 实验室电气设备的功率不得超过电源负载能力，使用电气设备前，应检查是否漏电，常用仪器装置外壳必须良好接地，并定期检查。

③ 接触或操作电气设备时，人体与设备导电部分不能直接接触，手必须干燥。所有的电气设备在带电时不能用湿布擦拭，更不能有水落于其上。不能用试电笔去测试高电压。

④ 维修电气设备时，必须停电作业。

⑤ 在启动电动机时，首先应在合闸前用手转动一下电动机的轴。合上电闸后，应立即查看电动机是否已转动，若不转动，应立即拉闸，否则很容易烧毁电动机。

⑥ 电气设备上的导线接头必须紧密牢固，裸露的部分必须用绝缘胶布包好，或者用塑料绝缘管套好。保险管、熔断丝等都应按规定电流标准使用，不能任意加大，更不允许用铜丝或铝丝代替。

⑦ 在实验过程中，如果发生停电现象，必须关闭电源开关，并把电压或电流调节器调至“零位状态”。否则，在恢复通电后，接通电源开关时，用电设备可能会在较大功率下启动运行，易造成用电设备的损坏。

⑧ 离开实验室前，必须拉下本实验室的总电闸，关闭总电源。

（3）使用汞的安全知识

在化学工程与工艺专业实验中，U形压差计中的汞是容易被人们所忽视的毒物。汞是种积累性毒物，因此在使用时必须做到如下几点：

① 不能将汞直接暴露于空气中，因为汞易挥发。为此，在装有汞的容器中，必须在汞液面之上加上一层水封。

② 取汞时，一定要缓慢倾斜容器倒出，以免溅出。为防止可能的洒落，操作应尽量放在浅搪瓷盘内进行。

③ 实验操作前应检查用汞仪器安放或仪器连接处是否牢固，应及时更换已老化的接管。接管采用橡胶管或塑料管时，其连接处必须用管卡扣固牢，以免在实验过程中脱落造成汞流出。

④ 当有汞洒落在地上、桌上或水槽等地方时，应尽可能地用吸汞管将汞珠收集起来，然后用金属片（如锌、铜等）在汞溅落处多次刮扫；最后用多硫化钙或硫黄覆盖在有汞溅落的地方，并摩擦，使汞变为不溶于水、不挥发的硫化汞。接触过汞的滤纸或布块必须放在有水的陶瓷缸内，统一处理。因为细粒汞蒸发面积变大，更易于挥发。绝不能采用扫帚扫或用水冲的办法处理洒落的汞。

⑤ 装有汞的仪器应避免受热，保存汞的地方应远离热源，严禁将有汞的器具放入烘箱。

⑥ 用汞的实验室要有良好的通风设备（特别要有通风口在地面附近的下排风口），并与其他实验室分开，经常通风排气。

(4) 使用高压钢瓶的安全知识

气体钢瓶正常使用时,在钢瓶上必须安装配套的减压阀。不使用气体时,钢瓶的总阀应该处于关闭状态,减压阀也应该是关闭的(减压阀属于反作用开关阀门,其调压手柄逆时针拧至松动为关闭)。使用气体时,首先打开钢瓶总阀,此时压力表应显示出瓶内储气总压力。然后缓慢地顺时针转动减压阀调压手柄,至减压阀上压力表显示压力达到实验所需压力为止。停止使用气体时,先关闭钢瓶总阀,待减压阀中余气逸尽后,再关闭减压阀。

使用气体钢瓶的注意事项:

① 使用高压钢瓶的主要危险是可能出现的漏气和钢瓶爆炸。当钢瓶受到日光或明火等热源辐射时,瓶内气体受热膨胀,会引起瓶内压力的升高。当压力超过钢瓶的耐压强度时,容易引起钢瓶爆炸。因此,在钢瓶运输、保存和使用时,应远离热源(明火、暖气等),并避免长期在日光下曝晒。

② 可燃性压缩气体的漏气也会造成危险。应尽可能避免氧气钢瓶和可燃性气体钢瓶放置在同一房间使用(如氢气钢瓶和氧气钢瓶),因为两种钢瓶同时漏气时更易引起着火和爆炸。如氢气泄漏时,当氢气与空气混合后体积分数达到4%~74%时,遇明火会发生爆炸。按使用规范,可燃性气体钢瓶与明火距离应在10 m以上。

③ 钢瓶即使在常温的情况下受到猛力撞击或不小心将其碰倒坠落,也有可能引起爆炸。因此,在搬运钢瓶时,应戴好钢瓶帽和橡胶安全圈,并严防钢瓶摔倒或受到撞击,以避免发生意外爆炸事故。使用钢瓶时,必须将其固定。有条件时,应尽可能将其固定在防爆钢瓶柜内。

④ 绝不能将油或其他易燃性有机物黏附在钢瓶上(特别是出口和气压表处);也不可用麻、棉等物堵漏,以防燃烧引起事故。手上沾有油污时,禁止接触气体钢瓶:也不能用带有油污的扳手开关钢瓶。

⑤ 在实验室使用钢瓶时一定要用专用的气压表,各种气压表不能混用。一般可燃性气体的钢瓶气门螺纹是左旋的(如H_2、乙炔等),不燃性或助燃性气体的钢瓶气门螺纹是右旋的(如N_2、O_2等)。这也是为了防止不同气压表的混用。

⑥ 在使用钢瓶时,必须通过减压阀或高压调节阀连接装置及仪器,当钢瓶安装好气压表、减压阀和连接管线后,在使用前必须要在调节阀、总阀上用肥皂水检查确认不漏气才能使用。

⑦ 开启钢瓶阀门及调压时,人不要站在气体出口的前方,头不要处于瓶口之上,而应在钢瓶的侧面,以防钢瓶的总阀或气压表被冲出而造成人身伤害。

⑧ 当钢瓶使用到瓶内压力低于0.5 MPa时,应停止使用。压力过低会给充气带来不安全因素,当钢瓶内压力与外界压力相同时,会造成空气的进入。

⑨ 钢瓶必须严格按期检验。使用中的气瓶每3年应检查一次,装腐蚀性气体的钢瓶每2年检查一次,不合格的气瓶不可继续使用。

⑩ 氢气瓶应放置在远离实验室的专用小屋内,用纯铜管将气体引入实验室,并安装防止回火的装置。

参考文献

[1] Chemical Safety Board. Identifying and Evaluating Hazards in Research Laboratories[M]. American Chemical Society, 2015.
[2] 赵劲松. 化工过程安全[M]. 北京:化学工业出版社,2016.
[3] 黄志斌,唐亚文,孙尔康. 高等学校化学化工实验室安全教程[M]. 南京:南京大学出版社,2015.
[4] 孙玲玲. 高校实验室安全与环境管理导论[M]. 杭州:浙江大学出版社,2013.
[5] 沈郁,于风清. 化学反应危害的识别及预防控制[J]. 安全、健康和环境,2006,6(12):2.
[6] 乐清华. 化学工程与工艺专业实验[M]. 北京:化学工业出版社,2018.

第2章　实验方案设计与数据处理

化学工程与工艺专业实验是为培养和提高学生实验研究能力、工程设计能力、工程实践能力和创新能力而设立的一门课程。它以化学工程与工艺的专业课(化工热力学、化学反应工程、分离工程等)为理论基础，与化工原理实验、毕业论文(设计)等形成完整的工程实验实践教学环节。

化学工程与工艺专业实验的组织与实施原则上可分为三个阶段，第一是实验方案的设计，第二是实验方案的实施，第三是实验结果的处理与评价。

2.1　实验方案的设计

根据实验内容，拟定一个具体的实验安排表，以指导实验的进行，这项工作称为实验设计，又称为试验设计。把数学上优化理论、技术应用到实验设计中，科学地以最少的人力、物力和时间，最大限度地获得丰富、准确、可靠的信息与结论是实验设计的目的。化学工程与工艺专业实验通常涉及多变量多水平的实验设计。目前实验设计方法有析因设计法、正交试验设计法、回归分析法、正交多项式回归法、均匀设计法、单纯形法及 Powel 法等，应用范围也越来越广泛和有效。下面介绍在化学工程与工艺专业实验中较为常用的一些实验设计方法。

2.1.1　析因设计法

析因设计是研究变动着的两个或多个因素效应的有效方法。许多实验要求考察两个或多个变动因素的效应。例如，在化工工艺实验中要考察实验温度、反应时间、原料浓度、配比等因素对产品收率的影响。将所研究的因素按全部因素的所有水平(位级)的一切组合逐次进行试验，称为析因试验。析因设计法又称网格法，该法的特点是以各因子、各水平的全面搭配来组织实验，逐一考察各因子的影响规律。通常采用的实验方法是单因子变更法，即每次实验只改变一个因子的水平，其他因子保持不变，以考察该因子的影响。如在产品制备的工艺实验中，常采取固定原料浓度、配比、搅拌强度或进料速率，考察温度的影响，或固定温度等其他条件，考察浓度影响的实验方法。据此，要完成所有因子的考察，实验次数 n、因子数 N 和因子水平数 K 之间的关系为：$n=K^N$。例如，做一个四因素三水平的实验，按全面实验要求，需进行 $3^4=81$ 次实验。可见，对多因子、多水平系统，该法的工作量非常大，一般可采用正交设计法。

2.1.2　正交实验设计

当实验中需考察不同条件对过程的影响情况时，实验方案的设计就非常重要了。实验方案设计可以考虑析因设计。析因设计的最大优点是所获得的信息量很多，可以准确地估计各实验因素的主效应的大小，还可估计因素之间各级交互作用效应的大小；其最大缺点是所需要的实验次数最多，因此耗费的人力、物力和时间也较多，当所考察的实验因素和水平较多时，研究者很难承受。当析因设计要求的实验次数太多时，一个非常自然的想法就是从析因设计的水平组合中，选择一部分有代表性的水平组合进行试验，以减少试验次数。因此就出现了分式析因设计(fractional factorial designs)，但是对于初期进行探索实验的实际工作者来说，选择适当的分式析因设计还是比较困难的。

正交试验设计(orthogonal experimental design)是进行多因素多水平实验研究的又一种设计方法。它是根据正交性，从全面试验中挑选出部分有代表性的点进行试验，这些有代表性的点具备“均匀分散、齐整可比”的特点。正交试验设计是分式析因设计的主要方法，是一种高效率、快速、经济的实验设计方法。日本著名的统计学家田口玄一将正交试验选择的水平组合列成表格，称为正交表。例如做一个三因素三水平的实验，按全面实验要求，须进行 $3^3=27$ 种组合的实验，且尚未考虑每一组合的重复数。若按 $L_9(3^3)$ 正交表安排实验，只需做 9 次；按 $L_{18}(3^7)$ 正交表安排实验，需进行 18 次实验，显然大大减少了工作量。因而正交实验设计在很多领域的研究中已经得到广泛应用。

(1) 正交表

正交表是一整套规则的设计表格，用 $L_n(t^c)$ 表示。L 为正交表的代号，n 为试验的次数，t 为水平数，c 为列数，也就是可能安排因素的最多个数。例如 $L_9(3^4)$(见表 2-1)，它表示需做 9 次实验，最多可观察 4 个因素，每个因素均为 3 水平。一个正交表中也可以各列的水平数不相等，即混合型正交表，如 $L_8(4\times2^4)$(见表 2-2)，此表的 5 列中，有 1 列为 4 水平，4 列为 2 水平。根据正交表的数据结构可以看出，正交表是一个 n 行 c 列的表，其中第 j 列由数码 1,2,…,S_j 组成，这些数码均各出现 N/S 次，例如表 2-1 中，第二列的数码个数为 3，$S=3$，即由 1、2、3 组成，各数码均出现 $N/3=9/3=3$ 次。

表 2-1　$L_9(3^4)$ 正交表

试验号	列号			
	1	2	3	4
1	1	1	1	1
2	1	2	2	2
3	1	3	3	3
4	2	1	2	3
5	2	2	3	1
6	2	3	1	2
7	3	1	3	2
8	3	2	1	3
9	3	3	2	1

表 2-2　$L_8(4\times2^4)$正交表

试验号	列号			
	1	2	3	4
1	1	1	1	1
2	1	2	2	2
3	2	1	1	2
4	2	2	2	1
5	3	1	2	2
6	3	2	1	1
7	4	1	2	1
8	4	2	1	2

正交表具有以下两项性质。

① 每一列中，不同的数字出现的次数相等。例如在两水平正交表中，任何一列都有数码"1"与"2"，且任何一列中它们出现的次数是相等的；如在三水平正交表中，任何一列都有"1"、"2"、"3"，且在任一列的出现次数均相等。

② 任意两列中数字的排列方式齐全而且均衡。例如在两水平正交表中，任何两列(同一横行内)有序数对共有 4 种，(1,1)、(1,2)、(2,1)、(2,2)，每种数对出现次数相等。在三水平情况下，任何两列(同一横行内)有序数对共有 9 种，(1,1)、(1,2)、(1,3)、(2,1)、(2,2)、(2,3)、(3,1)、(3,2)、(3,3)，且每对出现次数也均相等。

以上两点充分地体现了正交表的两大优越性，即"均匀分散、齐整可比"。通俗地说每个因素的每个水平与另一个因素各水平各碰一次，这就是正交性。

(2) 交互作用表

每一张正交表后都附有相应的交互作用表，它是专门用来安排交互作用试验的。如表 2-3 为 $L_8(2^7)$正交表，表 2-4 就是 $L_8(2^7)$表的交互作用表。

表 2-3　$L_8(2^7)$正交表

试验号	列号						
	1	2	3	4	5	6	7
1	1	1	1	1	1	1	1
2	1	1	1	2	2	2	2
3	1	2	2	1	1	2	2
4	1	2	2	2	2	1	1
5	2	1	2	1	2	1	2
6	2	1	2	2	1	2	1
7	2	2	1	1	2	2	1
8	2	2	1	2	1	1	2

安排交互作用的试验时，是将两个因素的交互作用当作一个新的因素，占用一列，为交互作用列，从表 2－4 中可查出 $L_8(2^7)$ 正交表中的任何两列的交互作用列。表中带( )的为主因素的列号，它与另一主因素的交互列为第一个列号从左向右，第二个列号顺次由下向上，二者相交的号为二者的交互作用列。例如将 A 因素排为第(1)列，B 因素排为第(2)列，两数字相交为 3，则第 3 列为 A×B 交互作用列。又如可以看到第 4 列与第 6 列的交互作用列是第 2 列等等。

表 2－4　$L_8(2^7)$ 表的交互作用表

列号	1	2	3	4	5	6	7
2	(1)	3	2	5	4	7	6
		(2)	1	6	7	4	5
			(3)	7	6	5	4
				(4)	1	2	3
					(5)	1	2
						(6)	1

(3) 正交试验的表头设计

表头设计是正交设计的关键，它承担着将各因素及交互作用合理安排到正交表的各列中的重要任务，因此一个表头设计就是一个设计方案。

表头设计的主要步骤如下：

① 确定列数

根据试验目的，选择处理因素与不可忽略的交互作用，明确其共有多少个数，如果对研究中的某些问题尚不太了解，列可多一些，但一般不宜过多。当每个试验号无重复，只有 1 个试验数据时，可设 2 个或多个空白列，作为计算误差项之用。

② 确定各因素的水平数

根据研究目的，一般二水平(有、无)可作因素筛选用，也适用于试验次数少、分批进行的研究。三水平可观察变化趋势，选择最佳搭配。多水平以能一次满足试验要求为宜。

③ 选定正交表

根据确定的列数(c)与水平数(t)选择相应的正交表。例如观察 5 个因素 8 个一级交互作用，留两个空白列，且每个因素取 2 水平，则适宜选 $L_{16}(2^{15})$ 表。由于同水平的正交表有多个，如 $L_8(2^7)$、$L_{12}(2^{11})$、$L_{16}(2^{15})$，因此一般只要表中列数比计划需要观察的因素个数稍多一点即可，这样省工省时。

④ 表头安排

应优先考虑交互作用不可忽略的处理因素，按照不可混杂的原则，将它们及交互作用首先在表头安排妥当，而后再将剩余各因素任意安排在各列上。例如某项目考察 4 个因素 A、B、C、D 及 A×B 交互作用，各因素均为 2 水平，现选取 $L_8(2^7)$ 表，由于 A、B 两因素需要观察其交互作用，故将二者优先安排在第 1、第 2 列，根据交互作用表，查得 A×B 应排在第 3 列，于是 C 排在第 4 列，由于 A×C 交互在第 5 列，B×C 交互作用在第 6 列，虽然未考查 A×C 与 B×C,为避免混杂之嫌,D 就排在第 7 列。设计结果见表 2-5。

表 2-5 $L_8(2^7)$表头设计

列号	1	2	3	4	5	6	7
因素与交互作用	A	B	A×B	C			D

⑤ 组织方案实施

根据选定正交表中各因素占有列的水平数列,构成实施方案表,按实验号依次进行,共做 n 次实验,每次实验按表中横行的各水平组合进行。例如 $L_9(3^4)$表,若安排四个因素,第一次实验 A、B、C、D 四因素均取 1 水平;第二次实验 A 因素 1 水平,B、C、D 取 2 水平;……第九次实验 A、B 因素取 3 水平,C 因素取 2 水平,D 因素取 1 水平。实验结果数据记录在该行的末尾。因此整个设计过程可用一句话归纳为:"因素顺序上列,水平对号入座,实验横着去做"。

(4) 二水平正交试验设计与方差分析

下面以一个实例简单介绍有交互作用的正交试验设计及方差分析。

某研究室研究影响某试剂回收率的三个因素,包括温度、反应时间、原料配比,每个因素都为二水平,各因素及其水平见表 2-6。选用 $L_8(2^7)$正交表进行实验,实验结果见表 2-7。

表 2-6 因素与水平

因素	水平	
	1	2
A. 温度/℃	60	80
B. 反应时间/h	2.5	3.5
C. 原料配比	1.1∶1	1.2∶1

表 2-7 某试剂回收率的正交试验 $L_8(2^7)$表结果

试验号	1 A	2 B	3 A×B	4 C	5	6	7	实验结果 回收率 X/%
1	1	1	1	1	1	1	1	86
2	1	1	1	2	2	2	2	95
3	1	2	2	1	1	2	2	91
4	1	2	2	2	2	1	1	94
5	2	1	2	1	2	1	2	91
6	2	1	2	2	1	2	1	96
7	2	2	1	1	2	2	1	83
8	2	2	1	2	1	1	2	88
I_j	366	368	352	351	361	359	359	

（续表）

试验号	1 A	2 B	3 A×B	4 C	5	6	7	实验结果 回收率 X/%
II_j	358	356	372	373	363	365	365	
II_j-I_j	8	12	−20	−22	−2	−6	−6	
SS_j	8.0	18.0	50.0	60.5	0.5	4.5	4.5	

首先计 I_j 算与 II_j，I_j 为第 j 列第 1 水平各试验结果取值之和，II_j 为第 j 列第 2 水平各试验结果取值之和。然后进行方差分析。过程为：

总离差平方和

$$SS_T=\sum X^2-\frac{\left(\sum X\right)^2}{n}=65\,668-\frac{(724)^2}{8}=146.0$$

各列离差平方和　　　　$SS_j=\dfrac{(I_j-II_j)^2}{n}$

本例各列离差平方和见表 2-7 最底部一行。各空列 SS_j 之和即误差平方和 $SS_e=\sum SS_{空列}=0.5+4.5+4.5=9.5$。

自由度 v 为各列水平数减 1，交互作用项的自由度为相交因素自由度的乘积。分析结果见表 2-8。

表 2-8　$L_8(2^7)$三种因素对某溶剂回收率影响的正交试验方差分析表

变异来源	离差平方和 SS	自由度 v	均方差 MS	F 值	P 值
A	8.0	1	8.0	2.53	0.210 2
B	18.0	1	18.0	5.68	0.097 3
A×B	50.0	1	50.0	15.79	0.028 5
C	60.5	1	60.5	19.1	0.022 2
误差	9.5	3	3.16		
总变异	146.0	7			

从表 2-8 看出，在 $a=0.05$ 水准上，只有 C 因素与 A×B 交互作用有统计学意义，其余各因素均无统计学意义。A 因素影响最小，考虑到交互作用 A×B 的影响较大，且它们的二水平为优。在 C_2 的情况下，有 B_1A_2 和 B_2A_1 两种组合状况下的回收率最高。考虑到 B 因素影响较 A 因素影响大些，而 B 中选 B_1 为好，故选 A_2B_1。这样最后决定最佳配方为 $A_2B_1C_2$，即温度 80 ℃，反应时间 2.5 h，原料配比 1.2∶1 为最佳配方。

如果使用计算机进行统计分析，则在数据处理时只需要输入试验因素和实验结果的内容，交互作用列的内容不用输入，然后按照表头定义要分析的模型进行方差分析。

2.1.3　序贯实验设计法

序贯法是一种更加科学的实验方法。它将最优化的设计思想融入实验设计之中，采取边设计、边实施、边总结、边调整的循环运作模式。根据前期实验提供的信息，通过数据处理和寻优，搜索出最灵敏、最可靠、最有价值的实验点作为后续实验的内容，周而复始，直至得到最理想的结果。这种方法既考虑了实验点因子水平组合的代表性，又考虑了实验点的最佳位置，使实验始终在效率最高的状态下运行，实验结果的精度提高，研究周期缩短。在化工过程开发的实验研究中，尤其适用于模型鉴别与参数估计类实验。

2.2 实验数据的处理

2.2.1 实验数据的误差分析

由于实验方法和实验设备的不完善、周围环境的影响，以及人的观察力、测量程序等限制，实验观测值和真值之间总是存在着一定的差异。人们常用绝对误差、相对误差或有效数字来说明一个近似值的准确程度。为了评定实验数据的精确性或误差，认清误差的来源及其影响，需要对实验的误差进行分析和讨论。由此可以判定哪些因素是影响实验精确性的主要方面，从而在以后的实验中，进一步改进实验方案，缩小实验观测值和真值之间的差值，提高实验的精确性。

2.2.1.1 误差的基本概念

测量是人类认识事物本质所不可缺少的手段。通过测量和实验能使人们对事物获得定量的概念和发现事物的规律性。科学上很多新的发现和突破都是以实验测量为基础的。测量就是用实验的方法，将被测物理量与所选用作为标准的同类量进行比较，从而确定它的大小。

（1）真值与平均值

真值是待测物理量客观存在的确定值，也称理论值或定义值。通常真值是无法测得的。在实验中，若测量的次数无限多时，根据误差的分布定律，正负误差的出现概率相等。再经过细致的消除系统误差，将测量值加以平均，可以获得非常接近于真值的数值。但是实际上实验测量的次数总是有限的。用有限次测量值求得的平均值只能是近似真值，常用的平均值有以下几种。

① 算术平均值。算术平均值是最常见的一种平均值。

设 x_1、x_2、…、x_n 为各次测量值，n 代表测量次数，则算术平均值为：

$$\bar{x}=\frac{x_1+x_2+\cdots+x_n}{n}=\frac{\sum_{i=1}^{n}x_i}{n} \tag{2-1}$$

② 几何平均值。几何平均值是将一组 n 个测量值连乘并开 n 次方求得的平均值，即

$$\bar{x}_n=\sqrt[n]{x_1x_2\cdots x_n} \tag{2-2}$$

③ 均方根平均值。

$$\bar{x}_{均}=\sqrt{\frac{x_1^2+x_2^2+\cdots+x_n^2}{n}}=\sqrt{\frac{\sum_{i=1}^{n}x_i^2}{n}} \tag{2-3}$$

④ 对数平均值。在化学反应、热量和质量传递中，其分布曲线多具有对数的特性，在这种情况下表征平均值常用对数平均值。

设两个量 x_1、x_2，其对数平均值为：

$$\bar{x}_{对}=\frac{x_1-x_2}{\ln x_1-\ln x_2}=\frac{x_1-x_2}{\ln\frac{x_1}{x_2}} \tag{2-4}$$

应指出，变量的对数平均值总小于算术平均值。当 $x_1/x_2\leqslant 2$ 时，可以用算术平均值代替对数平均值。

如 $x_1=1$、$x_2=2$ 时，$\bar{x}_{对}=1.443$，$\bar{x}=1.50$，$(\bar{x}_{对}-\bar{x})/\bar{x}_{对}=4.2\%$，即 $x_1/x_2\leqslant 2$，引起的误差不超过 4.2%。

以上介绍各平均值的目的是要从一组测定值中找出最接近真值的那个值。在化学工程与工艺实验和科学研究中，数据的分布多属于正态分布，所以通常采用算术平均值。

(2) 误差的分类

根据误差的性质和产生的原因，一般分为三类。

① 系统误差。系统误差是指在测量和实验中由未发觉或未确认的因素所引起的误差，而这些因素影响结果永远朝一个方向偏移，其大小及符号在同一组实验测定中完全相同，实验条件一经确定，系统误差就获得一个客观上的恒定值。

当改变实验条件时，才可能发现系统误差的变化规律。

系统误差产生的原因：测量仪器不良，如刻度不准、仪表零点未校正或标准表本身存在偏差等；周围环境的改变，如温度、压力、湿度等偏离校准值；实验人员的习惯和偏向，如读数偏高或偏低等引起的误差。针对仪器的缺点、外界条件变化影响的大小、个人的偏向，在分别加以校正后，系统误差是可以清除的。

② 偶然误差。在已消除系统误差的一切量值的观测中，所测数据仍在末一位或末两位数字上有差别，而且它们的绝对值和符号的变化，时大时小，时正时负，没有确定的规律，这类误差称为偶然误差或随机误差。偶然误差产生的原因不明，因而无法控制和补偿。但是，对某一量值作足够多次的等精度测量后，就会发现偶然误差完全服从统计规律，误差的大小及正负的出现完全由概率决定。因此，随着测量次数的增加，随机误差的算术平均值趋近于零，所以多次测量结果的算术平均值将更接近于真值。

③ 过失误差。过失误差是一种显然与事实不符的误差，它往往是由实验人员粗心大意、过度疲劳和操作不正确等原因引起的。此类误差无规律可循，只要加强责任感、多方警惕、细心操作，过失误差是可以避免的。

(3) 精密度、准确度和精确度

反映测量结果与真实值接近程度的量，称为精确度(也称精度)。它与误差大小相对应，测量的精确度越高，其测量误差就越小。精确度应包括精密度和准确度两层含义。

① 精密度。测量中所测得数值重现性的程度，称为精密度。它反映偶然误差的影响

程度，精密度高就表示偶然误差小。

② 准确度。测量值与真值的偏移程度，称为准确度。它反映系统误差的影响程度，准确度高就表示系统误差小。

③ 精确度(精度)。它反映测量中所有系统误差和偶然误差综合的影响程度。

在一组测量中，精密度高的准确度不一定高，准确度高的精密度也不一定高，但精确度高，则精密度和准确度都高。

为了说明精密度与准确度的区别，可用下述打靶子例子来说明。图 2-1(a)表示精密度和准确度都很好，则精确度高；图 2-1(b)表示精密度很好，但准确度却不高；图 2-1(c)表示精密度与准确度都不好。在实际测量中没有像靶心那样明确的真值，而是要设法去测定这个未知的真值。

学生在实验过程中，往往满足于实验数据的重现性，而忽略了数据测量值的准确程度。绝对真值是不可知的，人们只能定出一些国际标准作为测量仪表准确性的参考标准。随着人类认识的推移和发展，可以逐步逼近绝对真值。

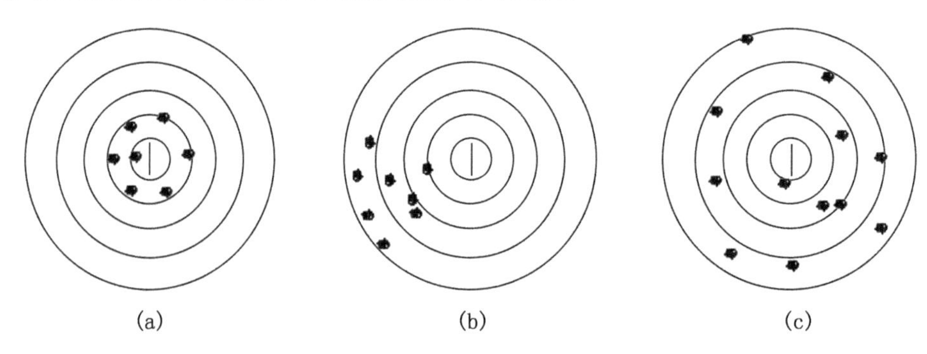

图 2-1　精密度和准确度的关系

(4) 误差的表示方法

利用任何量具或仪器进行测量时，总存在误差。测量结果总是不可能准确地等于被测量的真值，而只是它的近似值。测量的质量高低以测量精确度作为指标，根据测量误差的大小来估计测量的精确度。测量结果的误差越小，则认为测量就越精确。

① 绝对误差。测量值 X 和真值 A_0 之差即为绝对误差，通常简称为误差，记作

$$D=X-A_0 \tag{2-5}$$

由于真值 A_0 一般无法求得，因而上式只有理论意义。常用高一级标准仪器的示值作为实际值 A 以代替真值 A_0。由于高一级标准仪器存在较小的误差，因而 A 不等于 A_0，但总比 X 更接近于 A_0。X 与 A 之差称为仪器的示值绝对误差，记作：

$$d=X-A \tag{2-6}$$

与 d 相反的数称为修正值，记作：

$$C=-d=A-X \tag{2-7}$$

通过检定，可以由高一级标准仪器给出被检仪器的修正值 C。利用修正值便可以求出该仪器的实际值 A，即

$$A=X+C \tag{2-8}$$

② 相对误差。衡量某一测量值的准确程度，一般用相对误差来表示。示值绝对误差 d 与被测量的实际值 A 的百分比值称为实际相对误差，记作：

$$\delta_A=\frac{d}{A}\times 100\% \tag{2-9}$$

以仪器的示值 X 代替实际值 A 的相对误差称为示值相对误差，记作

$$\delta_X=\frac{d}{X}\times 100\% \tag{2-10}$$

一般来说，除了某些理论分析外，用示值相对误差较为适宜。

③ 引用误差。为了计算和划分仪表精确度等级，提出引用误差概念。其定义为仪表示值的绝对误差与量程范围之比。

$$\delta_n=\frac{\text{示值绝对误差}}{\text{量程范围}}\times 100\%=\frac{d}{X_n}\times 100\% \tag{2-11}$$

式中：d——示值绝对误差；X_n——标尺上限值一标尺下限值。

④ 算术平均误差。算术平均误差是各个测量点的误差的平均

$$\delta_{\text{平}}=\frac{\sum |d_i|}{n} \tag{2-12}$$

式中：n——测量次数；d_i——第 i 次测量的误差。

⑤ 标准误差。标准误差也称为均方根误差。其定义为

$$\sigma=\sqrt{\frac{\sum d_i^2}{n}} \tag{2-13}$$

式(2-13)适用于无限次测量的场合。实际测量工作中，测量次数是有限的，因此标准误差的计算应采用下式

$$\sigma=\sqrt{\frac{\sum d_i^2}{n-1}} \tag{2-14}$$

标准误差不是一个具体的误差，σ 的大小只说明在一定条件下等精度测量集合所属的每个观测值对其算术平均值的分散程度，σ 的值越小则说明每一次测量值对其算术平均值分散度就越小，测量的精密度就越高，反之精密度就越低。

在化学工程与工艺专业实验中最常用的 U 形管压差计、转子流量计、秒表、量筒、电压表等仪表原则上均取其最小刻度值为最大误差，而取其最小刻度值的一半作为绝对误差计算值。

(5) 测量仪表精确度

测量仪表的精确等级是用最大引用误差（又称允许误差）来标明的。它等于仪表示值中的最大绝对误差与仪表的量程范围之比的百分数

$$\delta_{n\max}=\frac{\text{最大示值绝对误差}}{\text{量程范围}}\times 100\%=\frac{d_{\max}}{X_n}\times 100\% \tag{2-15}$$

式中：$\delta_{n\max}$——仪表的最大测量引用误差；

$d_{\max}$——仪表示值的最大绝对误差；

X_n——标尺上限值－标尺下限值。

通常情况下是用标准仪表校验较低级的仪表。所以，最大示值绝对误差就是被校表与标准表之间的最大绝对误差。

测量仪表的精度等级是国家统一规定的，把允许误差中的百分号去掉，剩下的数字圆整到标准系列就称为仪表的精度等级。仪表的精度等级常以圆圈内的数字标明在仪表的面板上。例如某压力表的允许误差为 1.5%，则该压力表的精度等级就是 1.5，通常简称 1.5 级仪表。

仪表的精度等级为 a，表明仪表在正常工作条件下，其最大引用误差的绝对值 $\delta_{n\max}$不能超过的界限，即：

$$\delta_{n\max}=\frac{d_{\max}}{X_n}\times 100\%\leqslant a\% \tag{2-16}$$

由式(2－16)可知，在应用仪表进行测量时所能产生的最大绝对误差(简称误差限)为：

$$d_{\max}\leqslant a\%\cdot X_n \tag{2-17}$$

而用仪表测量的最大值相对误差为

$$\delta_{n\max}=\frac{d_{\max}}{X_n}\leqslant a\%\cdot\frac{X_n}{X} \tag{2-18}$$

由式(2－17)可以看出，用仪表测量某一被测量所能产生的最大示值相对误差，不会超过仪表允许误差 $a\%$乘以仪表测量上限 X_n 与测量值 X 的比。在实际测量中为可靠起见，可用下式对仪表的测量误差进行估计，即：

$$\delta_n=a\%\cdot\frac{X_n}{X} \tag{2-19}$$

2.2.1.2 有效数字及其运算规则

在科学与工程中，测量或计算结果总是以一定位数的数字来表示。不是说一个数值中小数点后面位数越多越准确。实验中从测量仪表上所读数值的位数是有限的，位数的多少取决于测量仪表的精度，其最后一位数字往往是仪表精度所决定的估计数字，即一般应读到测量仪表最小刻度的十分之一位。数值准确度大小由有效数字位数来决定。

(1) 有效数字

一个数据，其中除了起定位作用的“0”外，其他数字都是有效数字。如 0.003 7 只有两位有效数字，而 370.0 则有四位有效数字。一般要求测试数据有效数字为 4 位。要注意的是有效数字不一定都是可靠数字。如测压力所用的 U 形管压力计，最小刻度是 1 mm，但我们可以读到 0.1 mm，如 342.4 mmHg(1 mmHg＝133.322 Pa)。又如二等标准温度计最小刻度为 0.1 ℃，我们可以读到 0.01 ℃、如 15.16 ℃。此时有效数字为 4 位，而可靠数字只有三位，最后一位是不可靠的，称为可疑数字。记录测量数值时只保留一位可疑数字。

为了清楚地表示数值的精度，明确读出有效数字位数，常用指数的形式表示，即写成个小数与相应 10 的整数幂的乘积。这种以 10 的整数幂来记数的方法即科学记数法。

如：75 200　　有效数字为 4 位时，记为 7.520×10^5

有效数字为 3 位时，记为 7.52×10^5

有效数字为 2 位时，记为 7.5×10^6

0.004 78　　有效数字为 4 位时，记为 4.780×10^{-3}

有效数字为 3 位时，记为 4.78×10^{-3}

有效数字为 2 位时，记为 4.7×10^{-3}

(2) 有效数字运算规则

① 记录测量数值时，只保留一位可疑数字。

② 当有效数字位数确定后，只保留有效数字，其余数字一律舍弃。舍弃办法是四舍六入五成双，即末位有效数字后边第一位小于等于 4，则舍弃不计；大于等于 6 则在前一位数上增 1；等于 5 时，前一位为奇数，则进 1 为偶数，前一位为偶数，则舍弃不计。如：保留 4 位有效数字，则

$$3.71729\rightarrow3.717$$

$$5.14285\rightarrow5.143$$

$$7.62356\rightarrow7.624$$

$$9.37656\rightarrow9.376$$

③ 在加减计算中，各数所保留的位数，应与各数中小数点后位数最少的相同。例如将 24.65、0.008 2、1.632 三个数相加时，应写为 $24.65+0.01+1.63=26.29$。

④ 在乘除运算中，各数所保留的位数，以各数中有效数字位数最少的那个数为准；其结果的有效数字位数也应与原来各数中有效数字最少的那个数相同。例如：$0.0121\times25.64\times1.05782$ 应写成 $0.0121\times25.64\times1.06=0.328$。上例说明，虽然这三个数的乘积为 0.328 182 3，但只应取其积为 0.328。

⑤ 在对数计算中，所取对数位数应与真数有效数字位数相同。

2.2.1.3　误差的基本性质

在化学工程与工艺专业实验中通常直接测量或间接测量得到有关的参数数据，这些参数数据的可靠程度如何？如何提高其可靠性？为此，必须研究在给定条件下误差的基本性质和变化规律。

(1) 误差的正态分布

如果测量数列中不包括系统误差和过失误差，从大量的实验中发现偶然误差的大小有如下几个特征：

① 绝对值小的误差比绝对值大的误差出现的机会多，即误差的概率与误差的大小有关。这是误差的单峰性。

② 绝对值相等的正误差或负误差出现的次数相当，即误差的概率相同。这是误差的对称性。

③ 极大的正误差或负误差出现的概率都非常小，即大的误差一般不会出现。这是误差的有界性。

④ 随着测量次数的增加,偶然误差的算术平均值趋近于零。这叫误差的抵偿性。

根据上述的误差特征,描绘出误差出现的概率分布图,如图 2-2 所示。图中横坐标表示偶然误差,纵坐标表示误差出现的概率,图中曲线称为误差分布曲线,以 $y=f(x)$ 表示。其数学表达式由高斯提出,具体形式为:

$$y=\frac{1}{\sqrt{2\pi}\sigma}e^{-\frac{x^2}{2\sigma^2}} \tag{2-20}$$

或

$$y=\frac{h}{\sqrt{\pi}}e^{-h^2x^2} \tag{2-21}$$

式中:σ——标准误差;

h——精确度指数。

上式称为高斯误差分布定律,也称为误差方程。σ 和 h 的关系为:

$$h=\frac{1}{\sqrt{2}\sigma} \tag{2-22}$$

若误差按函数关系分布,则称为正态分布。σ 越小,测量精度越高,分布曲线的峰越高越窄;σ 越大,分布曲线越平坦且越宽,如图 2-3 所示。由此可知,σ 越小,小误差占的比例越大,测量精度越高。反之,则大误差占的比例越大,测量精度越低。

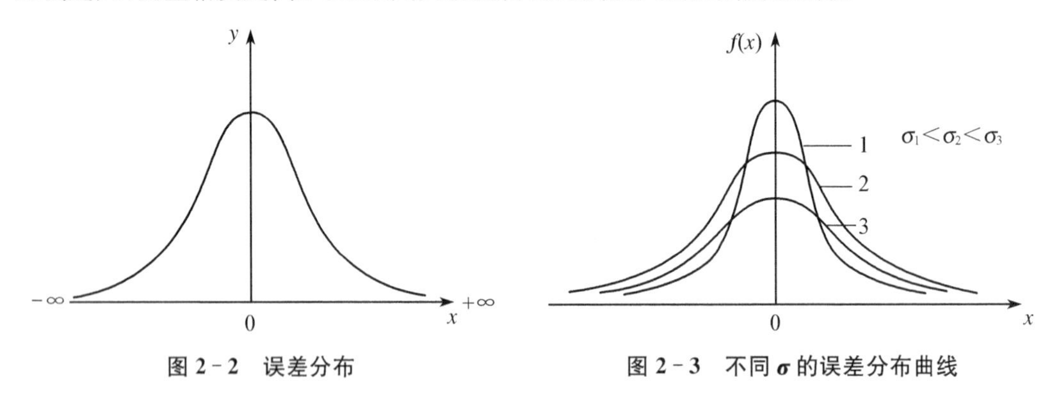

图 2-2　误差分布　　　图 2-3　不同 σ 的误差分布曲线

(2) 测量集合的最佳值

在测量精度相同的情况下,测量一系列观测值 $M_1, M_2, M_3, \cdots M_n$,所组成的测量集合,假设其平均值为 M_m,则各次测量误差为:

$$x_i=M_1-M_m \quad (i=1,2,\cdots,n)$$

当采用不同的方法计算平均值时,所得到的误差值不同,误差出现的概率也不同。

若选取适当的计算方法,使误差最小,而概率最大,由此计算的平均值为最佳值。根据高斯分布定律,只有各点误差平方和最小,才能实现概率最大,这就是最小二乘法值。由此可见,对于一组精度相同的观测值,采用算术平均得到的值是该组观测值的最佳值。

(3) 有限测量次数中标准误差 σ 的计算

由误差基本概念可知,误差是观测值和真值之差。在没有系统误差存在的情况下,以无限多次测量所得到的算术平均值为真值,当测量次数有限时,所得到的算术平均值近似于真值，称为最佳值。因此，观测值与真值之差不同于观测值与最佳值之差。

令真值为 A，计算平均值为 a，观测值为 M，并令 $d=M-a$，$D=M-A$，则

$$d_1=M_1-a \qquad D_1=M_1-A$$
$$d_2=M_2-a \qquad D_2=M_2-A$$
$$\cdots \qquad \cdots$$
$$d_n=M_n-a \qquad D_n=M_n-A$$
$$\sum d_i = M_i - na \qquad \sum D_i = M_i - nA$$

因为 $\sum M_i - na = 0$，所以 $\sum M_i = na$。代入 $\sum D_i = M_i - nA$ 中，即得：

$$a = A + \frac{\sum D_i}{n} \tag{2-23}$$

将式(2-23)式代入 $d_i=M_i-a$ 中得：

$$d_i = (M_i - A) - \frac{\sum D_i}{n} = D_i - \frac{\sum D_i}{n} \tag{2-24}$$

将式(2-24)两边分别二次方得

$$d_1^2 = D_1^2 - 2D_1 \frac{\sum D_i}{n} + \left(\frac{\sum D_i}{n}\right)^2$$
$$d_2^2 = D_2^2 - 2D_2 \frac{\sum D_i}{n} + \left(\frac{\sum D_i}{n}\right)^2$$
$$\cdots$$
$$d_n^2 = D_n^2 - 2D_n \frac{\sum D_i}{n} + \left(\frac{\sum D_i}{n}\right)^2$$

对 i 求和得

$$\sum d_i^2 = \sum D_i^2 - 2\frac{(\sum D_i)^2}{n} + n\left(\frac{\sum D_i}{n}\right)^2$$

因在测量中正、负误差出现的机会相等，故将 $(\sum D_i)^2$ 展开后，$D_1 \cdot D_2$，$D_1 \cdot D_3$，…，为正为负的数目相等，彼此相消，故得

$$\sum d_i^2 = \sum D_i^2 - 2\frac{\sum D_i^2}{n} + n\frac{\sum D_i^2}{n^2}$$
$$\sum d_i^2 = \frac{n-1}{n}\sum D_i^2$$

从上式可以看出，在有限测量次数中，自算术平均值计算的误差平方和永远小于自真值计算的误差平方和。根据标准误差的定义

$$\sigma = \sqrt{\frac{\sum D_i^2}{n}} \tag{2-25}$$

式中：$\sum D_i^2$—— 观测次数无限多时误差的平方和，故当观测次数有限时，有：

$$\sigma=\sqrt{\frac{\sum d_i^2}{n-1}}$$

(4) 可疑观测值的含弃

由概率积分知，全部随机误差正态分布曲线下的积分，相当于全部误差同时出现的概率，即：

$$p=\frac{1}{\sqrt{2\pi}\sigma}\int_{-\infty}^{\infty}e^{-\frac{x^2}{2\sigma^2}}dx=1 \tag{2-26}$$

若误差 x 以标准误差 σ 的倍数表示，即 $x=t\sigma$，则在 $\pm t\sigma$ 范围内出现的概率为 $2\Phi(t)$，超出这个范围的概率为 $1-2\Phi(t)$。$\Phi(t)$ 称为概率函数，表示为：

$$\Phi(t)=\frac{1}{\sqrt{2\pi}}\int_0^t e^{-\frac{t^2}{2}}dt \tag{2-27}$$

$2\Phi(t)$ 与 t 的对应值在数学手册或专著中均附有此类积分表，读者需要时可自行查取。在使用积分表时，需已知 t 值。由表 2-9 和图 2-4 给出几个典型的及其相应的超出或不超出 $|x|$ 的概率。

由表 2-9 知，当 $t=3$，$|x|=3\sigma$ 时，在 370 次观测中只有一次测量的误差超过 3σ 范围。在有限次的观测中，一般测量次数不超过 10 次，可以认为误差大于 3σ，可能是由过失误差或实验条件变化未被发觉等原因引起的。因此，凡是误差大于 3σ 的数据点应予以舍弃。这种判断可疑实验数据的原则称为 3σ 准则。

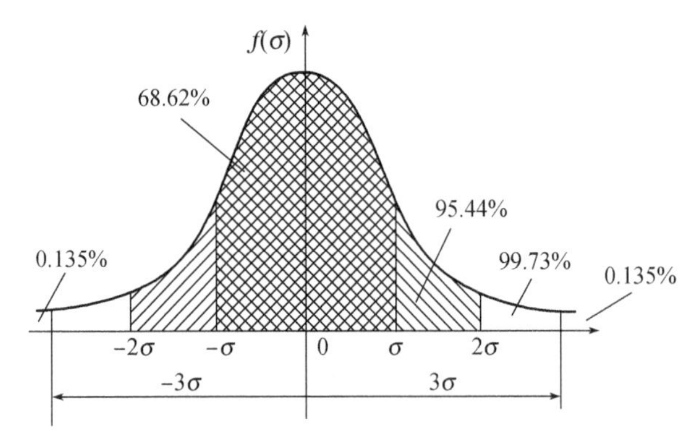

图 2-4　误差分布曲线的积分表

表 2-9　误差概率和出现次数

t	$\|x\|=t\sigma$	不超出 $\|x\|$ 的概率 $2\Phi(t)$	超出 $\|x\|$ 的概率 $1-2\Phi(t)$	测量次数 n	超出 $\|x\|$ 的测量次数
0.67	0.67σ	0.497 14	0.502 86	2	1
1	1σ	0.682 69	0.317 31	3	1
2	2σ	0.954 50	0.045 50	22	1
3	3σ	0.997 30	0.002 70	370	1
4	4σ	0.999 91	0.000 09	11 111	1

（5）函数误差

上述讨论主要针对的是直接测量的误差计算问题，但在许多场合下，往往会涉及间接测量的变量。所谓间接测量就是将一个被测量转化为若干可直接测量的量加以测量，而后再依据由定义或规律导出的关系式（即测量式）进行计算或作图，从而间接获得测量结果的测量方法。如传热过程中的传热速率测量问题。因此，间接测量值可以看作是直接测量得到的各个测量值的函数。其测量误差是各个测量值误差的函数。

① 函数误差的一般形式。在间接测量中，一般为多元函数，而多元函数可用下式表示

$$y=f(x_1,x_2,\cdots,x_n) \tag{2-28}$$

式中：y——间接测量值；

x_i——直接测量值。

由泰勒级数展开得：

$$\Delta y=\frac{\partial f}{\partial x_1}\Delta x_1+\frac{\partial f}{\partial x_2}\Delta x_2+\cdots+\frac{\partial f}{\partial x_n}\Delta x_n \tag{2-29}$$

或

$$\Delta y=\sum_{i=1}^{n}\frac{\partial f}{\partial x_i}\Delta x_i$$

它的最大绝对误差为

$$\Delta y=\left|\sum_{i=1}^{n}\frac{\partial f}{\partial x_i}\Delta x_i\right| \tag{2-30}$$

式中：$\frac{\partial f}{\partial x_i}$——误差传递系数；

Δx_i——直接测量值的误差；

Δy——间接测量值的最大绝对误差。

函数的相对误差 δ 为：

$$\begin{aligned}\delta&=\frac{\Delta y}{y}=\frac{\partial f}{\partial x_1}\frac{\Delta x_1}{y}+\frac{\partial f}{\partial x_2}\frac{\Delta x_2}{y}+\cdots+\frac{\partial f}{\partial x_n}\frac{\Delta x_n}{y}\\&=\frac{\partial f}{\partial x_1}\delta_1+\frac{\partial f}{\partial x_2}\delta_2+\cdots+\frac{\partial f}{\partial x_n}\delta_n\end{aligned} \tag{2-31}$$

② 某些函数误差的计算

a. 函数 $y=x\pm z$ 的绝对误差和相对误差。由于误差传递系数$\frac{\partial f}{\partial x}=1$，$\frac{\partial f}{\partial z}=\pm 1$，则函数最大绝对误差为：

$$\Delta y=\pm(|\Delta x|+|\Delta z|) \tag{2-32}$$

相对误差为

$$\delta_r=\frac{\Delta y}{y}=\pm\frac{|\Delta x|+|\Delta z|}{x+z} \tag{2-33}$$

b. 函数形式为 $y=K\frac{xz}{w}$（x、z、w 为变量）。误差传递系数为：

$$\frac{\partial y}{\partial x}=\frac{Kz}{w}$$

$$\frac{\partial y}{\partial z}=\frac{Kx}{w}$$

$$\frac{\partial y}{\partial w}=-\frac{Kxz}{w^2}$$

函数的最大绝对误差为

$$\Delta y=\left|\frac{Kz}{w}\Delta x\right|+\left|\frac{Kx}{w}\Delta z\right|+\left|\frac{Kxz}{w^2}\Delta w\right| \tag{2-34}$$

函数的最大相对误差为

$$\delta_r=\frac{\Delta y}{y}=\left|\frac{\Delta x}{x}\right|+\left|\frac{\Delta z}{z}\right|+\left|\frac{\Delta w}{w}\right| \tag{2-35}$$

现将某些常用函数的最大绝对误差和相对误差列于表 2-10 中。

表 2-10　某些函数的误差传递公式

函数式	误差传递公式	
	最大绝对误差 Δy	最大相对误差 δ_r
$y=x_1+x_2+x_3$	$\Delta y=\pm(\lvert\Delta x_1\rvert+\lvert\Delta x_2\rvert+\lvert\Delta x_3\rvert)$	$\delta_r=\Delta y/y$
$y=x_1+x_2$	$\Delta y=\pm(\lvert\Delta x_1\rvert+\lvert\Delta x_2\rvert)$	$\delta_r=\Delta y/y$
$y=x_1x_2$	$\Delta y=\pm(\lvert x_2\Delta x_1\rvert+\lvert x_1\Delta x_2\rvert)$	$\delta_r=\pm\left(\left\lvert\frac{\Delta x_1}{x_1}+\frac{\Delta x_2}{x_2}\right\rvert\right)$
$y=x_1x_2x_3$	$\Delta y=\pm(\lvert x_2x_3\Delta x_1\rvert+\lvert x_1x_3\Delta x_2\rvert+\lvert x_1x_2\Delta x_3\rvert)$	$\delta_r=\pm\left(\left\lvert\frac{\Delta x_1}{x_1}+\frac{\Delta x_2}{x_2}+\frac{\Delta x_3}{x_3}\right\rvert\right)$
$y=x^n$	$\Delta y=\pm(nx^{n-1}\Delta x)$	$\delta_r=\pm\left(n\left\lvert\frac{\Delta x}{x}\right\rvert\right)$
$y=\sqrt[n]{x}$	$\Delta y=\pm\left(\frac{1}{n}x^{\frac{1}{n}-1}\Delta x\right)$	$\delta_r=\pm\left(\frac{1}{n}\left\lvert\frac{\Delta x}{x}\right\rvert\right)$
$y=x_1/x_2$	$\Delta y=\pm\left(\frac{x_2\Delta x_1+x_1\Delta x_2}{x_2^2}\right)$	$\delta_r=\pm\left(\left\lvert\frac{\Delta x_1}{x_1}+\frac{\Delta x_2}{x_2}\right\rvert\right)$
$y=cx$	$\Delta y=\pm c\lvert x\rvert$	$\delta_r=\pm\left(\left\lvert\frac{\Delta x}{x}\right\rvert\right)$
$y=\lg x$	$\Delta y=\pm\left\lvert 0.434\,3\frac{\Delta x}{x}\right\rvert$	$\delta_r=\Delta y/y$
$y=\ln x$	$\Delta y=\pm\left\lvert\frac{\Delta x}{x}\right\rvert$	$\delta_r=\Delta y/y$

2.2.2　实验数据处理的基本方法

数据处理是化学工程与工艺专业实验报告的重要组成部分，实验数据处理就是将实验测得的一系列数据经过计算整理后用最适宜的方式表示出来，在化学工程与工艺专业实验中常用列表法、作图法、图解法、最小二乘法直线拟合等几种形式表示。

2.2.2.1　列表法

将实验数据按自变量与因变量的对应关系而列出数据表格形式即为列表法。列表法具有制表容易、简单、紧凑、数据便于比较的优点，也是绘制曲线和整理成为方程的基础。

实验数据表格可分为实验数据记录表(原始数据记录表)和实验数据处理结果整理表两类。实验数据记录表是根据实验内容为记录待测数据而设计的表格，记录不同实验的原始数据通常需设计不同的表格。在本教材中，为方便读者记录原始数据，提供了一些原始数据记录的表头，可供大家参考使用。

实验数据处理结果整理表是实验数据经计算整理间接得出的表格，要尽量清楚地表达主要变量之间的关系和实验结论。

根据实验内容设计拟定表格时应注意以下几个问题

① 表格设计要力求简明扼要、一目了然、便于阅读和使用，记录、计算项目应满足实验要求。

② 表头应列出变量名称、符号、单位，同时要层次清楚、顺序合理。

③ 表中的数据必须反映仪表的精度，应注意有效数字的位数。

④ 数字较大或较小时应采用科学记数法，例如 $Re=25\ 500$ 可采用科学记数法记作 $Re=2.55\times10^4$，在名称栏中记为 $Re/\times10^4$，数据表中可记为 2.55。

⑤ 在实验数据处理结果整理表格下边，必须附以具有代表性的一组数据进行计算示例，表明各项之间的关系，以便阅读或进行校核。

2.2.2.2　作图法

作图法是在坐标纸上用图线表示物理量之间的关系，揭示物理量之间的联系。作图法具有简明、形象、直观、便于比较研究实验结果等优点，它是一种非常常用的数据处理方法。

作图法的基本规则如下：

① 根据函数关系选择适宜的坐标纸(如直角坐标纸、单对数坐标纸、双对数坐标纸、极坐标纸等)和比例，画出坐标轴，标明物理量符号、单位和刻度值，并写明测试条件。

② 坐标的原点不一定是变量的零点，可根据测试范围加以选择。坐标分格最好能使最低数字的一个单位可靠数与坐标最小分度相当。纵、横坐标比例要恰当，以使图线居中。

③ 描点和连线。根据测量数据，用直尺和笔尖使其函数对应的实验点准确地落在相应的位置。一张图纸上画几条实验曲线时，每条图线应用不同的标记如“＋”“X”“·”“△”等符号标出，以免混淆。连线时，要使曲线光滑(含直线)，并使数据点均匀分布在曲线(直线)的两侧，且尽量贴近曲线。个别偏离过大的点要重新审核，属于过失误差的应剔去。

④ 标明图名，即做好实验图线后，应在图纸下方或空白的明显位置处，写上图的名称，有时还要附上简单的说明，如实验条件等，使读者一目了然。作图时，一般将纵轴代表的物理量写在前面，横轴代表的物理量写在后面，中间用“-”连接。

⑤ 最后将图纸固定在实验报告的适当位置，便于教师批阅实验报告。

2.2.2.3 图解法

在实验数据处理时,实验图线作出以后,可以由图线求出经验公式及相应的参数。图解法就是根据实验数据作好的图线,用解析法找出相应的函数形式。实验中经常遇到的图线是直线、抛物线、双曲线、指数曲线、对数曲线等。特别是当图线是直线时,采用此方法更为方便。

(1) 由实验图线建立经验公式的一般步骤

① 根据解析几何知识判断图线的类型。

② 由图线的类型判断公式的可能特点。

③ 利用半对数、对数或倒数坐标纸,把原来的曲线改为直线。

④ 确定常数,建立起经验公式的形式,并用实验数据来检验所得公式的准确程度。

(2) 用直线图解法求直线的方程

如果作出的实验图线是一条直线,则经验公式应为直线方程:

$$y=kx+b \tag{2-36}$$

要建立此方程,必须由实验直接求出 k 和 b,通常用斜率-截距法进行求解:在图线上选取两点 $P_1(x_1,y_1)$ 和 $P_2(x_2,y_2)$,注意不要用原始数据点,而应从图线上直接读取,其坐标值最好是整数值。所取的两点在实验范围内应尽量彼此分开一些,以减小误差。由解析几何知,上述直线方程中,k 为直线的斜率,b 为直线的截距。k 可以根据两点的坐标求出:

$$k=\frac{y_2-y_1}{x_2-x_1} \tag{2-37}$$

其截距 b 为 $x=0$ 时的 y 值。若原实验中所绘制的图形并未给出 $x=0$ 段直线,可将直线用虚线延长交 y 轴,则可量出截距。如果起点不为零,也可以由式:

$$b=\frac{x_2y_1-x_1y_2}{x_2-x_1} \tag{2-38}$$

求出截距,将求出的斜率和截距的数值代入方程中就可以得到经验公式。

(3) 曲线改直,曲线方程的建立

在很多情况下,函数关系是非线性的,但可通过适当的坐标变换化呈线性关系,在作图时用直线表示,这种方法称为曲线改直。作这样的变换不仅是由于直线容易描绘,更重要的是很多时候直线的斜率和截距所包含的物理内涵是我们所需要的。例如:

① 函数关系形如 $y=ax^b$ 时,式中 a、b 为参数,可变换成 $\lg y=b\lg x+\lg a$,$\lg y$ 为 $\lg x$ 的线性函数,斜率为 b,截距为 $\lg a$。

② 函数关系形如 $y=ab^x$ 时,式中 a、b 为参数,可变换成 $\lg y=(\lg b)x+\lg a$,$\lg y$ 为 x 的线性函数,斜率为 $\lg b$,截距为 $\lg a$。

③ 函数关系形如 $PV=C$ 时,式中 C 为参数,要变换成 $P=C(1/V)$,P 是 $1/V$ 的线性函数,斜率为 C。

④ 函数关系形如 $y^2=2px$ 时,式中 p 为参数,$y=\pm\sqrt{2p}x^{1/2}$,y 是 $x^{1/2}$ 的线性函数,斜率为 $\pm\sqrt{2p}$。

⑤ 函数关系形如 $y=x/(a+bx)$时，式中 a、b 为参数，可变换成 $1/y=a(1/x)+b$，$1/y$ 为 $1/x$ 的线性函数，斜率为 a，截距为 b。

2.2.2.4　最小二乘法直线拟合

作图法虽然在数据处理中是一个很便利的方法，但在图线的绘制上往往会引入附加误差，尤其在根据图线确定常数时，这种误差有时会很明显。为了克服这一缺点，在数理统计中研究了直线拟合问题(或称一元线性回归问题)，常用一种以最小二乘法为基础的实验数据处理方法。由于某些曲线的函数可以通过数学变换改写为直线，例如对函数 $y=ae^{-bx}$ 取对数得 $\ln y=\ln a-bx$，$\ln y$ 与 x 的函数关系就变成直线型了。因此这一方法也适用于某些曲线型的规律。

下面就数据处理问题中的最小二乘法原则进行简单介绍。

设某一实验中，可控制的物理量取 $x_1,x_2,\cdots,x_n$ 值时，对应的物理量依次取 $y_1,y_2\cdots y_n$ 值。我们假定对 x_i 值的观测误差很小，而主要误差都出现在 y_i 的观测上。显然如果从(x_i,y_i)中任取两组实验数据就可得出一条直线，但这条直线的误差有可能很大。直线拟合的任务就是用数学分析的方法从这些观测到的数据中求出一个误差最小的最佳经验公式 $y=a+bx$。按这一最佳经验公式作出的图线虽然不一定能通过每一个实验点，但是它能以最接近这些实验点的方式平滑地穿过它们。很明显，对应于每一个 x_i 值，观测值 y_i 和最佳经验式的 y 值之间存在一偏差 δ_{y_i}，我们称它为观测值 y_i 的偏差，即

$$\delta_{y_i}=y_i-y=y_i-(a+bx_i)\quad (i=1,2,3,\cdots,n) \tag{2-39}$$

最小二乘法的原理就是：如各观测值 y_i 的误差互相独立且服从同一正态分布，则当 y_i 的偏差的平方和最小时，可得到最佳经验式。根据这一原则可求出常数 a 和 b。

设以 S 表示 δ_{y_i} 的二次方和，它应满足：

$$S=\sum(\delta_{y_i})^2=\sum[y_i-(a+bx_i)]^2=\min \tag{2-40}$$

式(2-40)中的各 y_i 和 x_i 是测量值，都是已知量，而 a 和 b 是待求的，因此 S 实际是 a 和 b 的函数。令 S 对 a 和 b 的偏导数为零，即可解出满足式(2-40)的 a、b 值：

$$\frac{\partial S}{\partial a}=-2\sum[y_i-a-bx_i]=0,\frac{\partial S}{\partial b}=-2\sum[y_i-a-bx_i]x_i=0$$

即

$$\sum y_i-na-b\sum x_i=0,\sum x_iy_i-a\sum x_i-b\sum x_i^2=0$$

其解为：

$$a=\frac{\sum x_iy_i\sum x_i-\sum y_i\sum x_i^2}{\left(\sum x_i\right)^2-n\sum x_i^2},b=\frac{\sum y_i\sum x_i-n\sum x_iy_i}{\left(\sum x_i\right)^2-n\sum x_i^2}$$

将得出的 a 和 b 代入直线方程，即得到最佳的经验公式：

$$y=a+bx \tag{2-41}$$

上面介绍了用最小二乘法求经验公式中的常数 a 和 b 的方法，是一种直线拟合法。

它在科学实验中的运用很广泛，特别是有了计算机后，计算工作量大大减小，计算精度也能保证，因此它是很有用又很方便的方法。用这种方法计算出的常数值 a 和 b 是“最佳的”，但并不是没有误差，它们的误差估算比较复杂。一般地说，一列测量值的 δ_{y_i} 大(即实验点对直线的偏离大)，那么由这列数据求出的 a、b 值的误差也大，由此定出的经验公式可靠程度就低；如果一列测量值的 δ_{y_i} 小(即实验点对直线的偏离小)，那么由这列数据求出的 a、b 值的误差就小，由此定出的经验公式可靠程度就高。

为了检验实验数据的函数关系与得到的拟合直线之间的符合程度，数学上引进了线性相关系数 r 来进行判断。r 定义为：

$$r=\frac{\sum y_i \sum \Delta x_i}{\sqrt{\left(\sum \Delta x_i\right)^2 \cdot \sum (\Delta y_i)^2}} \tag{2-42}$$

式中 $\Delta x_i = x_i - \bar{x}$，$\Delta y_i = y_i - \bar{y}$。$r$ 的取值范围为 $-1 \leqslant r \leqslant 1$。从相关系数的这一特性可以判断实验数据是否符合线性。如果 r 很接近于 1，则各实验点均在一条直线上。实验中 r 如达到 0.999，就表示实验数据的线性关系非常良好，各实验点聚集在一条直线附近。相反，相关系数 $r=0$ 或趋于零，则说明实验数据很分散，基本无线性关系。因此一般情况下，用直线拟合法处理数据时要计算相关系数，尤其是在绘制某仪器的工作标准曲线时，计算相关系数更为重要，因为它关系到所绘制的工作标准曲线的可靠程度。

2.2.3 数据分析和绘图软件

Origin 是 Origin Lab 公司推出的一款专业函数绘图软件，主要拥有两大功能：数据分析和绘图。数据分析主要包括统计、信号处理、图像处理、峰值分析和曲线拟合等各种完善的数学分析功能；绘图是基于模板的，Origin 本身提供了几十种二维和三维绘图模板而且允许用户自己定制模板。

MATLAB 是美国 Math Works 公司出品的商业数学软件，用于算法开发、数据可视化、数据分析以及数值计算的高级技术计算语言。具有许多优点：① 高效的数值计算及符号计算功能，能使用户从繁杂的数学运算分析中解脱出来；② 具有完备的图形处理功能，实现计算结果和编程的可视化；③ 友好的用户界面及接近数学表达式的自然化语言，使学者易于学习和掌握；④ 功能丰富的应用工具箱(如信号处理工具箱、通信工具箱等)，为用户提供了大量方便实用的处理工具。

下面针对线性拟合及绘图、对数坐标图、数值积分等几类常见的实验数据处理问题，分别用 Origin 和 MATLAB 软件进行解决。

2.2.3.1 线性拟合及绘图

采用 Origin 软件将表 2-11 中的数据进行线性拟合并将实验数据和拟合直线绘制在同一张图中。具体步骤如下。

表 2 - 11　线性拟合图数据

X	1.5	2	2.5	3	3.5	4
Y	15	20	25	29.9	35.3	40.2

① 打开 Origin 界面，出现 Book1，在 Long Name 右方，A(X)下方输入框中输入 X，B(Y)下方输入 Y，对应 Units 行可输入具体数据的单位，在 Comments 对应行可进行较为详细的数据注释，再下面的区域为数据输入区，按照表 2 - 11 数据进行输入得到图 2 - 5 所示结果。

Book1

	A(X)	B(Y)
Long Name	X	Y
Units		
Comments		
1	1.5	15
2	2	20
3	2.5	25
4	3	29.9
5	3.5	35.3
6	4	40.2
7		
8		
9		
10		
11		

图 2 - 5　数据输入表格

② 选中 B(Y)列，单击窗口下方的 D Graphs 工具栏中的 Scatter 1 按钮，生成图 2 - 6 所示散点图。

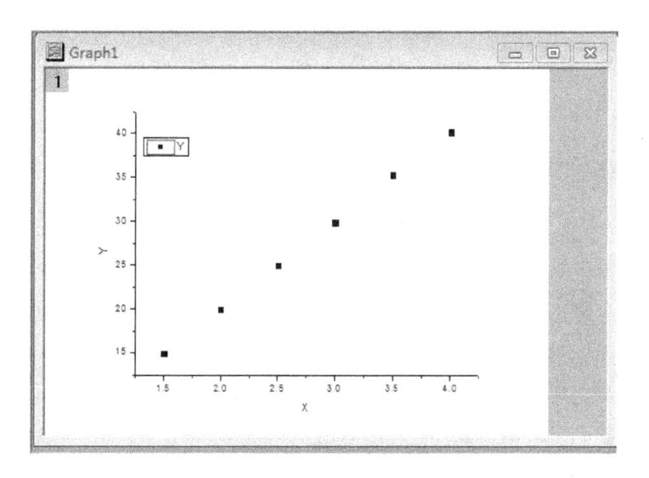

图 2 - 6　数据散点图

③ 点击菜单栏 Analysis，选择 Fitting、Linear Fitting、Open Dialog，打开图 2 - 7 所示对话框。然后点击 OK 按钮，生成图 2 - 8 所示数据拟合图。从图中可以看出因变量和自变量按照 $y=a+bx$ 的关系进行拟合，拟合得到的截距 a 为 −0.216 19，标准偏差为 0.178 24，斜率 b 为 10.102 86，标准偏差为 0.061 9，线性相关系数 R^2 为 0.999 81。

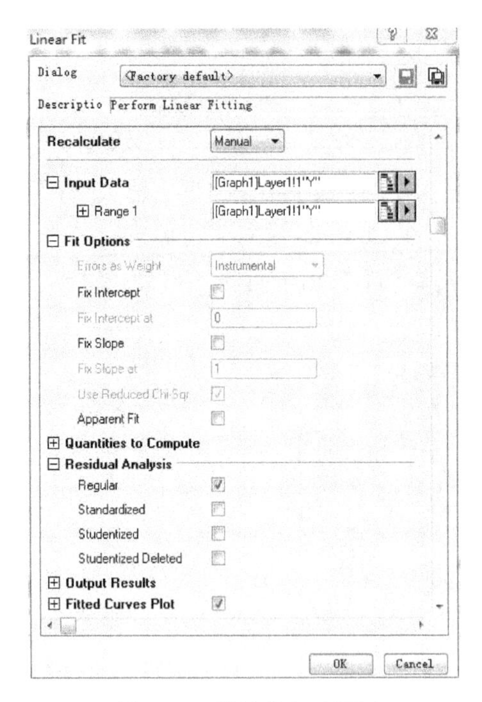

图 2－7　线性拟合对话框

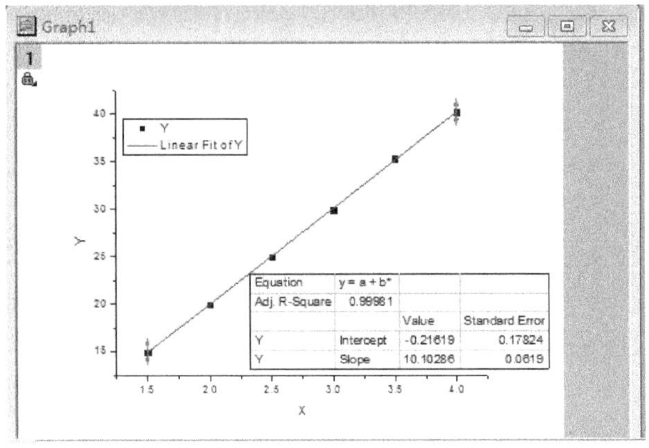

图 2－8　数据线性拟合结果

④ 直接得到的图形并不美观，可以进一步进行调整。如本例题中将图例及拟合信息去除，并通过右键点击图像空白处选择 Add Text 手动添加拟合方程及相关系数（根据实际要求保留适当有效位数）。然后右键单击坐标轴选择 Properties，弹出坐标轴设置对话框，如图 2－9 所示，对坐标轴进行设置。如将 Title & Format 中的 Bottom 和 Left 轴的 Major Ticks 和 Minor Ticks 设为 In，将 Top 和 Right 轴的 Major Ticks 和 Minor Ticks 设为 None。可得到图 2－10 所示数据拟合图。

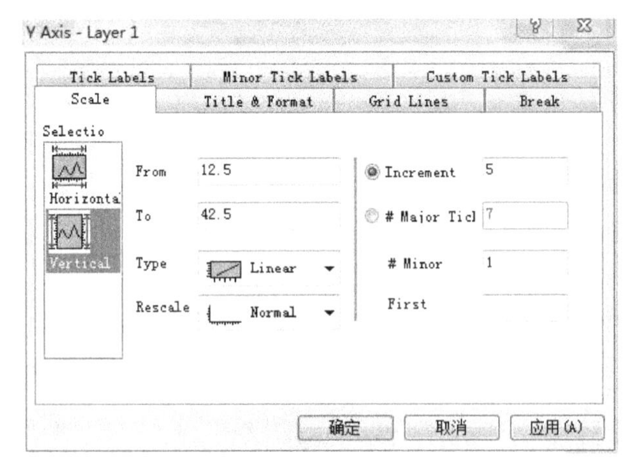

图 2－9　坐标轴设置对话框

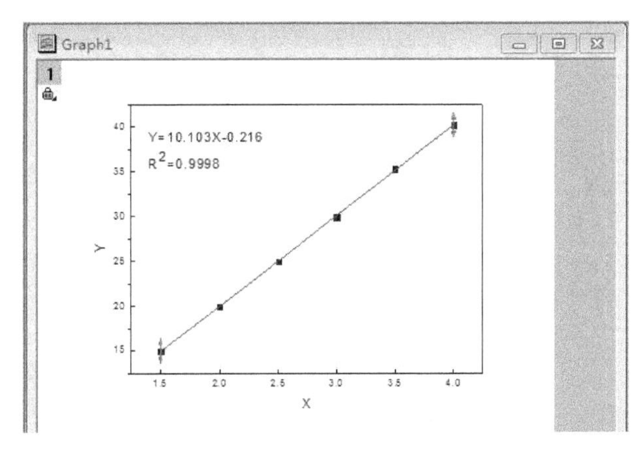

图 2-10　线性数据拟合图

针对上述例题，如果采用 MATLAB 编程的方式进行处理，则相关程序代码如下文，程序运行后得到图 2-11。

```
    function demo1401(x,y)
    x=[1.5 2 2.5 3 3.5 4];
    y=[15 20 25 29.9 35.3 40.2];
    X=[x'ones(length(x),1)];
[B,BINT,R,RINT,STATS]=regress(y',X);
    xx=linspace(x(1),x(end));
    yy=[xx'ones(length(xx),1)] * B;
    plot(x,y,''ks',xx,yy,'r—')
    xlabel('X')  %设定图形的横坐标,可根据实际情况修改
    ylabel('Y')  %设定图形的横坐标,可根据实际情况修
    title('X-Y 线性关系图 ')  %设定图形的标题,可根据实际情况修改
    if sign(B(2))==1
    signal='+';
    else
    signal='—';
    end
    str_eq=strcat(' 方程:Y=',num2str(B(1)),' * X,signal,num2str(abs(B(2))));
    XX=(max(x)—min(x));
    YY=(max(y)—min(y));
    x0=min(x);  %设定公式的位置横坐标,可根据实际情况修改
    y0=min(y);  %设定公式的位置纵坐标,可根据实际情况修改
    text(x0+0.1XX,y0+0.90 * YY,str eq)  %在图中显示拟合公式
    text(x0+0.1 米 XX,y0+0.82 * YY,strcat(' 相关系数 R^2=',mum2str(STATS(1)))
    text(xO+0.1 * XX,y0+0.72 * YY,stra('95%置信区间 ')
    text(x0+0.1 * XX,y0+0.64 * YY,strcat(' 斜率:(',num2str(BINT(1,:)),')'))
    text(x0+0.1 * XX,y0+0.56 * YY,strcat(' 截距:(num2str(BINT(2,:)),')'))
```

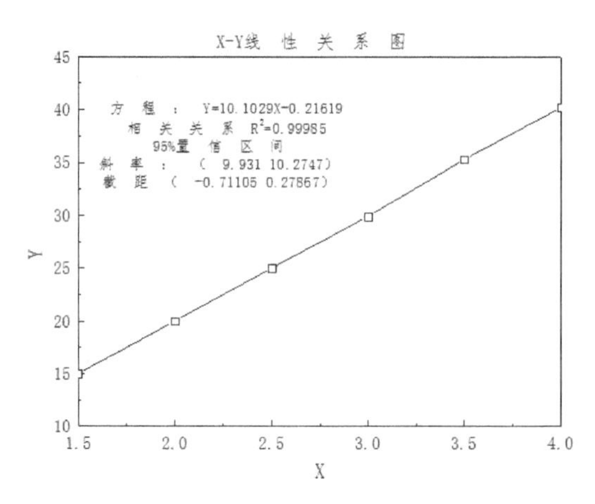

图 2-11 利用 MATLAB 进行线性拟合和绘图

通过本例可以看出用 Origin 软件进行数据线性拟合和绘图对编程要求较低,可以按照数据输入、绘图、拟合、图形美化的步骤进行相关操作。采用 MATLAB 软件进行数据线性拟合和绘图对编程要求较高,但其代码可重复使用,对于固定类型的问题,如果使用现成的程序代码可以大大提高数据处理和绘图的效率。

2.2.3.2 非线性拟合及绘图

下面以表 2-20 数据为例介绍在 Origin 和 MATLAB 软件中进行数据绘图和拟合的步骤。

具体步骤如下。

① 打开 Origin 界面,出现 Bookl,在 Long Name 右方,A(X)下方输入框中输入 X,B(Y)下方输入 Y,在下面的区域为数据输入区,按照表 2-12 数据进行输入。

② 选中 B(Y)列,单击窗口下方的 2D Graphs 工具栏中的 Scatter 按钮,生成图 2-12 所示散点图。

表 2-12 非线性拟合图数据

X	1	10	100	1 000	10 000	100 000
Y	9.594 9e−002	2.398 5	4.701 1	7.003 7	9.306 3	11.609

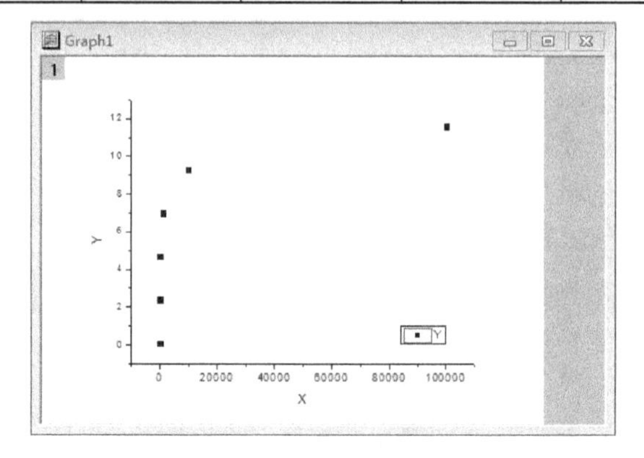

图 2-12 非线性数据散点图

③ 根据散点图可以发现，数据点符合对数函数规律。右键单击坐标轴选择 Properties，弹出坐标轴设置对话框，在 Scale 选项页对 X 坐标轴进行设置。如将数据轴类型 Type 选择为 lg10，数轴范围 From 设为 0.1，To 设为 110 000，点击 OK 键确认，得到图 2－13 所示 X 轴单对数坐标数据图。

④ 通过 Analysis 菜单中的 Fitting 子菜单下的 Nonlinear Curve Fit 选项打开 NLFit 对话窗。Settings 选项页中选中 Function selection，然后在右面的 Category 选择 Logarithm，Function 选择 Logarithm，在窗口下部点击 Formula 可以看到选择的拟合公式为

$$Y=\ln(X-A)$$

⑤ 点击 Fit 进行数据拟合，拟合结果如图 2－14 所示，拟合得到的参数 A 等于 －0.112 31，相关系数 $R^2=0.999\ 53$。

⑥ 可以根据实际情况对图形进行美化处理，并在图中保留必要信息删除冗余信息。

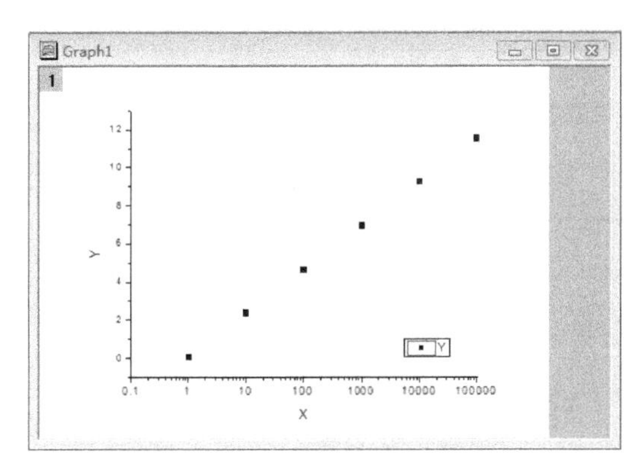

图 2－13　单对数坐标图

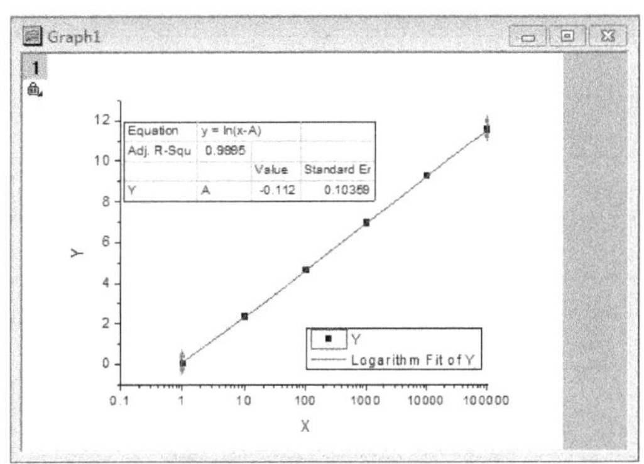

图 2－14　非线性拟合单对数坐标图

2.2.3.3　三元相图的绘制

在化工基础数据测试实验中，常碰到三元相图的绘制问题，现以专业实验“水-乙醇-正已烷三元系液-液平衡数据”为例，介绍三元相图的绘制。

① 按照图 2－15 所示输入数据并设置坐标轴的名称和单位。

Book2

	A(X)	B(Y)	C(Y)
Long Name	water	ethanol	hexane
Units		%	
Comments			
1	69.423	30.111	0.466
2	40.277	56.157	3.616
3	26.643	64.612	8.745
4	19.803	65.678	14.517
5	13.284	61.759	22.957
6	12.879	58.444	28.676
7	11.732	56.258	31.01
8	11.271	55.091	33.639
9	0.474	1.297	98.23
10	0.921	6.482	92.597
11	1.336	12.54	86.124
12	2.539	20.515	76.946
13	3.959	30.339	65.702
14	4.94	35.808	59.253
15	5.908	38.983	55.109
16	6.529	40.849	52.622
17		--	

Sheet1

图 2－15　三元相图数据

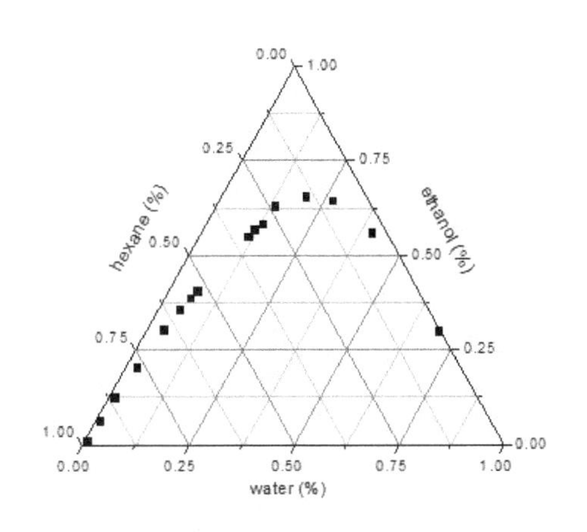

图 2－16　三元相图

② 选中表格中的所有数据，然后选中 Plot 菜单中的 Specialized 类中 Ternary 项，就可以得到图 2－16 所示三元相图，然后可以再通过右键 Add Text 添加其他图形注释。

MATLAB 中没有三元相图专用绘图函数来绘制三元相图，但是可以编写程序通过二维图和线绘制函数实现三元相图的绘制。

2.2.3.4 带标准偏差的曲线图

表 2－13 中的一组数据，浓度是已知的，作为 X 轴的数值；强度是由仪器测量的，平行测量 3 次，取强度的平均值作为 Y 轴的数值，我们需要将强度数值的标准偏差在数据曲线图上反映出来。

表 2－13　带标准偏差曲线图示例数据

浓度(X 轴)	强度(Y 轴)		
1	1.15	1.02	0.84
2	1.85	2.01	2.16
3	2.89	2.98	3.16
4	3.98	3.34	3.05
5	4.83	4.99	5.20

① 把数据输入到 Origin 中，如图 2－17 所示，一定要设置好 X 轴值和 Y 轴值。

	A(X)	B(Y)	C(Y)	D(Y)
Long Name	浓度			
Units				
Comments				
1	1	1.15	1.02	0.84
2	2	1.85	2.01	2.01
3	3	2.89	2.98	3.16
4	4	3.98	3.34	3.05
5	5	4.83	4.99	5.2
6				
7				

图 2－17　多组 Y 值数据

② 对数据进行统计，选中数据范围 B1：D5，按照 Statistic→descriptive statistic→statistics on rows 进行操作之后会生成新的两列数据，包括平均值(Mean 列)和标准偏差(SD 列)。并修改 A 列和 Mean 列的 Long Name 项，如图 2－18 所示。

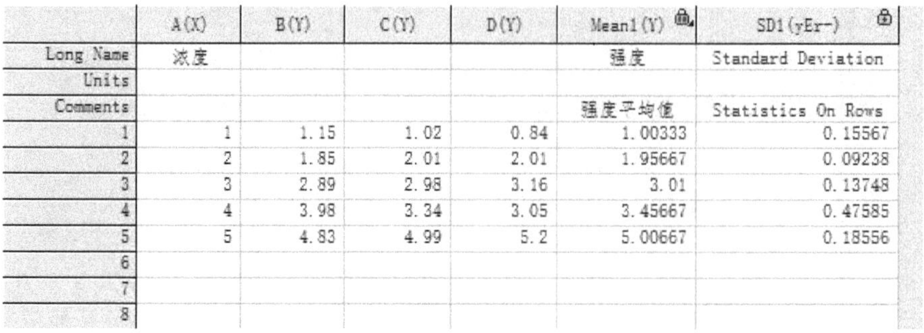

	A(X)	B(Y)	C(Y)	D(Y)	Mean1(Y)	SD1(yEr-)
Long Name	浓度				强度	Standard Deviation
Units						
Comments					强度平均值	Statistics On Rows
1	1	1.15	1.02	0.84	1.00333	0.15567
2	2	1.85	2.01	2.01	1.95667	0.09238
3	3	2.89	2.98	3.16	3.01	0.13748
4	4	3.98	3.34	3.05	3.45667	0.47585
5	5	4.83	4.99	5.2	5.00667	0.18556
6						
7						
8						

图 2－18　多组 Y 值统计数据

③ 作图选中 A 列、Mean 列和 SD 列，按照 plot→line+symbol 的步骤选择绘图命令便可生成带标准偏差大小的曲线。如图 2-19 所示。

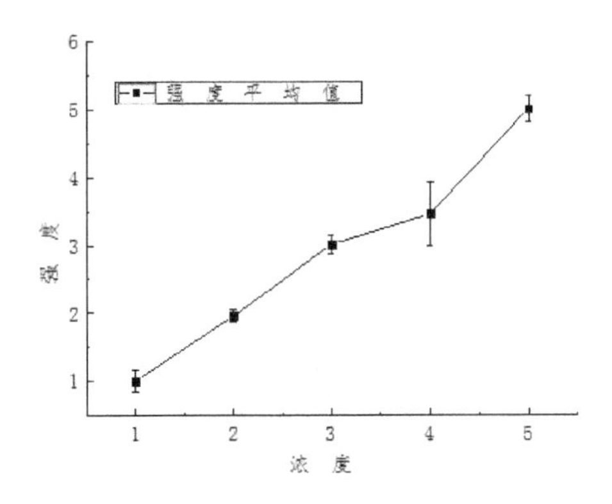

图 2-19　带标准偏差的曲线图

根据图形可以很明显地看出第四组数据的标准偏差最大，即数据的可靠性或精度最差。

2.2.3.5　数值微分

在进行反应动力学实验时，常常需要计算反应速率，但是反应速率无法直接通过实验数据测定，一般可以通过实验直接测定特定时间的反应物或生成物浓度（或转化率）。在此情况下，可以通过数值微分计算特定时间的反应速率。如乙酸和丁醇在 10 ℃ 以 0.032% 的硫酸为催化剂进行酯化反应，反应后生成乙酸丁酯。实验测得乙酸的转化率 L 与时间 t 的关系如表 2-14 所示。

表 2-14　乙酸转化率 L 与时间 t 的关系

t/min	0	30	60	120	180
L	0	0.451	0.633	0.783	0.842

试求 $t=0\sim180$ min（间隔 30 min）时乙酸的反应速率 $\mathrm{d}L/\mathrm{d}t$。

在此情况下可以通过先将实验数据进行拟合（或插值），然后再对拟合（或插值）函数求导的方式求微分。其具体处理步骤可以通过以下 MATLAB 程序实现，数据插值效果如图 2-20 所示。计算得到的初始反应速率和每隔 30 min 的反应速率分别为：0.021 9，0.004，0.004 0，0.002 4，0.001 4，0.000 9，0.000 9。

```
function weifen
t=[0 30 60 120 180];
L=[0 0.451 0.633 0.783 0.842];
plot(t, L, 'bo'),hold on
pp=spline(t,L);      %三次样条数值
sp=finder(pp);      %对插值函数求导
hold on
fnplt(pp)      %绘制插值函数
```

```
xlabel('时间 t/min)
ylabel('转化率/%')
title('乙酸转化率随时间的变化')
rate=fnval(sp,0:30:180)
```

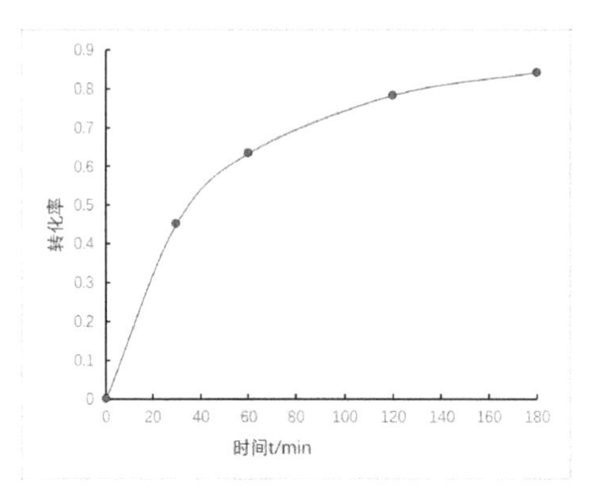

图 2-20　乙酸转化率随时间的变化

2.2.3.6　数值积分

在实验数据处理中,数据列表函数的积分问题可以通过插值(或拟合)的方法将离散数据连续化,然后进行积分求解。下面以一个热量计算问题为例说明数值积分方法的基本步骤。例如,化工生产中某气体从 t_1 加热到 t_2 所需的热量为:$Q=\int_{t_2}^{t_1} C_p d_t$,实验中测得的某气体的 C_p 与温度 t 的关系数据如表 2-15 所示。

表 2-15　气体的 C_p 与温度 t 的关系数据

t/℃	25	100	150	200	250	300	350	400	450	500
C_p/[J(mol·K)]	40.5	45.6	48.3	51.4	55.3	56.4	58.9	60.1	60.2	64.9

试计算 1 mol 该气体从 25 ℃加热到 500 ℃所需的热量。实现该运算的 MATLAB 程序如下:

```
function jifen
t=[25 100 150 200 250 300 350 400 450 500];
Cp=[40.5 45.6 48.3 51.4 55.3 56.4 58.9 60.1 63.2 64.9];
sp= spline(t,Cp);  %通过三次样条插值将实验数据连续化
Q=quad(@ myfun,t(1),t(end),[]. sp)
function q=myfun(t,sp)
q=ppval(sp,t);  %或 q=fnval(sp,t)
```

加权平均数的计算

在数据处理中常用的算术平均值的计算较为容易,如果要求加权算数平均值,利用 MATLAB 强大的数据处理能力,也可以轻松实现。下例的程序说明通过 MATLAB 内置函数 mean 可以实现算术平均值的计算,而利用 sum 函数,通过 sum(x. * w). /sum(w)语句可以计算加权算术平均值。对于更复杂的平均数或标准差的计算也比较容易

实现。

```
function jiaquanpingjunshu
x=1:5;  %需要求平均数的量
w=[0.01750.12950.35210.35210.1295];  %权重
x_ave=mean(x)  %算术平均值
xw_ave=sum(x.*w)./sum(w)  %加权算术平均值
```

参考文献

[1] 乐清华. 化学工程与工艺专业实验[M]. 北京:化学工业出版社,2018.
[2] 肖信. Origin 8.0 实用教程:科技作图与数据分析[M]. 北京:中国电力出版社,2009.
[3] 隋志军,杨榛,魏永明. 化工数值计算与 MATLAB[M]. 上海:华东理工大学出版社,2015.

第二篇

化工专业实验实例

第3章 基础数据测试实验

实验1 液-液传质系数的测定

【实验目的】

① 掌握使用刘易斯池测定液液传质系数的方法；

② 测定醋酸在水与乙酸乙酯的传质系数；

③ 探讨流动情况、物系性质对液液界面传质的影响机理。

【实验原理】

研究影响液-液传质速率的因素和规律，探讨传质过程的机理是提高萃取设备效率的重要依据。由于液-液间传质过程的复杂性，迄今为止，关于两相接触界面的动力学状态，物质通过界面的传递机理，以及相界面的传质阻力等问题的研究，还必须借助于实验。

在工业萃取设备中，当流体流经填料、筛板等内部构件时，会引起两相高度的分散和强烈的湍动，传质过程和分子扩散变得相当复杂，再加上液滴的凝聚与分散、流体的轴向返混等因素，使两相传质界面和传质推动力难以确定。因此，在实验研究中，常将过程进行分解，采用理想化和模拟的方法进行处理。1954年刘易斯(Lewis)提出了用一个恒定界面的容器，研究液液传质的方法(简称:刘易斯池)，即在给定界面面积的情况下，分别控制两相的搅拌强度，造成一个相内全混、界面无返混的理想流动状况，不仅明显地改善了设备内流体力学条件及相际接触状况，而且有效地避免了因液滴的形成与凝聚而造成端效应。本实验即采用改进型的刘易斯池进行实验。由于刘易斯池具有传质界面恒定的特点，当实验在一定的搅拌速率和温度下进行时，只需测定两相浓度随时间的变化关系，便可借助物料衡算及速率方程获得传质系数。

$$-\frac{V_W}{A}\times\frac{dc_W}{d_t}=K_W(c_W-c_W^*) \tag{3-1-1}$$

$$\frac{V_O}{A}\times\frac{dc_O}{d_t}=K_O(c_O^*-c_O) \tag{3-1-2}$$

式中：A——两相接触面积；c——溶质浓度；d——扩散系数；K——总传质系数；m——平衡分配系数；t——时间；V——溶剂相体积；下标 O——有机相；下标 W——水相。

若溶质在两相的平衡分配系数 m 可近似地取为常数，则：

$$c_W^*=\frac{c_O}{m},c_O^*=mc_W \tag{3-1-3}$$

式(3-1-1)、式(3-1-2)中的$\frac{dc}{d_t}$值可将实验数据进行曲线拟合然后求导数取得。

若将实验系统达平衡时的水相浓度 c_W^e 和有机相浓度 c_O^e 替换式(3-1-1)、式(3-1-2)中的 c_W^* 和 c_O^*，则对上两式积分可推出下面的积分式：

$$K_W=\frac{V_W}{At}\int_{c_W(0)}^{c_W(t)}\frac{\mathrm{d}c_W}{c_W^e-c_W^*}=\frac{V_W}{At}\ln\frac{c_W(t)-c_W^e}{c_W(0)-c_W^e} \tag{3-1-4}$$

$$K_O=\frac{V_O}{At}\int_{c_O(0)}^{c_O(t)}\frac{\mathrm{d}c_O}{c_O^e-c_O^*}=\frac{V_O}{At}\ln\frac{c_O(t)-c_O^e}{c_O(0)-c_O^e} \tag{3-1-5}$$

以 $\ln\frac{c^e-c(t)}{c^e-c(0)}$对 t 作图，由斜率可获得传质系数。

根据传质系数的变化，可研究流动状况、物系性质等因素对传质速率的影响。由于液液相际的传质远比气液相际的传质复杂。若用双膜理论关联液液相的传质速率，假定：① 界面是静止不动的，在相界面上没有传质阻力，且两相呈平衡状态；② 紧靠界面两侧是两层滞流液膜；③ 在液膜内溶质靠分子扩散进行传递；④ 传质阻力是由界面两侧的液膜阻力叠加而成，则关联结果往往与实际情况有较大偏差。其主要原因是传质相界面的实际状况无法满足模型的假设，除了主流体中的旋涡冲到界面以及流体流动的不稳定性造成的界面扰动外，界面本身也会因为传质引起的界面张力梯度而产生湍动，从而使传质速率显著增加。此外，微量表面活性物质的存在又可使传质速率明显减小。液-液界面不稳定的原因，大致可分为以下几点：

① 界面张力梯度导致的不稳定性，在相界面上由于溶质浓度的不均匀性导致界面张力的差异。在张力梯度的驱动下界面附近的流体会从张力低的区域向张力较高的区域运动，张力梯度的随机变化导致相界面上发生强烈的旋涡现象，这种现象被称为 Marangoni 效应。

② 密度梯度引起的不稳定性，界面附近如果存在密度梯度，则界面处的流体在重力场的作用下也会产生不稳定的对流，即所谓的 Taylar 不稳定现象。密度梯度与界面张力梯度导致

的界面对流交织在一起,会产生不同的效果。稳定的密度梯度会把界面对流限制在界面附近的区域,而不稳定的密度梯度会产生离开界面的旋涡,并且使它渗入到主体相中去。

③ 表面活性剂的作用,表面活性剂是降低液体界面张力的物质,其富集在界面会使界面张力显著下降,从而削弱界面张力梯度引起的界面不稳定性现象,制止界面湍动。此外,表面活性剂在界面处形成的吸附层,还会产生附加的传质阻力,降低传质速率。

【预习与思考】

① 为何要研究液-液传质系数?

② 理想化液-液传质系数实验装置有何特点?

③ 由刘易斯池测定的液-液传质系数用到实际工业设备设计还应考虑哪些因素?

④ 物系性质对液-液传质系数是如何影响的?

⑤ 根据物性数据表,确定乙酸向哪一方向的传递会产生界面湍动,说明原因。

⑥ 了解实验目的,明确实验步骤,制定实验计划。

⑦ 设计原始数据记录表

【实验装置及流程】

实验所用的刘易斯池,如图 3-1-1 所示,它由一段内径为 0.1 m,高为 0.12 m,壁厚为 8×10^{-3} m 的玻璃圆筒构成。池内体积约为 900 mL,用一块聚四氟乙烯制成的界面环(环上每个小孔的面积为 3.8 cm^2),把池隔成大致相等体积的两隔室。每隔室的中间部位装有互相独立的六叶搅拌桨,在搅拌桨的四周各装六叶垂直挡板,其作用在于防止在较高的搅拌强度下造成界面的扰动。两搅拌桨由直流侍服电动机通过皮带轮驱动。使用光电传感器监测搅拌桨的转速,并装有可控硅调速装置,可方便地调整转速。两液相的加料经高位槽注入池内,取样通过上法兰的取样口进行。另设恒温夹套,以调节和控制池内两相的温度。为防止取样后,实际传质界面发生变化,在池的下端配有一升降台随时调节液-液界面处于界面环中线处。实验流程图见图 3-1-2。实验中采用多组态数据采集系统,其装置图和采集系统界面如图 3-1-3,3-1-4 和 3-1-5。

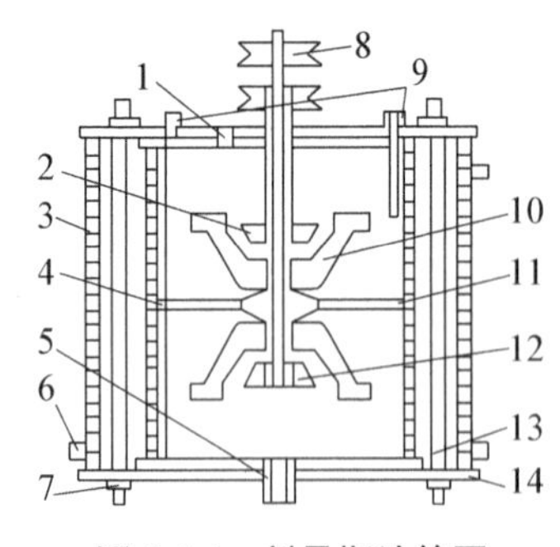

图 3-1-1 刘易斯池简图

1—进料口;2—上搅拌桨;3—夹套;4—玻璃筒;5—出料口;6—恒温水接口;7—衬垫;8—皮带轮;9—取样口;10—垂直挡板;11—界面杯;12—搅拌桨;13—拉杆;14—法兰

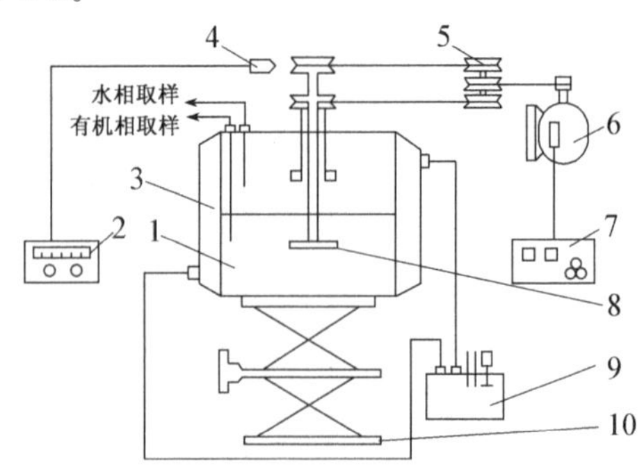

图 3-1-2 液液传质系数实验流程简图

1—刘易斯池;2—测速仪;3—恒温夹套;4—光电传感器;5—传动装置;6—直流电机;7—调速器;8—搅拌桨;9—恒温槽;10—升降台

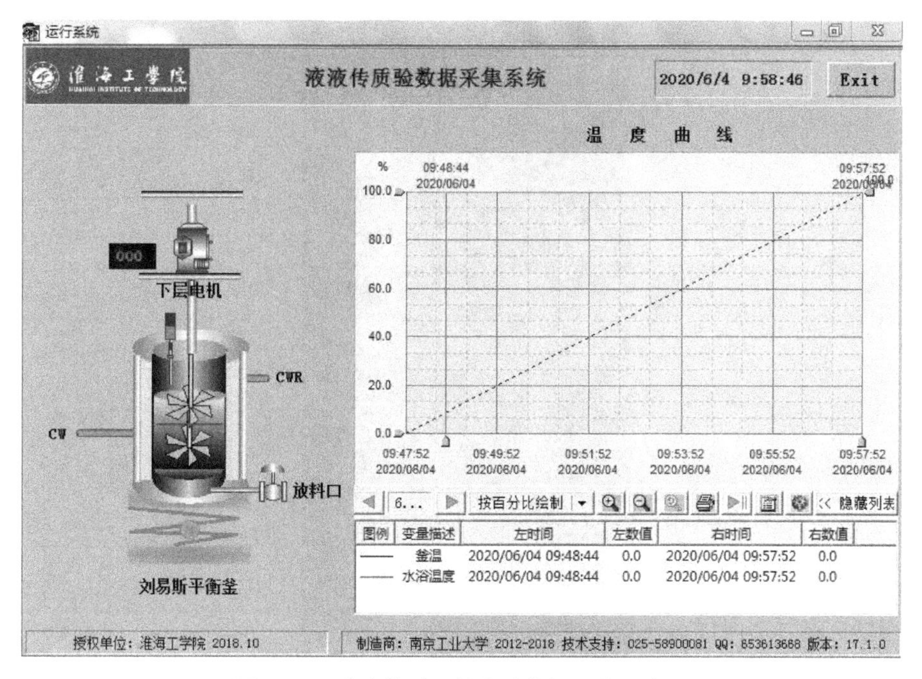

图 3-1-3　液液传质系数实验数据采集系统-1

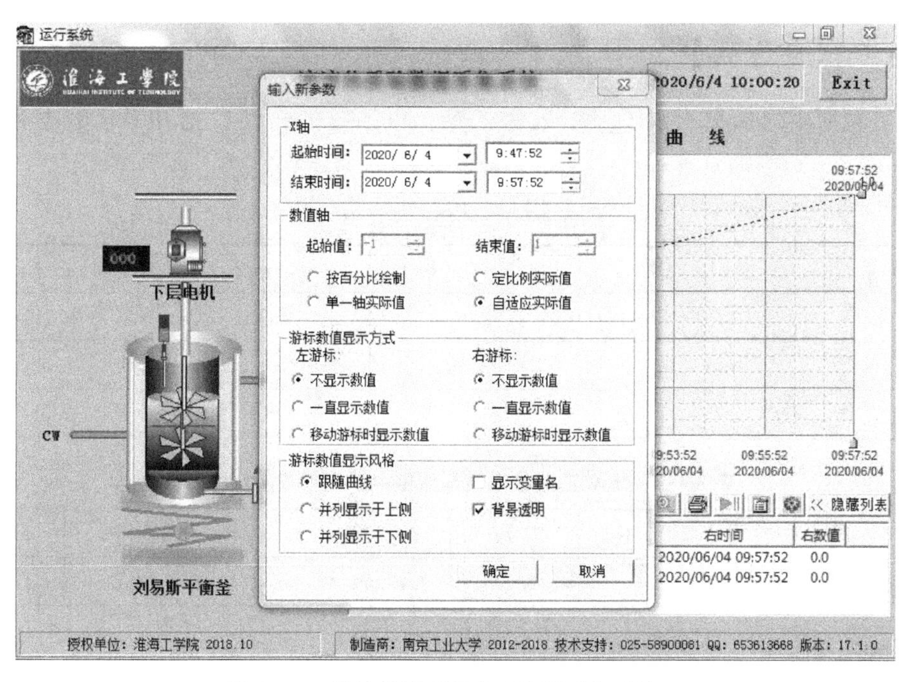

图 3-1-4　液液传质系数实验数据采集系统-2

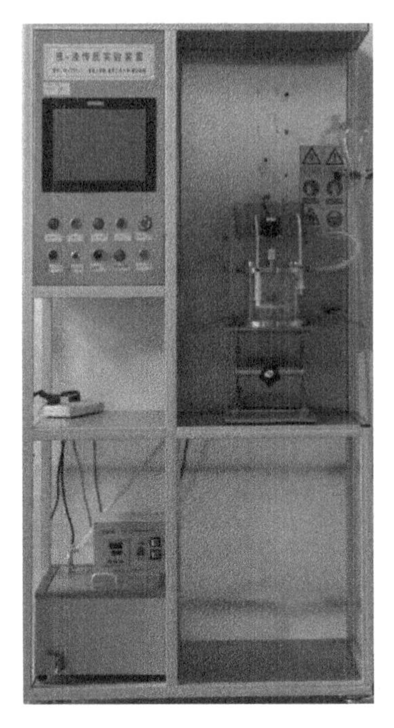

图 3-1-5　液-液传质实验装置

【实验步骤与方法】

本实验所用的物系为水-乙酸-乙酸乙酯。该系统的物性数据和平衡数据列于表3-1-1和表3-1-2。

表 3-1-1　纯物质性质表

物系	$\mu\times10^5$/Pa·s	$\delta\times10^3$/(N/m)	ρ/(kg/m^3)	$D\times10^3$/(m^2/s)
水	100.42	72.67	997.1	1.346
乙酸	130.0	23.90	1 049	
乙酸乙酯	48.0	24.18	901	3.69

表 3-1-2　25 ℃乙酸在水相与酯相中的平衡浓度($wt\%$)

酯相	0.0	2.50	5.77	7.63	10.17	14.26	17.73
水相	0.0	2.90	6.12	7.95	10.13	13.82	17.25

实验操作步骤：

① 装置在安装前，先用丙酮清洗池内各个部位，以防表面活性剂污染系统。

② 将恒温槽温度调整到实验所需的温度。

③ 加料时，不要将两相的位置颠倒，即较重的一相先加入，然后调节界面环中心线的位置与液面重合，再加入第二相。加水与乙酸乙酯各约 200 mL。第二相加入时应避免产生界面扰动。调恒温水浴温度至 25 ℃。

④ 启动搅拌桨，搅拌约 30 min，使两相互相饱和，然后由高位槽加入一定量的乙酸

(4 mL)。因溶质传递是从不平衡到平衡的过程，所以当溶质加完后就应开始计时。

⑤ 溶质加入前，应预先调节好实验所需的转速，以保证整个过程处于同一流动条件下。

⑥ 各相浓度按一定的时间间隔同时取样分析，即抽取上、下层各 4 mL，分别用 NaOH 标准溶液滴定乙酸含量。开始应 3～5 min 取样一次，以后可逐渐延长时间间隔，当取了 8～10 个点的实验数据以后，实验结束，停止搅拌，放出池中液体，将池子洗净待用。

以乙酸为溶质，由一相向另一相传递的萃取实验可进行以下内容：

a. 测定各相浓度随时间的变化关系，求取传质系数。

b. 改变搅拌强度，测定传质系数，关联搅拌速率与传质系数的关系。

c. 进行系统污染前后传质系数的测定，并对污染前后实验数据进行比较，解释系统污染对传质的影响。

d. 改变传质方向，探讨界面湍动对传质系数的影响程度。

e. 改变相应的实验参数或条件，重复以上 b、c、d 的实验步骤。

【实验数据处理】

① 将实验结果列表，并标绘 c_O、c_W 对 t 的关系图；

② 根据实验测定的数据，计算传质系数 K_W、K_O；

③ 将传质系数 K_W-t 或 K_O-t 作图。

【结果与讨论】

① 讨论测定液-液传质系数的意义。

② 讨论界面湍动对传质系数的影响。

③ 讨论搅拌速率与传质系数的关系。

④ 解释系统污染对传质系数的影响。

⑤ 分析实验误差的来源。

⑥ 提出实验装置的修改意见。

参考文献

[1] Lewis J B. The mechanism of mass transfer of solutes across liquid—liquid interfaces: Part I: the determination of individual transfer coefficients for binary systems[J]. Chem Eng Sci. 1954, 3: 248.

[2] J. Bulička. J. Procházka. Mass transfer between two turbulent liquid phases[J]. Chem Eng Sci, 1976, 31: 137.

[3] 周永传，李洲. P_{5709} 萃取钴的宏观动力学研究[J]. 化工学报，1986，1：10. 1

[4] 李以圭，等. 化学工程手册：第 14 篇萃取及浸取[M]. 北京：化学工业出版社，1985.

[5] Laddka G S. Egalessan T E. Phenomena in Liquid Extraction[M]. New York: McGraw Hill Book Company, 1983.

实验 2　双驱动搅拌器测定气-液传质系数

【实验目的】

带有化学反应的气液相吸收过程在化学反应与分离工程中占有重要地位。在吸收过程开发和模拟放大的研究过程中，双驱动搅拌吸收器是一种常用的实验设备，它可用于吸收剂的筛选、吸收机理的研究、吸收反应动力学以及气-液相传质系数的测定。本实验采用双驱动搅拌吸收器测定热钾碱（K_2CO_3）溶液吸收 CO_2 的气液传质系数，以达到如下目的：

① 了解气液相吸收反应过程的原理；

② 掌握采用双驱动搅拌吸收器研究气-液相吸收过程的方法；

③ 应用化学吸收理论关联实验测定的传质系数与溶液转化度的关系，了解经验关联法在工程实验数据处理中的应用。

【实验原理】

工业上采用化学吸收工艺通常是为了达到两个不同的目的。其一，通过化学吸收生产产品；其二，通过化学吸收提高气体的分离效率。前者的关注点是目标产品的吸收率和选择性，后者的关注点是气体的吸收速率和平衡特性。但无论出于何种目的都必须掌握气-液传质过程的特性，即必须弄清气体吸收过程是属于气膜控制、液膜控制还是双膜控制；气液反应是属于瞬间反应、快反应、中速反应还是慢反应。这样才能对症下药，选择合适的气液传质设备、筛选理想的吸收溶剂、优化吸收的操作条件。

迄今为止，实验研究仍是掌握化学吸收气液传质特性的主要方法，因此，实验装置和手段的科学性至关重要。本实验选用的双磁力驱动搅拌吸收器是一种改进型的 Danck werts 气液搅拌吸收器，其主要特点为：

① 气相与液相的搅拌速率可分别调节，因此，可以分别考察气、液相搅拌强度对吸收速率的影响，并据此判断气-液传质过程的控制步骤，以及化学反应对吸收速率的影响程度；

② 具有稳定的气-液相界面积，可实测单位时间、单位相面积的瞬间吸收量，并据此确定传质速率和传质系数。

双磁力驱动搅拌吸收器适合于研究吸收速率、吸收机理，以及传质系数与温度和液相组成的关系，并可据此建立吸收模型。

本实验选用的热钾碱（K_2CO_3）溶液吸收 CO_2 是一个典型的化学吸收过程，是工业中常用的脱除 CO_2 的方法，采用此法的目的是借助于 K_2CO_3 与 CO_2 的反应来提高 CO_2 的脱除效率。在合成氨与合成甲醇的原料气净化、城市煤气的脱碳、烟道气中二氧化碳的回收等工艺过程中都常选用这种方法。

热钾碱吸收 CO_2 是一个化学吸收过程，其反应式为：

$$K_2CO_3 + CO_2 + H_2O \rightleftharpoons 2KHCO_3 \tag{3-2-1}$$

其反应机理为：

$$CO_2 + OH^- \rightleftharpoons HCO_3^- \tag{3-2-2}$$

$$CO_2 + H_2O \rightleftharpoons HCO_3^- + H^+ \tag{3-2-3}$$

当反应的 pH>10 时，即碱性强时，反应式(3-2-3)进行的速率远小于反应(3-2-2)，可以忽略。此时，仅需考虑反应式(3-2-2)即可。

在热钾碱溶液中，溶液的 OH^- 浓度由下列反应的平衡确定：

$$CO_3^{2-} + H_2O \rightleftharpoons HCO_3^- + OH^- \tag{3-2-4}$$

$$c_{OH^-} = \frac{K_W c(CO_3^{2-})}{K_2 c(HCO_3^-)} \tag{3-2-5}$$

计算可知，当 $\dfrac{c(CO_3^{2-})}{c(HCO_3^-)} = 1$，而温度高于 50 ℃时，热钾碱溶液的 $c(OH^-) > 10^{-4}$ mol/L，即 pH>10，此时热钾碱吸收 CO_2 可按单一反应(3-2-5)考虑。

Dankwerts 等人提出，热钾碱溶液的转化度 f 定义为溶液中转化掉的 $c(CO_3^{2-})$ 与溶液中总的 $c(CO_3^{2-})$ 之比，即：

$$f = \frac{c(HCO_3^-)}{2c(CO_3^{2-}) + c(HCO_3^-)} \tag{3-2-6}$$

当 f 较高时，反应式(3-2-2)是快速反应，可由二级反应简化为拟一级反应处理。根据化学吸收的双膜渗透理论，拟一级化学吸收传质系数的增强因子为：

$$\beta = \sqrt{M} = \sqrt{\frac{D_{CO_2} k_{OH^-} c_{OH^-}}{k_L^2}} \tag{3-2-7}$$

相应的化学吸收速率式为：

$$N_{CO_2} = \beta K_L (c_{CO_2,i} - c_{CO_2,l}^*) \tag{3-2-8}$$

若液相吸收速率以 CO_2 分压为推动力，则：

$$N_{CO_2} = \beta K_L (p_{CO_2,i} - p_{CO_2,l}^*) = H_{CO_2} \sqrt{D_{CO_2} k_{OH^-} c_{OH^-}} (p_{CO_2,i} - p_{CO_2,l}^*) \tag{3-2-9}$$

将式(4－31)的 c_{OH^-} 代入式(3-2-9)，可得：

$$N_{CO_2} = H_{CO_2} \sqrt{D_{CO_2} k_{OH^-} \left(\frac{K_W}{K_2} \times \frac{c_{CO_3^{2-}}}{c_{HCO_3^-}}\right)} (p_{CO_2,i} - p_{CO_2,l}^*) \tag{3-2-10}$$

因此，以气体分压为推动力的相传质系数 K 可表示为：

$$K = \beta K_L H_{CO_2} = H_{CO_2} \sqrt{D_{CO_2} k_{OH^-} \left(\frac{K_W}{K_2} \times \frac{c_{CO_3^{2-}}}{c_{HCO_3^-}}\right)} \tag{3-2-11}$$

式(3-2-6)可转化为：

$$\frac{c_{CO_3^{2-}}}{c_{HCO_3^-}} = \frac{1-f}{2f} \tag{3-2-12}$$

代入式(3-2-11),可得:

$$K=H_{CO_2}\sqrt{D_{CO_2}k_{OH^-}\left(\frac{K_W}{K_2}\right)}\left(\frac{1-f}{2f}\right) \tag{3-2-13}$$

由式(3-2-13)可见,液相传质系数 K 不仅与反应速率常数 K_{OH^-} 有关,还与参数 H_{CO_2}、K_W,K_2、D_{CO_2}、f 有关。反应速率常数 K_{OH^-} 和平衡常数 K_W、K_2 主要取决于温度。D_{CO_2} 取决于溶液黏度,溶液黏度又取决于温度与转化度。转化度 f 仅与溶液浓度有关。因此,在一定的温度下,可认为液相传质系数 K 仅是转化度 f 的函数,即 $\lg K$ 与 $\lg\frac{1-f}{2f}$ 呈线性关系,斜率为 1/2。

本实验采用纯 CO_2 作为气源,使用 1.2 mol/L 的 K_2CO_3 作为吸收液,控制吸收在 60 ℃ 下进行。由于该温度下溶液的水蒸气分压 p_W 较大,应从气相总压 p 中减去水蒸气分压才是界面 CO_2 气体的分压 $p_{CO_2,i}$。

碳酸钾溶液界面的水蒸气分压与转化度 f 的关系为:

$$p_W=0.01728(1-0.3f)$$

界面 CO_2 气体的分压为:

$$p_{CO_2,i}=p-p_W=p-0.01728(1-0.3f) \tag{3-2-14}$$

界面 CO_2 的平衡分压 $p^*_{CO_2,l}$,计算式为:

$$p^*_{CO_2,l}=1.95\times10^8c^{0.4}\left(\frac{f^2}{1-f}\right)\exp\left(-\frac{8160}{T}\right) \tag{3-2-15}$$

由式(3-2-13)可得:

$$K=N_{CO_2}/(p_{CO_2,i}-p^*_{CO_2,l}) \tag{3-2-16}$$

可见,只要测得瞬间吸收速率 N_{CO_2}、溶液的转化度 f,便可求得吸收推动力,进而求出传质系数 K。

【预习与思考】

① 简述热钾碱溶液吸收 CO_2 的机理。

② 简述双磁力驱动搅拌吸收器的结构与特点。

③ 本实验中,热钾碱溶液的加入量是如何确定的?为什么?

④ 本实验需要记录哪些数据?如何求取 N_{CO_2}、p_A、p^*_{AL}。

⑤ 实验前为何要用 CO_2 置换实验装置中的空气?

⑥ CO_2 气体进入吸收器前为何要经过水饱和器?

⑦ 简述气体稳压管的作用原理。

⑧ 本实验中热钾碱溶液中的 CO_2 含量是如何测定的?

⑨ 本实验中热钾碱溶液的转化度是如何确定的?

【实验装置与流程】

图 3-2-1 为测定热钾碱溶液吸收 CO_2 的传质速率系数的流程示意图。钢瓶中的纯

CO_2(>99.8%)气体经减压阀减压后流经气体稳压管,稳压后的气体经气体调节4调节流量并通过皂膜流量计3计量后,进入水饱和器6。经过水饱和器的CO_2气体从搅拌吸收器中部进入,经碱液吸收后的尾气从吸收器上部出口引出,经出口皂膜流量计14计量后放空。吸收器前后压力分别由U形压力计示出;水饱和器以及吸收器的温度由恒温槽循环水控制。吸收器中气相和液相的搅拌桨转速可分别调节(转速0~200 r/min),转速误差在±1 r/min以内。

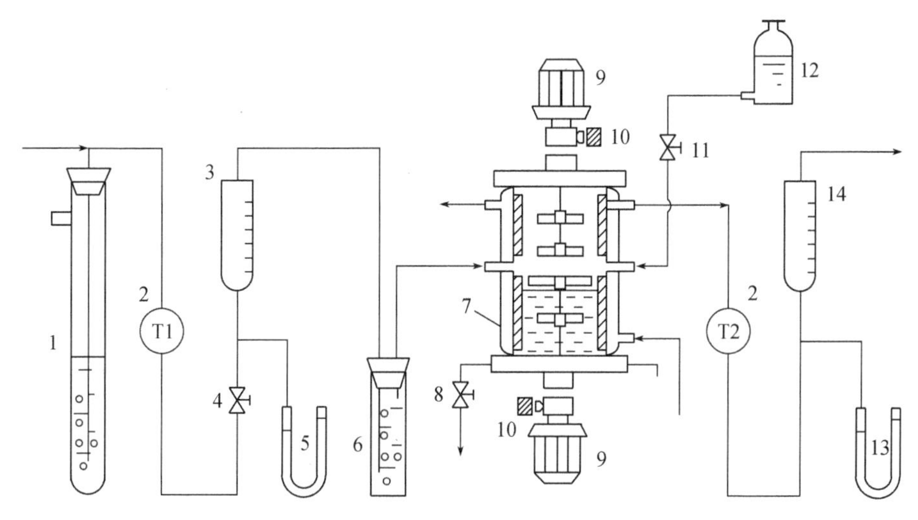

图3-2-1 双驱动搅拌吸收器实验流程示意图

1—气体稳压管;2—气体温度计;3,14—皂膜流量计;4—气体调节阀;5,13—压差计;6—水饱和器;7—双驱动搅拌吸收器;8—吸收液取样阀;9—直流电动机;10—测速装置;11—弹簧夹;12—储液瓶

双磁力驱动搅拌吸收器是本实验中的关键设备,器内设有气相(上)和液相(下)两个搅拌器,分别对气相、气-液界面和液相进行搅拌。操作时,吸收剂由储液瓶一次准确加入,加入量应控制在使液面处于液相搅拌桨上桨下缘的1 mm左右,以保证桨叶转动时正好刮在液面上,既达到更新表面的目的,又不破坏液体表面的平稳。吸收器中部和上部分别设有气体的进、出口管,顶部有测压孔,下部与底部有加液管及取样口实验开始时,吸收液一次加入吸收器,在恒压下连续吸收纯CO_2气体。随着吸收反应的进行,溶液转化度f增加。在维持吸收器压力恒定条件下,用皂膜流量计测得瞬间吸收速率。吸收液的起始转化度与实验结束时的终了转化度均用酸分析法测定。在吸收过程中,由吸收速率对时间的积分可求出吸收CO_2的累计量,据此换算出转化度f的增加量,加上起始转化度就可得到任一瞬间吸收速率下的液相转化度。

【实验步骤及方法】

(1) 实验操作步骤

① 开启总电源,同时开启超级恒温槽,将水浴温度调节到60.0 ℃±0.2 ℃。

② 开启CO_2钢瓶总阀,调节钢瓶减压阀,控制适当的CO_2气体流量,置换吸收器内的空气,一般置换15 min左右即可。

③ 空气置换完全后，调节进口 CO_2 气体流量，并注意观察气体稳压管是否有均匀的气泡冒出。开启超级恒温槽，将循环恒温水打入吸收器的恒温夹套。

④ 将配制的 1.2 mol/L K_2CO_3 溶液 300～400 mL 加热到 60 ℃左右，加入吸收器内，保持液面在液相搅拌器上层桨叶下沿的 1 mm 左右。

⑤ 开启搅拌桨，调节气相及液相搅拌转速分别控制在 10 r/min 左右，液相的转速不能过快，以防液面波动造成实验误差。

⑥ 以启动搅拌为起点，每 15 min 用进、出口皂膜流量计测定一次进、出口 CO_2 气体的流量，并据此计算瞬间吸收速率，连续测定 3 h 后停止实验。实验过程中应认真、及时记录必要的实验数据。

⑦ 停止实验后，从吸收液取样阀 8 中迅速放出吸收液，用 250 mL 量筒接取，并精确量出吸收液体积。取样分析溶液的终了转化度，并对起始转化度进行分析。

⑧ 关闭吸收液取样阀门、气体调节阀、CO_2 减压阀、钢瓶阀，关闭超级恒温槽的电，调节气液相搅拌转速至“零”，关掉总电源。

(2) 溶液转化度分析方法

① 原理：热钾碱与硫酸(浓度为 3 mol/L)反应放出 CO_2，用量气管测量放出的 CO_2 体积，即可求出溶液转化度。反应式为

$$K_2CO_3 + H_2SO_4 = K_2SO_4 + CO_2\uparrow + H_2O$$

$$2KHCO_3 + H_2SO_4 = K_2SO_4 + 2CO_2\uparrow + 2H_2O$$

② 仪器：分析装置如图 3-2-2，另需 150 mL 量气筒、5 mL 量筒与 1 mL 移液管各 1 支。

③ 试剂：3 mol/L 的硫酸溶液。

④ 操作：用移液管量取 5 mL(3 mol/L)的 H_2SO_4 置于反应瓶的外瓶中，准确吸取 1 mL 吸收液置于反应瓶的内瓶中。提高水准瓶，使液面升至量气筒的上部刻度区域，塞紧反应瓶塞，使其不漏气，然后举起水准瓶，使量气管内液面与水准瓶液面相平，记下量气管的读数 V_1。摇动反应瓶，使 H_2SO_4 与碱液充分混合，直至反应完全无气泡发生为止，再次举起水准瓶，使量气管内液面与水准瓶液面相平，记下量气管内读数 V_2。

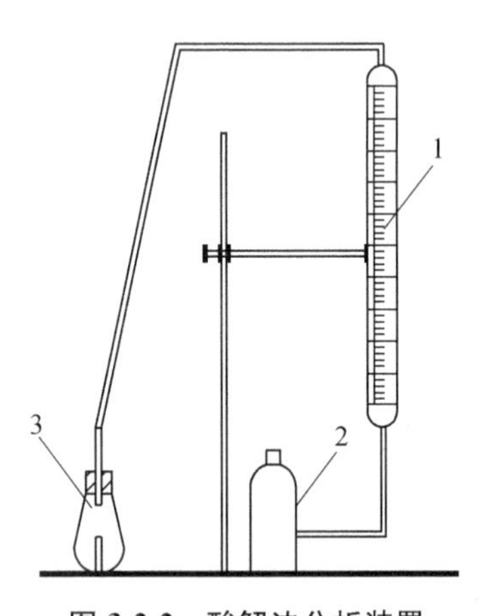

图 3-2-2　酸解法分析装置

1—量气管；2—水准瓶；3—反应瓶

(3) 计算

溶液中：

$$V_{CO_2}(\text{mL/mL 碱液}) = (V_2 - V_1)\varphi \tag{3-2-17}$$

$$\varphi = \frac{p - p_{H_2O}}{101.3} \times \frac{273.2}{T} \tag{3-2-18}$$

若吸收前与吸收后 1 mL 碱液分解后取出的 CO_2 体积分别为 C_f^0 与 C_f，则溶液的总转化度为：

$$f=\frac{C_f-C_f^0}{C_f^0} \tag{3-2-19}$$

式(3-2-18)中水蒸气分压的计算式为：

$$p_{H_2O}=0.1333\exp[18.3036-3816.44/(T-46.13)] \tag{3-2-20}$$

【实验数据及处理】

编号	时间	气体进口流量/(mL/s)	气体出口流量/(mL/s)	吸收速率/(mL/s)
1				
2				
3				
4				

【结果与讨论】

① 简要说明实验目的、原理、实验流程及操作。

② 记录实验原始数据。

③ 以一套数据为例，列式计算吸收速率系数与转化度。

④ 列表列出全部实验数据的计算结果。

⑤ 绘制 $\lg K-\lg\frac{1-f}{2f}$ 示意图。

⑥ 对实验方法与实验结果进行讨论。

【主要符号说明】

V_{CO_2}——碱液中的 CO_2 量，mL/mL；

c——吸收液 K_2CO_3 浓度，mol/L；

C_f^0，C_f——吸收前、吸收后 1 mL 碱液分解放出的 CO_2 体积，mL/mL；

c_{H^+}，c_{OH^-}，$c_{CO_3^-}$，$c_{HCO_3^-}$——溶液中 H^+、OH^-、CO_3^{2-}、HCO_3^- 的浓度，mol/L

$c_{CO_2,i}$、$c^*_{CO_2,l}$——气液相界面上 CO_2 浓度和液相主体中 CO_2 平衡浓度，mol/L；

D_{CO_2}——在液相中的扩散系数；

f——热钾碱溶液的转化度，无量纲；

H_{CO_2}——CO_2 的溶解度系数；

k_{OH^-}——CO_2 与 OH^- 的反应速率常数

K——以分压为推动力的吸收速率常数，$mol/(m^2\cdot MPa\cdot s)$；

K_L——液膜传质系数；

K_W——水的解离常数（$K_W=c_{H^+}c_{OH^-}$）；

K_2——碳酸的二级解离常数$\left(K_2=\frac{c_{H^+}c_{CO_3^{2-}}}{c_{HCO_3^-}}\right)$；

N_{CO_2}——吸收速率，mL/s；
T——反应温度，K；
t——室温，℃；
p——总压，MPa；
p_{H_2O}——水蒸气分压，MPa；
$p_{CO_2,i}$、$p^*_{CO_2,l}$——气液界面上 CO_2 分压和吸收液 CO_2 平衡分压，MPa；
β——化学吸收的增大因子，无量纲；
φ——温度、压力校正系数，无量纲。

参考文献

[1] 朱炳辰. 化学反应工程[M]. 北京：化学工业出版社，1998.
[2] 庄永定，刘凡，郑志胜，等. 搅拌反应器的液相传质特性[J]. 华东理工大学学报，1981，4：41.

第 4 章　化工热力学实验

实验 3　二元气液平衡数据的测定

【实验目的】

气液平衡数据是蒸馏、吸收过程开发和设备设计的重要基础数据，也是优化工艺条件、降低能耗和节约成本的重要依据。气液平衡数据的准确测定不仅对新产品、新工艺的开发具有指导意义，也是检验相平衡理论模型可靠性的重要手段。本实验采用双循环气液平衡器测定乙醇-环己烷系统的相平衡数据，拟达到如下目的：

① 了解测定二元气液平衡数据的工程意义；

② 掌握二元体系气液相平衡数据的测定方法；

③ 掌握改进的 Rose 平衡釜的使用方法，测定大气压力下乙醇-环己烷体系数据；

④ 掌握利用气相色谱仪分析实验数据；

⑤ 能够使用制图与数据分析软件拟合非线性实验数据。

【实验原理】

气液平衡数据实验测定是在一定温度压力下，在已建立气液相平衡的体系中，分别取出气相和液相样品，测定其浓度。本实验采用的是广泛使用的循环法，平衡装置利用改进的 Rose 釜。所测定的体系为乙醇-环己烷，样品分析采用气相色谱分析。

气液平衡数据包括 $T-P-x_i-y_i$。对部分理想体系达到气液平衡时，有以下关系式：

$$y_iP=\gamma_ix_iP_i^s \tag{4-3-1}$$

将实验测得 $T-P-x_i-y_i$ 的数据代入上式，计算出实测的 x_i 与 γ_i 数据，利用 x_i 与 γ_i 关系式(van Laar 方程或 Wilson 方程等)关联，确定方程中参数。根据所得的参数可计算不同浓度下的气液平衡数据、推算共沸点及进行热力学一致性检验。

【预习与思考】

① 本实验中气液两相达到平衡的判据是什么？

② 压力对气液平衡的影响如何？

③ 分析实验误差的来源。

【实验装置及流程】

本实验采用改进的 Rose 平衡釜——气液双循环式平衡釜，其结构如图 4-3-1 和图

4-3-2 所示。

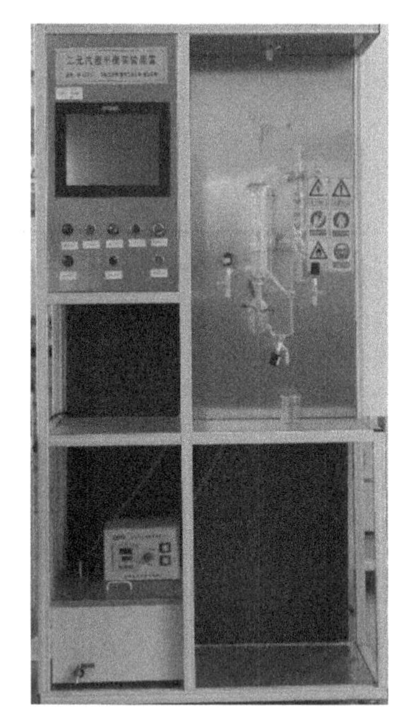

图 4-3-1　VLE 实验装置

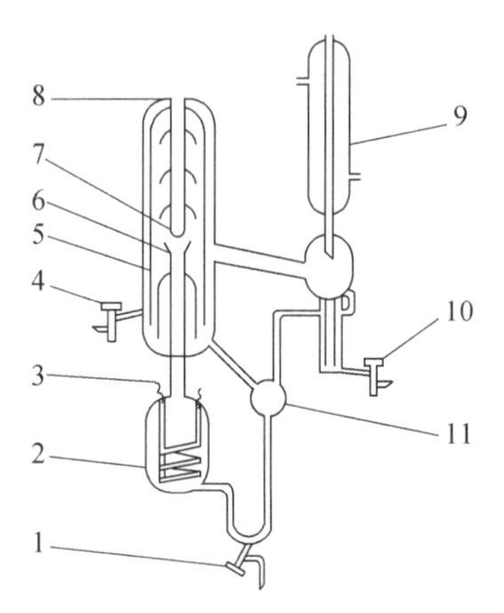

图 4-3-2　改进的 Rose 釜结构图

1—排液口；2—沸腾器；3—内加热器；4—液相取样口；5—气室；6—气液提升管；7—气液分离器；8—温度计套管；9—气相冷凝管；10—气相取样口；11—混合器

改进的 Rose 平衡釜气液分离部分配有 50～100 ℃精密温度计或热电偶（配 XMT-3000 数显仪）测量平衡温度，沸腾器的蛇型玻璃管内插有 300 W 电热丝，加热混合液，其加热量由可调变压器控制。

分析仪器：气相色谱仪 GC5890 通用气相色谱仪。气相色谱仪 GC5890 操作见附录 7。本实验亦可采用折光仪测定气液两相平衡时的物质组成，分析方法见附录 5。

实验试剂：无水乙醇（分析纯），环己烷（分析纯）。

分析测试气液相组成时，用气相色谱分析。每一实验组配有 2 个取样瓶、2 个 1 mL 的针筒。

【实验步骤及方法】

① 用移液管分别取乙醇、环己烷混合均匀，保持总体积 10 mL，体积比按 1∶9、2∶8、3∶7、4∶6、5∶5、6∶4、7∶3、8∶2、9∶1。

② 加料。从加料口加入配制好的乙醇-环己烷二元溶液，至 2/3 处。

③ 加热前先通冷却水，打开恒温水浴循环系统。然后在控制面板上设定温度，开启磁力搅拌器，调节合适的搅拌速率。缓慢升温加热至釜液沸腾。

气相冷凝液出现，直到冷凝回流。起初，平衡温度计读数不断变化，调节加热量，使冷凝液控制在每分钟 60 滴左右。当沸腾温度稳定，冷凝液流量稳定（60 滴/分左右），并保持 30 分钟以后，温度平衡曲线平稳，认为气液平衡已经建立。此时沸腾温度为气液平衡温度。由于测定时平衡釜直接通大气，平衡压力为实验时的大气压。

④ 同时从气相口和液相口取气液二相样品，取样前应先放掉少量残留在取样考克中的试剂，取样后要盖紧瓶盖，防止样品挥发。整个实验过程中必须注意蒸馏速率、平衡温度和气相温度的数值，不断加以调整，记录平衡温度及气相温度读数。

⑤ 分析。用气相色谱分析法分析气、液两相组成，得到 $W_{C_2H_5OH(g)}$、$W_{C_2H_5OH(l)}$、$W_{C_6H_{12}(g)}$、$W_{C_6H_{12}(l)}$（两液体质量分数）。

⑥ 实验结束后，先把加热及保温电压逐步降低到零，切断电源，待釜内温度降至室温，关冷却水，整理实验仪器及实验台。

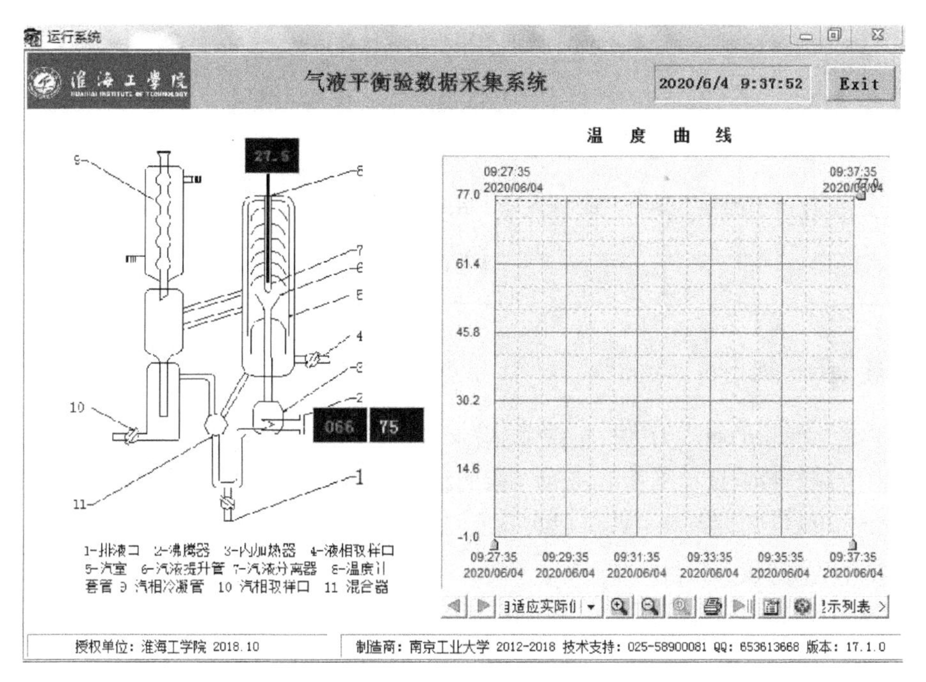

图 4-3-3　气液平衡数据采集系统

【实验数据记录】

1. 平衡釜操作记录

表 4-3-1　改进的 Rose 釜操作记录

日期________　室温________℃　大气压________mmHg

实验序号	投料量	时间	加热电压(V)	平衡釜温度(℃)		环境温度(℃)	露茎高度(℃)	冷凝液滴速(滴/分)	现象
				热电偶	水银温度计				
1	混合液(mL)								

（续表）

实验序号	投料量	时间	加热电压(V)	平衡釜温度(℃)		环境温度(℃)	露茎高度(℃)	冷凝液滴速(滴/分)	现象
				热电偶	水银温度计				
2	补加(mL)								

2. 平衡数据测定计算结果

表 4-3-2　气液相平衡组成计算结果

测量温度：________℃

实验序号	液相样品平衡组成					气相样品平衡组成					平衡组成	
	1	2	3	4	平均	1	2	3	4	平均	液相	气相
1												
2												

【实验数据处理】

1. 平衡温度和平衡压力的校正（参见附录）。

2. 由所测的数据计算平衡液相和气相的组成，并与附录文献数据比较，计算平衡温度实验值与文献值的偏差和气相组成实验值与文献值的偏差。

3. 计算活度系数 γ_1，γ_2

运用部分理想体系气液平衡关系式(4-3-1)可得到，

$$\gamma_1=\frac{y_1 P}{x_1 P_1^s} \text{和} \gamma_2=\frac{y_2 P}{x_2 P_2^s} \tag{4-3-2}$$

式中：P_1^s 和 P_2^s，由 Antoine 方程计算，其形式：

$$\lg P_1^s=8.1120-\frac{1592.864}{T+226.184} \tag{4-3-3}$$

$$\lg P_2^s=6.85146-\frac{1206.470}{T+223.136} \tag{4-3-4}$$

P_1^s 和 P_2^s 单位为 mmHg，T 单位为℃。

4. 由得到的活度系数 γ_1 和 γ_2，计算 van Laar 方程或 Wilson 方程中参数（参考文献 1）。van Laar 方程参数，按式(4-3-5)和式(4-3-6)。

$$A_{12}=\ln\gamma_1\left(1+\frac{x_2\ln\gamma_2}{x_1\ln\gamma_1}\right)^2 \tag{4-3-5}$$

$$A_{21}=\ln\gamma_2\left(1+\frac{x_1\ln\gamma_1}{x_2\ln\gamma_2}\right)^2 \tag{4-3-6}$$

5. 用 van Laar 方程或 Wilson 方程，计算一系列的 $x_1-\gamma_1$，γ_2 数据，计算 $\ln\gamma_1-x_1$、$\ln\gamma_2-x_1$ 和 $\ln\dfrac{\gamma_1}{\gamma_2}-x_1$ 数据，绘出 $\ln\dfrac{\gamma_1}{\gamma_2}-x_1$ 曲线，用 Gibbs-Duhem 方程对所得数据进行热力学一致性检验。其中 van Laar 方程形式如下：

$$\ln\gamma_1=\frac{A_{12}}{\left(1+\dfrac{A_{12}x_1}{A_{21}x_2}\right)^2},\ln\gamma_2=\frac{A_{21}}{\left(1+\dfrac{A_{21}x_2}{A_{12}x_1}\right)^2}$$ （选做）

6. 计算 0.101 3 MPa 压力下的恒沸数据，或 35 ℃下恒沸数据，并与文献值比较（选做）。

【实验结果和讨论】

1. 实验结果

给出 $P=760$ mmHg 下平衡温度 T、乙醇液相组成 x_1 和相应的气相组成 y_1 数据，与附录文献数据比较，分析数据精确度。

2. 讨论

（1）实验测量误差及引起误差的原因。

（2）对实验装置及其操作提出改进建议。

（3）对热力学一致性检验和恒沸数据推算结果进行评议。

3. 思考题

（1）实验中你是怎样确定气液二相达到平衡的？

（2）影响气液平衡数据测定的精确度的因素有哪些？

（3）试举出气液平衡数据应用的例子。

【注意事项】

1. 平衡釜开始加热时电压不宜过大，以防物料冲出。

2. 平衡时间应足够。气液相取样瓶，取样前要检查是否干燥，装样后要保持密封，因乙醇和环己烷都较易挥发。

【计算示例】

某次实验记录列于表 4-3-3 和表 4-3-4。

表 4-3-3　改进的 Rose 釜操作记录

实验日期　　　　室温 25 ℃　　　　大气压 758.2 mmHg

实验序号	投料量	时间	加热电压(V)	平衡釜温度(℃)		环境温度(℃)	露茎高度(℃)	冷凝液滴速(滴/分)	现象
				热电偶	水银温度计				
1	混合液 180 mL	8:20	60	20		25		0	开始加热
		8:45	60	40		26		0	沸腾
		8:55	58	59.2	59.10	30	0.8	40	有回流
		9:03	58	65.0	64.92	31	6.6	78	回流

（续表）

实验序号	投料量	时间	加热电压(V)	平衡釜温度(℃)		环境温度(℃)	露茎高度(℃)	冷凝液滴速(滴/分)	现象
				热电偶	水银温度计				
		9:15	58	65.0	64.94	31	6.6	81	回流稳定
		9:50	56	65.1	64.95	31	6.6	79	回流稳定
		9:52							取样

表 4-3-4　折光系数测定及平衡数据计算结果

序号	液相样品平衡组成				气相样品平衡组成				平衡组成	
	1	2	3	4	1	2	3	4	液相	气相
1	0.678 2	0.677 9	0.676 5	0.678 8	0.480 1	0.480 3	0.478 5	0.479 8	0.678 1	0.479 7

测量温度 30.0 ℃

(1) 温度及压力的校正

露茎校正：

$$\Delta T_{露茎}=k\cdot n\cdot(T-T_{环})=0.000\,16\times6.6\times(64.95-31.0)=0.036\ ℃$$

$$T_{真实}=T+\Delta T_{露茎}=64.95+0.04=64.99\ ℃$$

压力校正：将测量的平衡压力 758.2 mmHg 下的平衡温度折算到平衡压力为 760 mmHg的平衡温度，按附录，

$$温度校正值\ \Delta T=\frac{T_{真实}+273.15}{10}\times\frac{760-P_0}{760}=0.08\ ℃$$

$$T(760\ \text{mmHg}\ 平衡温度)=64.99+0.08=65.07\ ℃$$

(2) 由附录，查得，$x_1=0.678\,1$ 时，文献数据 $y_1=0.475\,0$，$T=65.25$ ℃

实验值与文献值偏差

$$|\Delta y_1|=0.479\,7-0.475\,0=0.004\,7,$$

$$|\Delta T|=65.25-65.07=0.19\ ℃$$

(3) 计算实验条件下的活度系数 γ_1，γ_2

$$\gamma_1=\frac{0.479\,7}{0.678\,1}\times\frac{760}{439.37}=1.223\,7$$

$$\gamma_2=\frac{0.520\,3}{0.321\,9}\times\frac{760}{462.57}=2.655\,6$$

(4) 计算 van Laar 方程中参数

$$A_{12}=\ln\gamma_1\left(1+\frac{x_2\ln\gamma_2}{x_1\ln\gamma_1}\right)^2=2.194\,12$$

$$A_{21}=\ln\gamma_2\left(1+\frac{x_1\ln\gamma_1}{x_2\ln\gamma_2}\right)^2=2.012\,15$$

(5) 用 van Laar 方程，计算 $x-y$ 数据，列于表 4-3-5。

表 4-3-5　用 van Laar 方程计算 $X-\gamma$ 数据结果

x_1	0.05	0.1	0.2	0.3	0.4	0.5	0.6	0.7	0.8	0.9	0.95
$\ln\gamma_1$	1.962 4	1.745 5	1.354 8	1.019 2	0.735 7	0.502 1	0.315 9	0.174 7	0.076 3	0.018 8	0.004 7
$\ln\gamma_2$	0.005 9	0.023 5	0.092 3	0.204 1	0.356 5	0.547 5	0.774 9	1.036 9	1.331 6	1.657 2	1.831 1
$\ln(\gamma_1/\gamma_2)$	1.956 5	1.722 0	1.262 5	0.815 0	0.379 2	0.045 4	0.459 0	0.862 0	1.255	1.638 4	1.826

经计算得到，$D<J$，符合热力学一致性。

(6) 估算 $P=760$ mmHg 下恒沸点温度和恒沸组成

可列出以下联立方程组：

$$\ln\frac{P}{P_1^s}=\frac{A_{12}}{\left(1+\frac{A_{12}x_1}{A_{21}x_2}\right)^2}\quad \ln\frac{P}{P_2^s}=\frac{A_{21}}{\left(1+\frac{A_{21}x_2}{A_{12}x_1}\right)^2}$$

$$\lg P_1^s=8.112\,0-\frac{1\,592.864}{T+226.184}\quad \lg P_2^s=6.851\,46-\frac{1\,206.470}{T+223.136}$$

$$x_1+x_2=1$$

代入相关数据，经试差计算得，恒沸点温度 $T=65$ ℃，恒沸组成 $x_1=0.477$，与文献数据基本符合。

参考文献

[1] 朱自强，徐汛. 化工热力学(第 2 版)[M]. 北京：化学工业出版社，1991.

[2] Hala P, et al. Vapour—Liquid Equilibrium. Oxford: Pergamon Press Ltd., 1967.

[3] Smith J M, Van Ness H C, Abott M M. Introduction to Chemical Engineering Thermodynamics. Sixth Edition[M]. 北京：化学工业出版社，2002.

[4] 武文良，张雅明，王延，等. 异丙醇-水-乙酸钾体系气液平衡数据的测定及关联[J]. 石油化工，1997，26(9)：610.

[5] Wu W L, Zhang Y M, Lu X H et al. Modification of the Further equation and correlation of the vapor-liquid equilibria for mixed-solvent electrolyte systems[M]. Fluid Phase Equilibria, 1999, 154: 301.

[6] 陈维苗，张雅明. 醇-水-醋酸钾/碘化钾体系气液平衡[J]. 高校化学工程学报，2003，17：123.

[7] 陈维苗，张雅明. 含盐醇水体系气液平衡研究进展[J]. 南京工业大学学报，2002，24：99.

[8] J. Gmehling. U. Onken. W. Arlt. VLE Data Collection, Aqueous-organic system[M], Vol. 1, part1. Germany: DECHEMA, 1977.

实验4　化学吸收系统气液平衡数据的测定

【实验目的】

化学吸收是工业气体净化和回收常用的方法，为了从合成氨原料气、天然气、热电厂尾气、石灰窑尾气等工业气体中脱除 CO_2、H_2S、SO_2 等酸性气体，各种催化热钾碱吸收法和有机胺溶液吸收法被广泛采用。在化学吸收过程的开发中，相平衡数据的测定必不可少，因为它是工艺计算和设备设计的重要基础数据。由于在这类系统的相平衡中既涉及化学平衡又涉及溶解平衡，其气液平衡数据不能用亨利定律简单描述，也很难用热力学理论准确推测，必须依靠实验。本实验采用气相内循环动态法测定 CO_2 -乙醇胺(MEA)水溶液系统的气液平衡数据，拟达到如下目的：

① 了解化学吸收法的特点和工业应用。

② 掌握气相内循环动态法快速测定气液相平衡数据的实验技术。

③ 掌握化学吸收剂的筛选方法。

④ 加深对化学吸收相平衡理论的理解，能用实验数据检验理论模型，建立有效的相平衡关联式。

【实验原理】

气液相平衡数据的实验测定是化学吸收过程开发中必不可少的一项工作，也是评价和筛选化学吸收剂的重要依据。气液平衡数据提供了两个重要的信息：一是气体的溶解度，二是气体平衡分压。从工业应用的角度看，溶解度体现了溶液对气体的吸收能力，吸收能力越大，吸收操作所需的溶液循环量越小，能耗越低。平衡分压反映了溶液对原料气的净化能力，平衡分压越低，对原料气的极限净化度越高。因此，从热力学角度看，一个性能优良的吸收剂应具备两个特征，一是对气体的溶解度大，二是气体的平衡分压低。

由热力学理论可知，一个化学吸收过程达到相平衡就意味着系统中的化学反应和物理溶解均达到平衡状态。若将平衡过程表示为：

$$\text{A(气)} \parallel \text{A(液)} + \text{V(液)} = \text{M(液)}$$

定义：m 为液相反应物B的初始浓度，mol/L；

θ 为平衡时溶液的饱和度，其定义式为：

$$\theta = \frac{\text{以反应物 M 形式存在的 A 组分的浓度}}{\text{液相反应物 B 的初始浓度 } m}$$

a 为平衡时组分A的物理溶解量。则平衡时，被吸收组分A在液相中的总溶解量为物理溶解量 a 与化学反应量 θ 和 m 之和，由化学平衡和溶解平衡的关系联立求解，进而可求得气相平衡分压 p_A^* 与 θ 和 m 的关系。

在乙醇胺(MEA)水溶液吸收 CO_2 系统中，主要存在如下过程：

溶解过程：
$$CO_2(g) = CO_2(l) \tag{4-4-1}$$
反应过程：

$\theta<0.5$时，
$$CO_2(l)+2RNH = RNH_2^+ + RNCOO^- \tag{4-4-2}$$
$\theta>0.5$时，
$$RNCOO^- + CO_2 + 2H_2O = RNH_2^+ + 2HCO_3^- \tag{4-4-3}$$
当$\theta<0.5$时，由式(4-4-1)和式(4-4-2)可知，平衡时液相中各组分的浓度分别为：

$$[RNH]=m(2-2\theta),[RNH_2^+]=m\theta,[RNCOO^-]=m\theta,[CO_2]=\alpha$$

其中，$\theta=[RNCOO^-]/m$，(即MEA的初始浓度)。

由反应式(4-4-2)的化学平衡可得：
$$K=\frac{[RNH_2^+][RNCOO^-]}{a[RNH]^2}=\frac{\theta^2}{a(1-2\theta)^2} \tag{4-4-4}$$
又由式(4-4-1)CO_2的溶解平衡可得：
$$p_{CO_2}^* = Ha \tag{4-4-5}$$
将式(4-4-5)代入式(4-4-4)，可得：
$$p_{CO_2}^* = \frac{H}{K}\times\left(\frac{\theta}{1-2\theta}\right)^2 \tag{4-4-6}$$
可见，当温度和MEA初始浓度m一定时，将式(2-4-6)取对数，则$\lg(p_{CO_2}^*)$与$\lg\left(\frac{\theta}{1-2\theta}\right)$呈线性关系。

当$\theta>0.5$，联立式(4-4-2)和式(4-4-3)可得：
$$CO_2 + RNH + H_2O = RNH_2^+ + HCO_3^- \tag{4-4-7}$$
定义：n为液相反应物中水的初始浓度，mol/L。

平衡时液相中各组分的浓度分别：

$$[CO_2]=a,[RNH]=m(1-2\theta),[H_2O]=n-m\theta,[RNH_2^+]=[HCO_3^-]=m\theta$$

由反应式(4-4-7)的化学平衡可得：
$$K=\frac{m\theta^2}{a(1-\theta)(n-m\theta)} \tag{4-4-8}$$
将式(4-4-5)代入式(4-4-8)，可得：
$$p_{CO_2}^* = \frac{H}{K}m\frac{\theta^2}{(1-\theta)(n-m\theta)} \tag{4-4-9}$$
可见，当温度和MEA初浓度m一定时，水初始浓度n也一定，通过实验测定平衡分压$p_{CO_2}^*$与溶液饱和度θ，可确定平衡常数$\frac{H}{K}$。若将不同温度和MEA初始浓度m条件下，实验测定的平衡分压$p_{CO_2}^*$，与溶液饱和度θ按式(4-4-9)拟合，便可得到相平衡关系。

【预习与思考】

① 本实验的目的是什么？

② 一个性能优良的吸收剂，在相平衡性能上应该具有哪些特征？为什么？

③ 化学吸收为什么能提高溶液的吸收能力，降低气体的平衡分压？

④ 本装置为何不适宜测定 CO_2 分压很低($p_{CO_2}<7\times10^{-4}$ MPa)时的相平衡数据？

⑤ 若气相色谱不能准确分析气相样品中水分含量，可采取什么方法测定或估算水蒸气分压？

【实验装置及流程】

实验采用气相循环式气液平衡装置，装置结构如图 4-4-1 所示。平衡室是一个容积为 200 mL 带有视镜的压力管(类似于高压流量计)，平衡室的上方有一个容积为 250 mL 的气相空间，用以增加气相的储量，减小气相取样分析对系统的干扰。

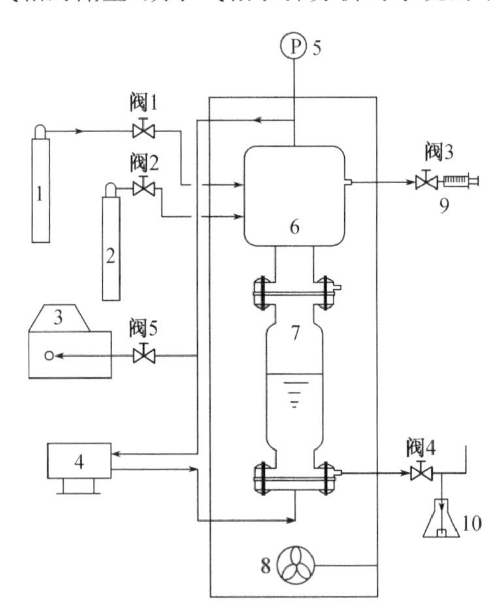

图 4-4-1　气相循环式高压气液平衡测试装置

1—N_2 钢瓶；2—CO_2 钢瓶；3—循环水真空泵；4—磁力泵；5—压力表；

6—气相缓冲室；7—平衡池；8—风扇；9—针筒；10—液相采样瓶

阀 1，阀 2—气体进口阀；阀 3—气相采样阀；阀 4—液相采样阀；阀 5—真空泵连接阀

操作时，一定量的液体和气体被加入到由平衡室和气相室构成的空间内，液体静置，气体则通过一台磁力循环泵不断由气相室顶部抽出，由平衡室底部返回，在系统中循环。

达到平衡后，分别取液相、气相分析。液相组成采用酸解法分析吸收液中 CO_2 含量，气相组成由 CYS－Ⅱ型分析仪测定 CO_2/O_2 含量。

在这种实验装置中，由于循环气体不断地鼓泡通过液体，使两相充分接触，易于建立气液平衡，温度、压力稳定，数据准确度高，常用于化学吸收系统气液平衡数据的测定。适用范围为：温度 40～130 ℃，绝对压力 7×10^{-4}～7.0 MPa。

【操作步骤及方法】

① 开启钢瓶，打开气体进口阀 1，调节 N_2 钢瓶出口压力，将系统压力升至 0.5 MPa 左右，关闭平衡装置所有进出口阀，进行气密试验。

② 开启循环水真空泵，打开真空泵连接阀 5，将系统抽至真空，关闭此阀门，再关闭循环水真空泵，为防止水倒吸入系统中，应严格遵循阀门开关顺序。

③ 当系统在负压状态下，缓慢打开液相采样阀 4，将 120 mL 预先配制、浓度为 2.5 mol/L 乙醇胺水溶液加入平衡池内，开启恒温系统将温度升至 50 ℃。

④ 先打开 N_2 进口阀 1，调节 N_2 钢瓶出口压力，使平衡池内压力升至一定值后关闭此阀门，再打开 CO_2 进口阀 2，调节 CO_2 钢瓶出口压力，使系统总压升至 0.5 MPa 左右，关闭此阀门，开启磁力循环泵。

⑤ 系统达到平衡后，按先液相后气相的次序采样分析。

液相分析方法：参见“双驱动搅拌器测定气-液传质系数”溶液转化度分析方法。取 5 mL 浓度为 2.5 mol/L 硫酸加入反应瓶外瓶，称重 W_1，然后接入系统，缓慢开启液相采样阀 4，使料液滴加入反应瓶内瓶，采样 1～2 g；将反应瓶接入量气管测定装置，提高水准瓶，使量气管内液面升至上刻度，塞紧瓶塞，使其不漏气；举起水准瓶，读取量气管内液面与水准瓶液面相平时的读数 V；摇动反应瓶，使硫酸与乙醇胺溶液充分混合，直至反应完全无气泡发生为止，记下量气管内液面与水准瓶液面相平时的读数 V_1；取下采样瓶称重 W_2，采样前后的重量差即为样品的实际重量。

气相分析方法：用塑料针筒插入气体取样口，缓慢开启出口阀 3，取 20 mL 左右气体，用 CYS-Ⅱ分析仪测定混合气体中 CO_2 含量。

⑥ 分析结束后，向池内补加一定量的 CO_2 气体，使系统总压升至 0.5 MPa 左右，重复步骤⑤，得到新的平衡数据，实验要求测定 6～8 个不同 CO_2 分压下的气液平衡数据。

【数据处理】

表 4-4-1　实验数据记录表

序号	平衡池		气相分析		液相分析	
	温度/℃	压力/MPa	CO_2/%	量气管温度/℃	样品质量/g	CO_2/mL
1						
2						
3						
4						
5						

(2) 数据处理

① 液相饱和度的计算

$$[RNCOO^-]=\frac{V_{CO_2}}{22\,400}\times\frac{273}{273+T}\times\frac{\rho}{W}$$

$$\theta=\frac{[RNCOO^-]}{m}=\frac{[CO_2]}{[MEA]}(摩尔比)$$

② 气相 CO_2 分压计算：

$$p_{CO_2}^*=py_{CO_2}$$

③ 将实验数据依式(4-4-8)、式(4-4-9)的关系，在坐标纸上作图，求出 H/K 的值。

④ 结果讨论如何判断系统是否达到相平衡？

⑤ 用酸分解法分析液相组成的操作要点是什么，可能的误差来源有哪些？

【符号说明】

α——平衡时组分 A 的物理溶解量；

θ——平衡时溶液的饱和度；

H——亨利常数；

K——化学平衡常数；

m——液相反应物的初始浓度；

n——液相反应物中水的初始浓度；

$p_{CO_2}^*$——CO_2 平衡分压；

p——平衡池总压；

ρ——吸收溶液密度；

V_{CO_2}——酸分解释放的 CO_2 体积；

W——液体样品质量；

y_{CO_2}——气相 CO_2 摩尔分数。

参考文献

[1] Gianni Rstarita, David W Savaga, Attilio Bisio. Gas Treating with Chemical Solvents[M]. New York: John Wiley and Sons Inc, 1983.

[2] Lee JI, Otto F D, Mather A E. Diffusivities and densities for binary liquid mixtures[J]. J. Chem. Eng. Data. 1973, 18: 317.

实验 5　多态气固相流传热系数的测定

【实验目的】

工程上经常遇到凭借流体宏观运动将热量传给壁面或者由壁面将热量传给流体的过程，此过程称为对流传热(或对流给热)。由于流体的物性以及流体的流动状态还有周围的环境都会影响对流传热的效果，因此了解与测定各种条件下的对流传热系数具有重要的实际意义。本实验拟通过测定气体与固体小球在不同环境和流动状态下的对流传热系数，达到如下教学目的：

① 熟悉流化床和固定床的操作特点，了解强化传热操作的工程途径。

② 掌握不同条件下气体与固体之间的对流传热系数的测定方法。

③ 掌握非定常态导热的特点以及毕奥数(Bi)的物理意义。

④ 采用最小二乘法拟合对流传热系数。

【实验原理】

当物体中有温差存在时，热量将由高温处向低温处传递，热量传递有传导、对流和辐射三种形式。传热过程可能以一种或多种形式进行，不同的形式的传热有不同的规律。

物质的导热性主要是分子传递现象的表现。通过对导热的研究，傅里叶提出了导热通量与温度梯度的关系：

$$q_y=\frac{Q_y}{A}=-\lambda\frac{\mathrm{d}T}{\mathrm{d}y} \tag{4-5-1}$$

式中：$\mathrm{d}T/\mathrm{d}y$——y 方向上的温度梯度，K/m。

上式称为傅里叶定律，表明导热通量与温度梯度成正比。负号表明，导热方向与温度梯度的方向相反。

金属的热导率比非金属大得多，大致在 50～415[W/(m·K)]。纯金属的热导率随温度升高而减小，合金则相反，但纯金属的热导率通常高于由其所组成的合金。本实验中，小球材料的选取对实验结果有重要影响。

热对流是流体相对于固体表面作宏观运动时，引起的微团尺度上的热量传递过程。由于它包含流体微团间以及与固体壁面间的接触导热过程，因而是微观分子热传导和宏观微团热对流两者的综合过程。具有宏观尺度上的运动是热对流的实质。流动状态(层流和湍流)不同，传热机理也就不同。强制对流比自然对流传热效果好，湍流比层流的对流传热系数要大。

牛顿提出了对流传热的基本定律——牛顿冷却定律：

$$Q=qA=\alpha A(T_W-T_f) \tag{4-5-2}$$

式中，α 是与系统的物性因素、几何因素和流动因素有关的参数，通常由实验来测定。

在自然界中，任何具有温度的物体，都会以电磁波的形式向外界辐射能量或吸收外界的辐射能。当物体向外界辐射的能量与从外界吸收的辐射能不相等时，该物体与外界便产生了热能传递，这种传热方式称为热辐射。热辐射可以在真空中传播，无须任何介质，因此与热传导和热对流有着不同的传热规律。传导和对流的传热速率都正比于温差，与冷热物体本身的温度高低无关，热辐射则不仅与温差有关，还与两物体绝对温度的高低有关。

本实验主要是测定气体与固体小球在不同环境和流动状态下的对流传热系数，应尽量避免热辐射传热给实验结果带来的误差。

物体的突然加热和冷却过程属非稳定导热过程。此时导热物体内的温度，既是空间位置又是时间的函数 $T=(x,y,z,t)$。物体与导热介质间的传热速率既与物体内部的导热热阻有关，又与物体外部的对流热阻有关。在处理工程问题时，通常希望找出影响传热速率的主要因素，以便对过程进行简化，因此需要一个简化的判据。这个判据就是无量纲数毕奥数 Bi。其定义为：

$$\mathrm{Bi}=\frac{\text{内部导热热阻}}{\text{外部对流热阻}}=\frac{\delta/\lambda}{1/\alpha}=\frac{\alpha V}{\lambda A} \tag{4-5-3}$$

式中，$\delta=V/A$ 为特征尺寸，对于球体为 $R/3$。

可见，毕奥数 Bi 是通过物体内部导热热阻与物体外部对流热阻之比来判断影响传热速率的主要因素。若 Bi 很小，$\frac{\delta}{\lambda}\ll\frac{1}{\alpha}$，表明内部导热热阻≪外部对流热阻，此时，可忽略内部导热热阻，认为整个物体的温度均匀，物体的温度仅为时间的函数，即 $T=f(t)$。这种将对象简化为具有均一性质的处理方法，称为集总参数法。实验表明，只要 Bi<0.1，忽略内部热阻，其误差不大于 5%，通常为工程计算所允许。

将一直径为 d_s、温度为 T_0 的小钢球，置于温度为恒定 T_f 的环境中，若 $T_0>T_f$，小球的瞬时温度 T，随着时间 t 的增加而减小。根据热平衡原理，球体热量随时间的变化应等于通过对流换热向周围环境的散热速率。

$$-\rho CV\frac{\mathrm{d}T}{\mathrm{d}t}=\alpha A(T-T_f) \tag{4-5-4}$$

$$\frac{\mathrm{d}(T-T_f)}{T-T_f}=-\frac{\alpha A}{\rho CV}\mathrm{d}_t \tag{4-5-5}$$

初始条件：$t=0$，$T-T_f=T_0-T_f$

由积分式(4-5-5)得：

$$\int_{T_0-T_f}^{T-T_f}\frac{\mathrm{d}(T-T_f)}{T-T_f}=-\frac{\alpha A}{\rho CV}\int_0^t\mathrm{d}_t$$

$$\frac{T-T_f}{T_0-T_f}=\exp\left(-\frac{\alpha A}{\rho CV}t\right)=\exp(-\mathrm{Bi}F_O) \tag{4-5-6}$$

$$F_O=\frac{\alpha t}{(V/A)^2} \tag{4-5-7}$$

定义时间常数 $\tau=\frac{\rho CV}{\alpha A}$，分析式(4-5-6)可知，当物体与环境间的热交换经历了四倍于时间常数的时间后，即：$t=4\tau$，可得：

$$\frac{T-T_f}{T_0-T_f}=\mathrm{e}^{-4}=0.018$$

表明过余温度($T-T_f$)的变化已达 98.2%，以后的变化仅剩 1.8%，对工程计算来说，往后可近似作常数处理。

对小球 $\frac{V}{A}=\frac{R}{3}=\frac{d_s}{6}$ 代入式(4-5-6)整理得：

$$\alpha=\frac{\rho Cd_s}{6}\times\frac{1}{t}\ln\frac{T_0-T_f}{T-T_f} \tag{4-5-8}$$

或

$$\mathrm{Nu}=\frac{\alpha d_s}{\lambda}=\frac{\rho Cd_s^2}{6}\times\frac{1}{t}\ln\frac{T_0-T_f}{T-T_f} \tag{4-5-9}$$

通过实验可测得钢球在不同环境和流动状态下的冷却曲线，由温度记录仪记下 $T-t$ 的关系，就可由式(4-5-8)和式(4-5-9)求出相应的 α 和 Nu 的值。

对于气体在 20<Re<18 0000，即高 Re 下，绕球换热的经验式为：

$$Nu=\frac{\alpha d_s}{\lambda}=0.37Re^{0.6}Pr^{1/3} \tag{4-5-10}$$

若在静止流体中换热：Nu＝2。

【预习与思考】

① 本实验的目的是什么？

② 影响热量传递的因素有哪些？

③ Bi 的物理含义是什么？

④ 本实验对小球体的选择有哪些要求，为什么？

⑤ 本实验加热炉的温度为何要控制在 400～500 ℃，太高、太低有何影响？

⑥ 自然对流条件下实验要注意哪些问题？

⑦ 每次实验的时间需要多长，应如何判断实验结束？

⑧ 实验需查找哪些数据，需测定哪些数据？

⑨ 设计原始实验数据记录表。

⑩ 实验数据如何处理？

【实验装置与流程】

实验装置流程图如图 4-5-1 所示。

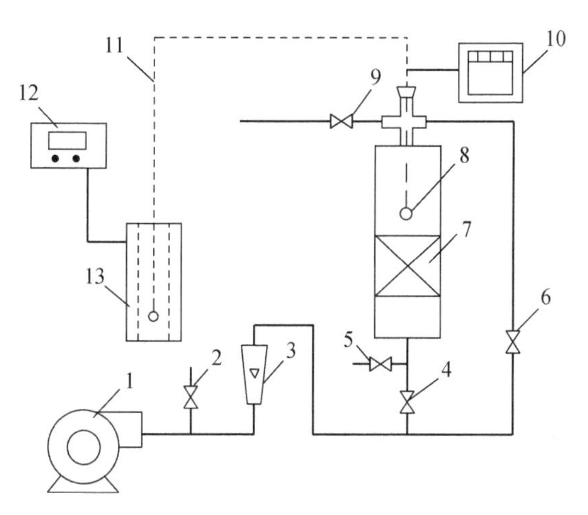

图 4-5-1　小球传热实验装置流程图

1—风机；2—放空阀；3—转子流量计；4～6，9—管路调节阀；7—沙粒床层反应器；8—嵌装热电偶的钢球；10—计算机采集；11—钢球移动轨迹；12—电加热炉控制器；13—管式加热炉

【实验步骤及方法】

① 测定小钢球的直径 d_s。

② 打开管式加热炉的加热电源，调节加热温度至 400～500 ℃。

③ 将嵌有热电偶的小钢球悬挂在加热炉中，并打开温度记录仪，从温度记录仪上观察钢球温度的变化。当温度升至 400 ℃时，迅速取出钢球，放在不同的环境条件下进行实

验，钢球的温度随时间变化的关系由温度记录仪记录，称冷却曲线。

④ 实验设置的环境条件有自然对流、强制对流、固定床和流化床。流动状态有层流和湍流。

⑤ 自然对流实验。将加热好的钢球迅速取出，置于大气当中，尽量减少钢球附近的大气扰动，记录下冷却曲线。

⑥ 强制对流实验。打开实验装置上的阀 2、阀 5、阀 6，关闭阀 4、阀 9，开启风机，调节空气流量达到实验所需值。迅速取出加热好的钢球，置于反应器中的空塔身中，记录下空气的流量和冷却曲线。

⑦ 固定床实验。将加热好的钢球置于反应器中的砂粒层中，其他操作同⑥，记录下空气的流量，反应器的压降和冷却曲线。

⑧ 流化床实验。打开 2 阀，关闭 5、6 阀，开启风机，调节空气流量达到实验所需值。将加热好的钢球迅速置于反应器中的流化层中，记录下空气的流量，反应器的压降和冷却曲线。

【实验数据处理】

① 计算不同环境和流动状态下的对流传热系数 α。

② 计算实验用小球的 Bi，确定其值是否小于 0.1。

③ 将实验值与理论值进行比较。

【结果与讨论】

① 基本原理的应用是否正确？

② 对比不同环境条件下的对流传热系数。

③ 分析实验结果同理论值偏差的原因。

④ 对实验方法与实验结果讨论。

【主要符号说明】

A——面积；

Bi——毕奥数，无量纲；

C——比热容，J/(kg·℃)；

d_s——小球直径，m；

F_O——傅里叶数，无量纲

Nu——努塞尔数，无量纲；

Pr——普朗特数，无量纲；

R——半径，m；

q_y——y 方向上单位时间单位面积的导热量，J/(m^2·s)；

Q_y——y 方向上的导热速率，J/s；

T——温度，K 或℃；

Re——雷诺数，无量纲；

T_0——初始温度，K 或℃；

T_f——流体温度，K 或℃；

T_W——壁温，K 或℃；

t——时间，s；

V——体积，m^3；

α——对流传热系数，W/(m^2·K)；

λ——热导率，W/(m·K)；

δ——特征尺寸，m；

ρ——密度，kg/m^3；

τ——时间常数，s；

μ——黏度，Pa·s。

参考文献

[1] 天津大学等. 化工传递过程[M]. 北京:化学工业出版社,1980.
[2] 华东理工大学等. 化学工程实验[M]. 北京:化学工业出版社,1996.
[3] 戴干策,任德呈,范自晖. 传递现象导论[M]. 北京:化学工业出版社,1996.

实验 6　圆盘塔中二氧化碳吸收的液膜传质系数测定

【实验目的】

传质系数是气液吸收过程研究的重要内容,是吸收剂性能评定、吸收设备设计、放大的关键参数之一。本实验介绍了采用圆盘塔测定水吸收 CO_2 的液膜传质系数的方法,拟达到如下教学目的:

① 了解在 Stephens-Morris 圆盘塔中测定液膜传质系数的工程意义;

② 掌握圆盘塔测定气液吸收过程液膜传质系数的实验方法;

③ 能够根据实验数据计算圆盘塔的液膜传质系数,并将其与液流速率关联,拟合得到模型方程;

④ 培养团队协作精神,共同完成实验任务。

【实验原理】

传质系数的实验测定方法一般有两类,即静力法和动力法。静力法是将一定容积的气体在密闭容器中与相对静止的液体表面相接触,于一定的时间间隔内,根据气体容积的变化测定其吸收速率。静力法的优点是能够了解反应过程的机理,设备小,操作简便,但其研究的情况,如流体力学条件与工业设备中的状况不尽相似,故吸收系数的数值,不宜一次性直接放大。

动力法是在一定的实验条件下,使气液两相逆流接触,测定其传质系数。此法能在一定程度上模拟工业设备中的两相接触状态,但所求得的传质系数只是平均值,无法探讨传质过程的机理。

本实验基于动力法的原理,在圆盘塔中进行液膜传质系数的测定,但又与动力法不完全相同,其差异在于本法的液相处于流动状态,气相处于静止状态。作此改进的目的是简化实验手段及实验数据的处理,减少操作过程产生的误差。实验证明,本方法的实验结果与 Stephens-Morris 总结的圆盘塔中 K_L 的准数关联式相吻合。

圆盘塔是一种小型实验室吸收装置,Stephens 和 Morris 根据 Higbien 的不稳定传质理论,认为液体从一个圆盘流至另一个圆盘,类似于填料塔中液体从一个填料流至下一个填料的过程,流体在下降吸收过程中交替地进行了一系列混合和不稳定传质过程。

Sherwood 及 Holloway 将有关填料塔液膜传质系数数据整理成如下形式:

$$\frac{K_L}{D}\left(\frac{\mu^2}{g\rho^2}\right)^{1/3}=a\left(\frac{4\Gamma}{\mu}\right)^m\times\left(\frac{\mu}{\rho D}\right)^{0.5} \tag{4-6-1}$$

式中:$\frac{K_L}{D}\left(\frac{\mu^2}{g\rho^2}\right)^{1/3}$——修正后的修伍德数 Sh;$\frac{4\Gamma}{\mu}$——雷诺数 Re;$\frac{\mu}{\rho D}$——施密特数

Sc；m——模型参数，在 0.54～0.78 变化。而 Stephens-Morris 总结圆盘塔中 K_L 的准数关系式为：

$$\frac{K_L}{D}\left(\frac{\mu^2}{g\rho^2}\right)^{1/3}=3.22\times10^{-3}\left(\frac{4\Gamma}{\mu}\right)^m\times\left(\frac{\mu}{\rho D}\right)^{0.5} \tag{4-6-2}$$

实验证明，Stephens-Morris 与 Sherwood-Hollowag 的数据极为吻合。这说明 Stephens-Morris 所创造的小型标准圆盘塔与填料塔的液膜传质系数与液流速率的关系式极相似。因此，依靠圆盘塔所测定的液膜传质系数可直接用于填料塔设计。

本实验气相采用纯 CO_2 气体，液相采用蒸馏水，测定纯 CO_2-H_2O 系统的液膜传质系数，并通过关联液膜传质系数与液流速率之间的关系，求得模型参数 m。

基于双膜理论：

$$N_A=K_L F\Delta c_m=K_G F\Delta p_m \tag{4-6-3}$$

$$1/K_L=H/k_g+1/K_L \tag{4-6-4}$$

$$k_g=\frac{D_G p}{RTZ_G(p_B)_m} \tag{4-6-5}$$

当采用纯 CO_2 气体时，因为 $(p_B)_m\to0$，所以 $k_g\to\infty$，即 $K_L=k_L$。

式中：K_L——液膜传质分系数；N_A——CO_2 吸收速率，mol/h；F——吸收表面积，m^2；Δc_m——液相浓度的平均推动力，mol/m^2。

【预习与思考】

① 测定气液传质系数常用的方法有哪两种，它们各有什么优缺点？

② 为什么用圆盘塔测定的传质系数可用于工业填料塔的设计与放大？

③ 本实验测得的传质系数是气膜传质系数，还是液膜传质系数，为什么？

【实验装置】

圆盘塔测定液膜传质系数的装置及流程，如图 4-6-1 所示。

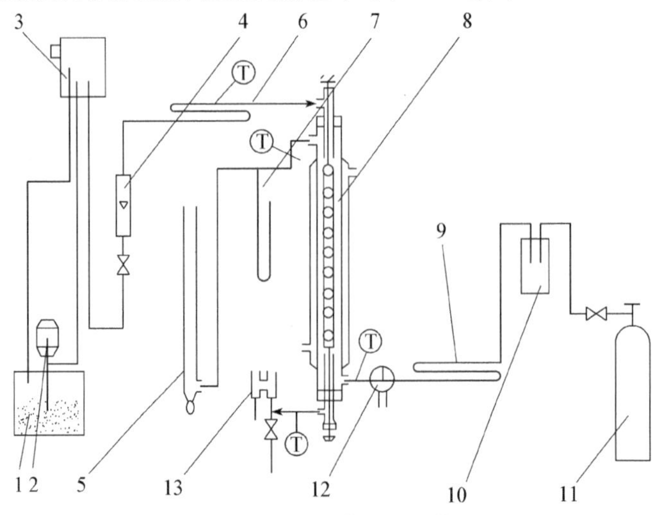

图 4-6-1　圆盘塔实验流装置

1—贮液罐；2—水泵；3—高位槽；4—流量计；5—皂膜流量计；6—加热器；7—U 形测压管；8—圆盘塔；9—加热器；10—水饱和器；11—钢瓶；12—三通玻璃活塞；13—琵琶形液封器

① 液体的流向。贮液罐中的吸收液经泵打至高位槽,多余的液体由高位槽溢流口回流到贮液罐,以维持高位槽液位稳定。高位槽流出的吸收液由调节阀调节,经转子流量计计量和恒温加热系统加热至一定温度,进入圆盘塔塔顶的喷口,沿圆盘流下并在圆盘的表面进行气液传质。出圆盘塔的吸收液由琵琶形液封溢口排出。液相进出圆盘塔顶、塔底的温度由热电偶测得。

② 气体的流向。来自于钢瓶的纯 CO_2 气体(纯度 99.8%),经减压阀调节后进入水饱和器和恒温加热系统,通过三通阀切换进入圆盘塔底部。CO_2 在塔中与自上而下流动的吸收液逆流接触,之后从塔顶部出来经 U 形压力计至皂膜流量计排空。

【实验操作】

① 系统的气体置换。开启钢瓶总阀,调节减压阀使气体有一个稳定的流量。切换三通阀使气体进入塔底自下而上由塔顶出来,经皂膜流量计后排空。一般经 10 min 置换,即可着手进行测定。

② 开启超级恒温槽,调节温控仪表至操作温度值,由水泵将恒温水注入圆盘塔的保温夹套中,使恒温水不断地循环流动。

③ 开启高位槽进水泵,将吸收液打入高位槽,待高位槽溢流口开始溢流时进行下述操作。

④ 开启并调节转子流量计的阀门,使吸收液的流量稳定在设置值上。

⑤ 调节气体和液体温度控制装置,使气体和液体温度稳定在操作温度值上,气、液温度间的误差不大于±1 ℃。

⑥ 调节琵琶形液封器,使圆盘塔中心管的液面保持在喇叭口处。

⑦ 待液相的流量和温度、气相温度,以及圆盘塔夹套中的恒温水温度达到设定值后稳定数分钟,即可进行测定,每次重复做三个数据。

⑧ 实验操作是在常压下以 CO_2 的体积变化来测定液膜传质系数。当皂膜流量计鼓泡皂膜至某一刻度时,即切换三通阀的方向,关闭吸收塔的气源进口(CO_2 直接排空),此时塔体至皂膜流量计形成一个封闭系统,随着塔内 CO_2 的吸收,气相体积减小,皂膜流量计中的皂膜开始下降,记录体积变化量 ΔV 与所用的时间 ΔS,以及对应的温度。

⑨ 改变液体流量,重复⑧操作,上下行共做 9~10 次。

【数据处理】

① 液流速率 T 的计算:

$$T=\frac{\rho L}{l}$$

式中:ρ——液体的密度,kg/m^3;L——液体的流量,m^3/h;l——平均液流周边,m。

② 气体吸收速率 N_A 的计算:

$$N_A=pV_{CO_2}/(SRT)$$

式中:p——吸收压力,Pa;V_{CO_2}——CO_2 吸收量,m^3;S——吸收时间,h;R——气体

常数，$R=8.314\ \mathrm{J/(mol\cdot K)}$；$T$——吸收温度，K。

③ 液相浓度的平均推动力 Δc_m 的计算：

$$\Delta c_m=\frac{\Delta c_i-\Delta c_0}{\ln\frac{\Delta c_i}{\Delta c_0}}$$

$$\Delta c_i=c^*_{CO_2,i}-c_{CO_2,i}$$

$$\Delta c_0=c^*_{CO_2,0}-c_{CO_2,0}$$

$$c^*_{CO_2,i}=H_i p_{CO_2,i}$$

$$c^*_{CO_2}=H_0 p_{CO_2,0}$$

$$H=\frac{\rho_{H_2O}}{MK}$$

$$p_{CO_2}=p-p_{H_2O}$$

式中：$c^*_{CO_2,i}$，$c_{CO_2,i}$——塔顶液相中 CO_2 的平衡浓度与实测浓度；$c^*_{CO_2,0}$，$c_{CO_2,0}$——塔底液相中 CO_2 的平衡浓度与实测浓度；H_i，H_0——CO_2 在塔顶与塔底水中的溶解度系数，$\mathrm{mol/(Pa\cdot m^3)}$；$p_{CO_2,i}$，$p_{CO_2,0}$——塔顶与塔底气流中 CO_2 的分压；M——吸收剂的分子量；K——亨利系数，Pa（见附录）。

液体中进出口的 CO_2 实际浓度为：

$$c_{CO_2,i}=0,\ c_{CO_2,0}=N_A/L$$

圆盘塔中的圆盘为素瓷材质，圆盘塔内是由一根不锈钢丝串联四十个相互垂直交叉的圆盘构成。圆盘直径 $d=14.3$ mm，厚度 $\delta=4.3$ mm，平均液流周边数 $l=(2\pi d^2/4)/\pi d\delta$，吸收面积 $F=40\times(2\pi d^2/4)/\pi d\delta$，圆盘间用 502 胶水（或环氧树脂）黏结在不锈钢丝上。

【实验数据记录表】

室温________被吸收气体________吸收液体________大气压________水饱和分压________

序号	液体流量/mL	CO_2吸收量/mL	吸收速率	吸收时间/h				液相温度/℃		气相温度/℃		水夹套温度/℃	
				S_1	S_2	S_3	S	进	出	进	出	进	出
1													
2													
3													
4													
5													
6													
7													
8													
9													
10													
11													
12													

【实验结果及讨论】

① 说明本实验的目的、原理、流程装置及控制要点。

② 列出液膜传质系数的计算方法。

③ 以一组实验数据为例，列式计算液相传质系数及液流速率。

④ 绘制 $\lg K_L - \lg T$ 图，并整理出 K_L 与 T 的关系式。

⑤ 实验结果讨论。

⑥ 本实验中 CO_2 流量的变化对 K_L 有无影响，为什么？

⑦ 若液流量小于设置的下限或大于设置的上限将会产生什么结果？

附录　二氧化碳与水的有关物性数据

温度/℃	CO_2 在水中的亨利系数 $K\times10^{-6}$/Pa	水的密度 ρ/(kg/m³)	水的饱和蒸汽压 p/Pa
10	105.30	999.7	1 223.20
11	108.86	999.6	1 307.52
12	112.49	999.5	1 396.90
13	116.19	999.4	1 491.73
14	119.94	999.2	1 592.28
15	123.77	999.1	1 698.41
16	127.64	998.9	1 811.06
17	131.58	998.8	1 930.10
18	135.58	998.6	2 055.78
19	139.64	998.4	2 188.65
20	143.73	998.2	2 329.50
21	147.90	998.0	2 476.99
22	152.11	997.8	2 633.53
23	156.37	997.6	2 798.72
24	160.69	997.3	2 972.68
25	165.04	997.1	3 156.09
26	169.46	996.8	3 349.07
27	173.90	996.6	3 552.43
28	178.39	996.3	3 766.56
29	182.94	996.0	3 991.33
30	187.52	995.7	4 228.07
31	192.13	995.4	4 476.78
32	196.79	995.1	4 738.125
33	201.48	994.8	5 012.77
34	206.22	994.4	5 301.25
35	210.98	994.1	5 604.22

参考文献

[1] Stephens EJ, Morris G A. Determination of liquid-film absorption coefficients[J]. Chem Eng Progress. 1951, 47: 232.

[2] 乐清华. 化学工程与工艺专业实验[M]. 北京:化学工业出版社,2018.

[3]丁百全,孙杏元. 无机化工专业实验[M]. 上海:华东理工大学出版社, 1992.

实验7　三元液液平衡数据的测定

【实验目的】

液液平衡数据是萃取过程开发和萃取塔设计的重要依据。液液平衡数据的获得主要依赖于实验测定。本实验介绍了乙醇-水-环己烷三元体系液液平衡数据的测定与关联方法,拟达到如下教学目的:

① 了解测定液液平衡数据的工程意义;

② 能够用间接法测定三元体系液液平衡数据;

③ 能够绘制三角形相图;

④ 掌握利用二元系 UNIQUAC 方程模型参数推算三元液液平衡数据的方法,并与实验结果比较。

【实验原理】

液液平衡数据的获得,目前主要是依靠实验测定。三组分体系液液平衡线常用三角形相图表示。

三角形相图:设等边三角形三个顶点分别代表纯物质 A、B 和 C(图 4-7-1 左),AB、BC 和 CA 三条边分别代表(A+B)、(B+C)和(C+A)三个二组分体系,而三角形内部各点相当于三组分体系。将三角形的每一边分成 100 等分,通过三角形内部任何一点 O 引平行于各边的直线 a、b 和 c,根据几何原理,$a+b+c=AB=BC=CA=100\%$,或 $a'+b'+c'=AB=BC=CA=100\%$,因此 O 点的组成可由 a'、b'、c' 表示,即 O 点所代表的三个组分的百分组成为,$B\%=b'$,$A\%=a'$,$C\%=c'$。如要确定 O 点的 B 组成,只需通过 O 点作出与 B 的对边 AC 的平行线,割 AB 边于 D,AD 线段长度即相当于 $B\%$,余可类推。如果已知三组分混合物的任何二个百分组成,只需作两条平行线,其交点就是被测体系的组成点。

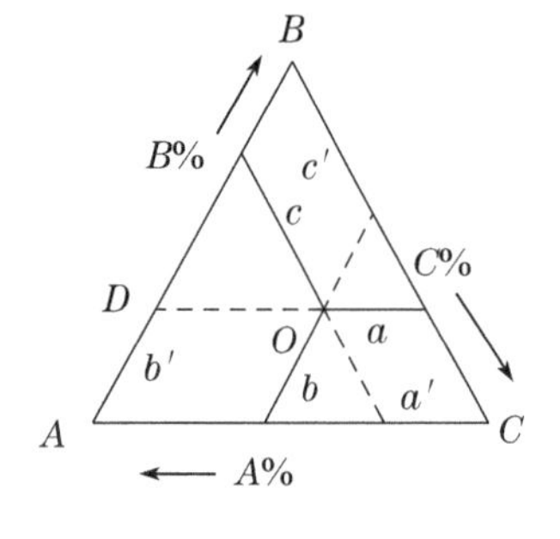

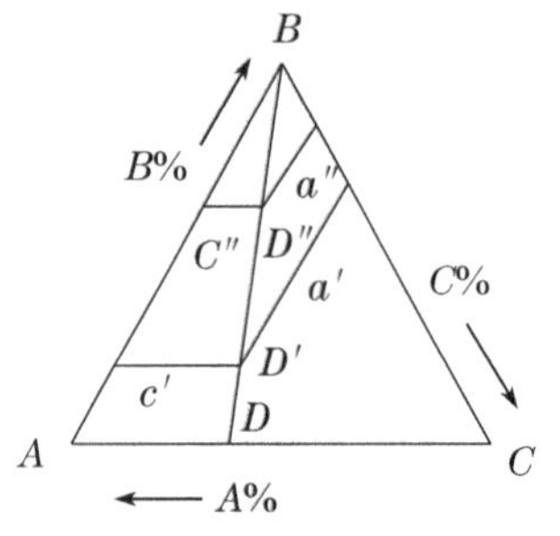

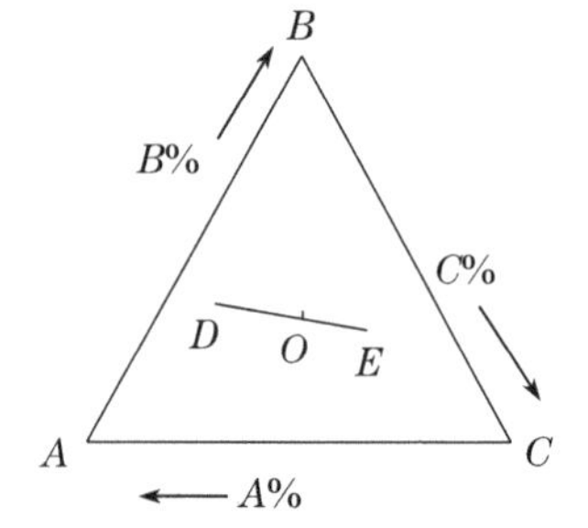

图 4-7-1　等边三角形图

等边三角形图还有以下两个特点：

① 通过任一顶点 B 向其对边引直线 BD，则 BD 线上的各点所代表的组成中，A、C 两个组分含量的比值保持不变。这可由三角形相似原理得到证明。即 $a'/c'=a''/c''=A\%/C\%=$常数(图 4-7-1 中)

② 如果有两个三组分体系 D 和 E，将其混合后，其组成点必位于 D、E 两点之间的连线上，例如为 O，根据杠杆规则：

E 之重/D 之重$=DO$ 之长/EO 之长(图 4-7-1 右)

1. 环己烷-水-乙醇三组分体系液-液平衡相图测定方法

环己烷-水-乙醇三组分体系中，环己烷与水是不互溶的，而乙醇与水及乙醇与环己烷都是互溶的。在环己烷与水体系中加入乙醇可促使环己烷与水互溶。由于乙醇在环己烷层与水层中非等量分配，代表二层浓度的 a，b 点连线并不一定和底边平行(见图 4-7-2)。设加入乙醇后体系的总组成点为 c，平衡共存的二相叫共轭溶液，其组成由通过 c 的直线上的 a，b 两点表示。图中曲线以下的部分为二相共存区，其余部分为单相(均相)区。

2. 液-液分层线的绘制

(1) 浊点法　现有一环己烷与水二组分体系，其组成为 K(图 4-7-2)，于其中逐渐加入乙醇，则体系的总组成沿 $K\rightarrow B$ 方向变化(环己烷与水的比例保持不变)，当组成点在曲线以下的区域内，体系为互不混溶的两共轭相，震荡时则出现浑浊状态。继续滴加乙醇直到曲线上的 d 点，体系发生一突变，溶液由二相变为一相，外观由浑浊变清。准确读出溶液刚由浊变清时乙醇的加入量，d 点位置可准确确定，此点为液液平衡线上一个点。补加少量乙醇到 e 点，体系仍为单相。再向溶液中逐渐加入水，体系总组成点将沿 $e\rightarrow c$ 方向变化(环己烷与乙醇的比例保持不变)，直到曲线上的 f 点，体系又发生一突变，溶液由单相变为二相，外观由清变浑浊。准确读出溶液刚由清变浊时乙醇的加入量，f 点位置可准确确定，此点为液液平衡线上又一个点。补加少量水到 g 点，体系仍为二相。如于此体系再加入乙醇，可获得 h 点，如此反复进行。用上述方法可依次得到 d、f、h、j 等位于液-液平衡线上的点，将这些点及 A 和 B 二顶点(由于环己烷和水几乎不互溶)连接即得到一曲线，就是单相区和二相区的分界线——液-液分层线。

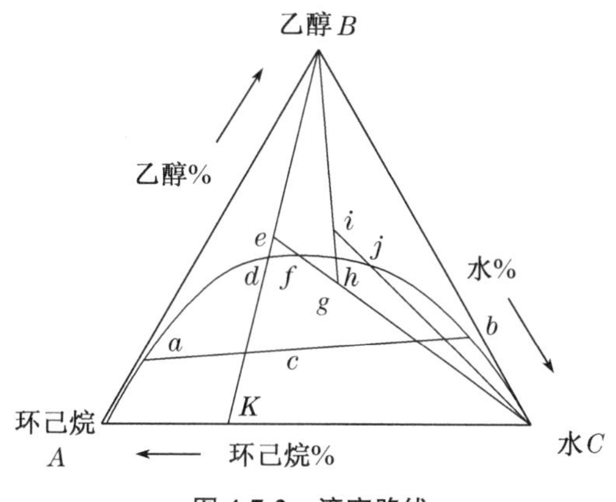

图 4-7-2　滴定路线

(2) 平衡釜法

按一定的比例向一液-液平衡釜(图 4-7-3)中加入环己烷、水和乙醇(称好重量)三组分,恒温下搅拌若干分钟,静置、恒温和分层。取上下二层清液分析其组成,得第一组平衡数据;再补加乙醇,重复上述步骤,进行第二组平衡数据测定,由此得到一系列二液相的平衡线(类似图 4-7-2 中,线 *acb*),将各平衡线的端点相连,就获得完整液-液平衡线。

3. 结线的绘制

(1) 浊点法

根据溶液的清浊变换和杠杆规则计算得到。此法误差较大。(见参考文献 4)

(2) 平衡釜法

由图 4-7-1 中得到的二液相的平衡线,就是平衡共存二液相组成点的连线——结线。

【预习与思考】

① 体系总组成点在曲线内与曲线外时,相数有何不同?

② 用相律说明,当温度和压力恒定时,单相区和二相区的自由度是多少?

③ 使用的锥形瓶为什么要预先干燥?

④ 用水或乙醇滴定至清或浊以后,为什么还要加入过剩量?过剩多少对实验结果有何影响?

⑤ 试分析温度和压力对 LLE 的影响。

【实验装置】

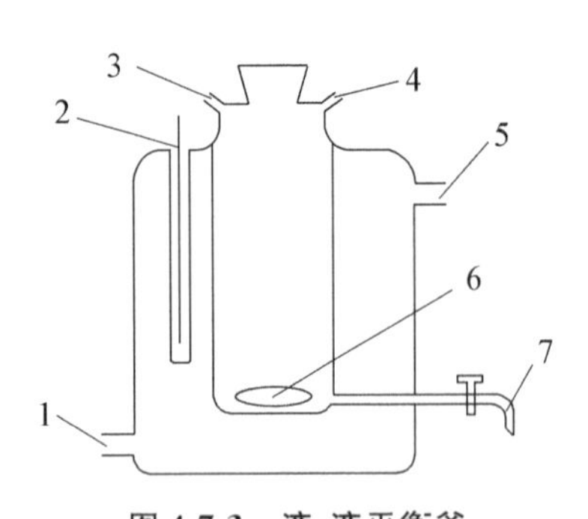

图 4-7-3 液-液平衡釜

1—恒温水进;2—温度计;3,4—取样口;5—恒温水出;6—磁力搅拌器;7—放料口

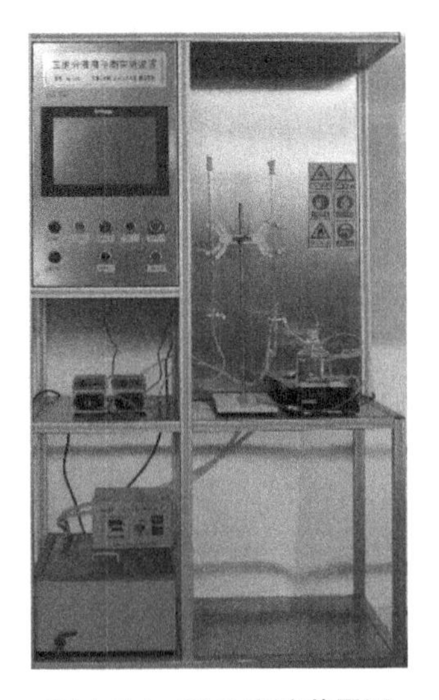

图 4-7-4 LLE 实验装置图

实验装置见图 4-7-4,主要仪器有液-液平衡釜一台(见图 4-7-3);恒温水浴一台;电磁搅拌器一台;气相色谱仪一台(配色谱工作站);精密天平一台;常规玻璃仪器:玻璃温度计(0~100 ℃),酸式滴定管(50 mL 两只),刻度移液管(1 mL,2 mL),锥形瓶(250 mL),注射

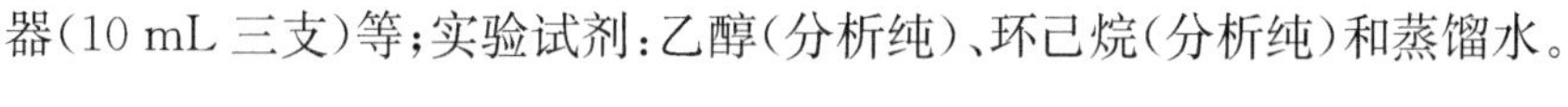
器(10 mL 三支)等;实验试剂:乙醇(分析纯)、环己烷(分析纯)和蒸馏水。

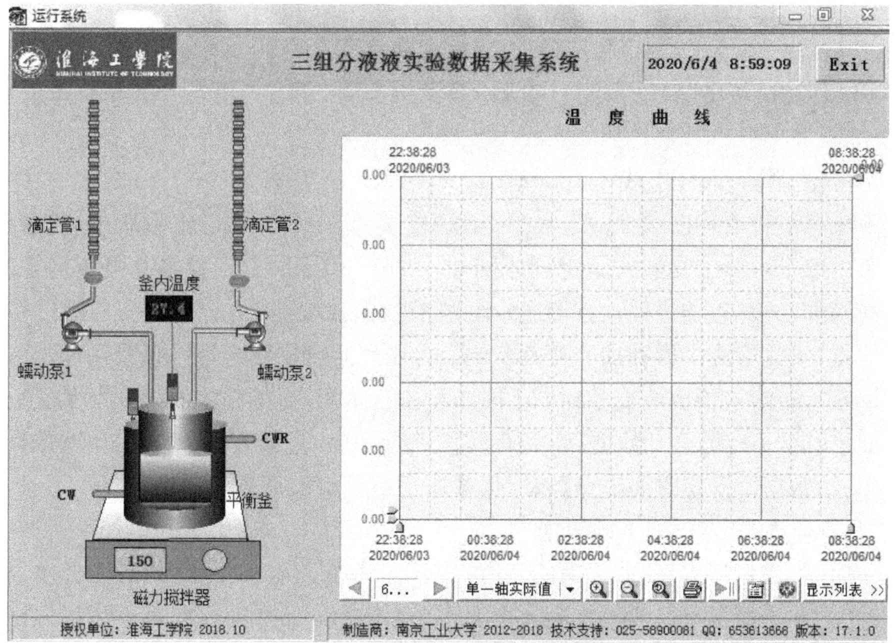

图 4-7-5　三组分液液实验数据采集系统

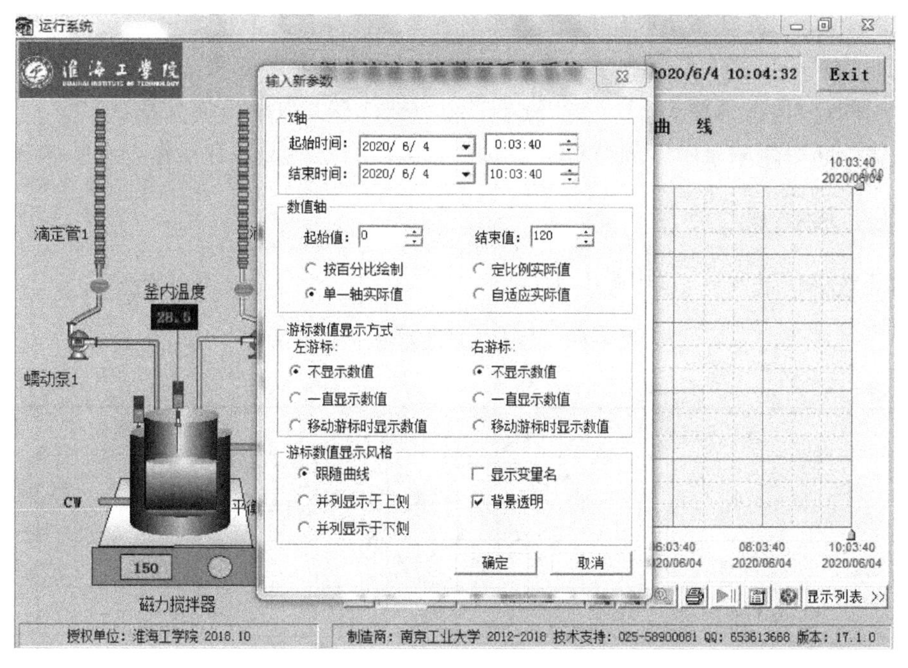

图 4-7-6　三组分液液实验数据参数输入系统

【实验步骤和分析方法】

1. 开启气相色谱仪，调定色谱条件，作好分析准备。

2. 开启电源，按动“启动”按钮，电脑“启动”，打开“插座”开关。在液晶面板上运行系统。

3. 浊点法测液-液分层线

用干燥移液管取环己烷 2 mL，水 0.1 mL 放入 250 mL 干燥的锥形瓶中(注意不使液滴沾在瓶内壁上)，向二支酸式滴定管分别加入 20～30 mL 乙醇和水。用滴定管向锥形瓶中缓慢滴加乙醇(边加边摇动锥形瓶)，至溶液恰由浊变清时，记下加入乙醇的体积，得第一数据点；于此溶液中再补加乙醇 0.5 mL，再用滴定管向锥形瓶中缓慢滴加水(边加边摇动锥形瓶)，至溶液恰由清变浊时，记下加入水的体积，得第二数据点；再按表 4-7-1 所给数据加水 0.2 mL 得第三数据点；如此反复进行实验，直至表 4-7-1 中 10 组数据测完，可获得 10 组数据。滴定时要充分摇动，但要避免液滴沾在瓶内壁上。

4. 平衡釜法测定液-液平衡数据

用注射器(或者移液管)向干燥的液-液平衡釜中加入水 10 mL，开启恒温水浴，调节到实验温度，并向平衡釜恒温水套通入恒温水(测定室温下平衡数据可不用恒温浴)。滴定管中分别加入 10 mL 乙醇和 10 mL 环己烷。打开泵，开启电磁搅拌器，搅拌 20～30 min，静置 30 min，分层，取上层和下层样品进行分析(注意：可用微型注射器，由上取样口直接取上、下二层样品。取样前，微型注射器要用样品本身清洗 5～6 次)。所得上下二层组成即为第一组液液平衡数据。补加乙醇 5 mL，重复上述步骤，测第二组液液平衡数据。如时间许可，可再加 5 mL 乙醇，测第三组数据。有关数据记录于表 4-7-2。

组成分析采用附录中示例为 GC－5890 气相色谱仪，其原理和操作方法见本书附录。

【实验数据记录】

实验数据记录按表 4-7-1 和表 4-7-2。

表 4-7-1　浊点滴定法测液-液分层线

日期________　　室温________　　大气压________

编号	体积(mL)					质量(g)				质量%			终点记录
	环己烷	水		乙　醇		环己烷	水	乙醇	合计	环己烷	水	乙醇	
	(合计)	新加		合计		新加	合计						
1	2	0.1											清
2	2			0.5									浊
3	2	0.2											清
4	2			0.9									浊
5	2	0.6											清

（续表）

编号	体积(mL)					质量(g)				质量%			终点记录
	环己烷	水		乙　醇		环己烷	水	乙醇	合计	环己烷	水	乙醇	
	(合计)	新加		合计		新加	合计						
6	2			1.5									浊
7	2	1.5											清
8	2			3.5									浊
9	2	4.5											清
10	2			7.5									浊

表 4-7-2　平衡釜法测定 LLE 数据结果

平衡釜温度________

序号	加料量(g)				总组成(%wt)			上层组成(%wt)			下层组成(%wt)		
	环己烷	水	乙醇	合计	环己烷	水	乙醇	环己烷	水	乙醇	环己烷	水	乙醇
1													
2													
3													

【实验数据记录】

① 将各次滴定终点时溶液中各组分的体积，根据其密度(附录)换算成质量，求出相应质量百分组成，其结果列于表 4-7-1。

② 将表 4-7-1 所得结果在三角坐标图(可用等腰直角三角形坐标图)上标出，连成一平滑曲线(液-液分层线)，将此曲线用虚线外延到三角形的二个顶点(100%水和 100%环己烷点)，因为室温下，水与环己烷可看成完全不互溶的。与本书附录中文献数据得到的结果进行比较。

③ 按表 4-7-2 中实验数据及色谱分析结果，计算出总组成、上层组成和下层组成，计算结果填入表 4-7-2，并标入上述三角坐标图上。上层和下层组成点应在液-液分层线上，总组成点、上层组成点和下层组成点应在同一条直线上。

【计算示例】

(1)浊点滴定法测液-液分层线某次实验的结果列于表 4-7-3。

表 4-7-3　浊点滴定法测液-液分层线(计算示例)

日期________　　室温 27.0 ℃　　大气压101.62 kPa

编号	体积(mL)					质量(g)				质量%			终点记录
	环己烷	水		乙　醇		环己烷	水	乙醇	合计	环己烷	水	乙醇	
	(合计)	新加		合计		新加	合计						
1	2	0.1	0.1	1.65	1.65	1.55	0.10	1.30	2.95	52.5	3.4	44.1	清
2	2	0.05	0.15	0.5	2.15	1.55	0.15	1.69	3.39	45.7	4.4	49.9	浊
3	2	0.2	0.35	2.1	4.25	1.55	0.35	3.34	5.24	29.6	6.7	63.7	清
4	2	0.25	0.60	0.9	5.15	1.55	0.60	4.05	6.20	25.0	9.7	65.3	浊
5	2	0.6	1.20	2.2	7.35	1.55	1.20	5.78	8.53	18.2	14.0	67.8	清
6	2	0.75	1.95	1.5	8.85	1.55	1.94	6.96	10.45	14.8	18.6	66.6	浊
7	2	1.5	3.45	3.15	12.00	1.55	3.44	9.43	14.42	10.7	23.9	65.4	清
8	2	2.85	6.30	3.5	15.50	1.55	6.28	12.18	20.01	7.7	31.4	60.9	浊
9	2	4.5	10.80	5.70	21.20	1.55	10.77	16.66	28.98	5.3	37.2	57.5	清
10	2	13.40	24.20	7.5	28.70	1.55	24.13	22.56	48.24	3.2	50.0	46.8	浊

(2) 平衡釜法测定液-液平衡数据某次实验的结果列于表 4-7-4

表 4-7-4　平衡釜法测定 LLE 数据结果(计算示例)

平衡釜温度　27.0 ℃

序号	加料量(g)				总组成(%wt)			上层组成(%wt)			下层组成(%wt)		
	环己烷	水	乙醇	合计	环己烷	水	乙醇	环己烷	水	乙醇	环己烷	水	乙醇
1	7.85	10.28	8.21	26.34	28.79	39.02	31.17	97.5	1.0	1.5	1.6	55.2	43.2

【结果及讨论】

1. 结果:由表 4-7-3 浊点滴定法的数据绘图,得到一平滑的三组分体系液-液平衡线。由平衡釜法测得的上层组成、下层组成和总组成点(表 4-7-4)应在一条直线上。

2. 讨论:对平衡釜法测定液-液平衡数据结果进行分析,并讨论实验误差的来源。分析温度和压力对液-液平衡的影响如何?

3. 思考题

① 体系总组成点在曲线内与曲线外时相数有何不同?

② 用相律说明,当温度和压力恒定时,单相区和二相区的自由度是多少?

③ 用水或乙醇滴定至清或浊以后,为什么还要加入过剩量?过剩多少对实验结果有何影响?

【主要符号说明】

K——平衡常数；x——液相摩尔分数；γ——活度系数；ρ——密度。

环己烷-乙醇-水三元液液平衡的相图，见附录 7Aspen plus 在热力学应用中物性分析。

参考文献

[1] 华东化工学院化学工程专业上海石化研究所. 醋酸-水-醋酸乙烯酯三元系气液平衡的研究 Ⅰ. 液相完全互溶区[J]. 化学学报，1976，34(2)：2.

[2] 华东化工学院化学工程专业上海石化研究所. 醋酸-水-醋酸乙烯酯三元系气液平衡的研究 Ⅱ. 液相部分互溶区[J]. 化学学报，1977，35(1/2)：29.

[3] Null H R. Phase Equilibrium in Process Design[M]. New York：Wiley-Interscience，1970.

实验 8　气固相催化反应宏观反应速率的测定

气固相催化反应是在催化剂颗粒表面进行的非均相反应。如果消除了传递过程的影响，可测得本征反应速率，从而在分子尺度上考察化学反应的基本规律。如果存在传热、传质过程的阻力，则为宏观反应速率。测定工业催化剂颗粒的宏观反应速率，可与本征反应速率对比而得到效率因子实验值，也可直接用于工业反应器的操作优化和模拟研究，因而对工业反应器的操作与设计具有重要的实用价值。

【实验目的】

本实验以乙醇脱水制乙烯反应为对象，研究测定该反应的宏观动力学，拟达到如下教学目的：

① 运用反应动力学知识进行实验设计，掌握宏观反应动力学数据的测定方法；

② 掌握内循环无梯度反应器的操作方法及气相色谱仪在线操控法；

③ 采用数据处理软件进行数据分析和参数回归，掌握反应动力学参数的计算方法；

④ 培养团队协作精神，通过有效沟通与合作完成实验任务；

⑤ 能够辨别乙醇脱水制乙烯实验过程中的潜在危险因素，掌握安全防护措施，具备事故应急处置能力。

【实验原理】

(1) 概述

采用工业粒度的催化剂测试宏观反应速率时，反应物系经外扩散、内扩散与表面反应三个主要步骤。其中外扩散阻力与工业反应器操作条件有很大关系，线速率是调整外扩散传递阻力的有效手段，因此，在设计工业反应装置和实验室反应器时，通常选用足够高的线速率，以排除外扩散传质阻力对反应速率的影响。本实验测定的反应速率，实质上就是在排除外部传质阻力后，仅包含催化剂内部传质影响的宏观反应速率。

由于工业催化剂颗粒通常制成多孔结构，其内表面积远远大于外表面积，反应物必须通过孔内扩散到不同深度的内表面上发生化学反应，而反应产物则必须通过内孔扩散返回气相主体，因此颗粒的内扩散阻力是制约反应速率的主要因素。准确测定气固相催化反应的宏观动力学，不仅能为反应器设计提供基础数据，而且能通过宏观反应速率与本征速率的比较，判断内扩散对反应的影响程度，为工业放大提供依据。

（2）测定方法

内循环无梯度反应器是一种常用的微分反应器，由于反应器内有高速搅拌部件，可消除反应物气相主体到催化剂表面的温度梯度和浓度梯度，常用于气固相催化反应动力学数据测定、催化剂反应性能测定等。无梯度反应器结构紧凑，容易达到足够的循环量并维持恒温，能相对较快地达到定态。

图 4-8-1 所示实验室反应器，是一种催化剂固定不动、采用涡轮搅拌器造成反应气体在器内高速循环流动，以消除外扩散阻力的内循环无梯度反应器。如反应器进口引入流量为 V_0 的原料气，浓度为 c_{A0}，出口流量为 V，浓度为 c_{Af} 的反应气。当反应为等摩尔反应时，$V_0=V$；当反应为变摩尔反应时，V 可由具体反应式的物料衡算式推导，也可通过实验测量。设反应器进口处原料气与循环气刚混合时，浓度为 c_{Ai}，循环气流量为 V_c，则有：

$$V_0 c_{A0}+V_c c_{Af}=(V_0+V_c)c_{Ai} \tag{4-8-1}$$

令循环比 $R_c=V_c/V_0$，得到

$$c_{Ai}=\frac{1}{1+R_c}c_{A0}+\frac{R_c}{1+R_c}c_{Af} \tag{4-8-2}$$

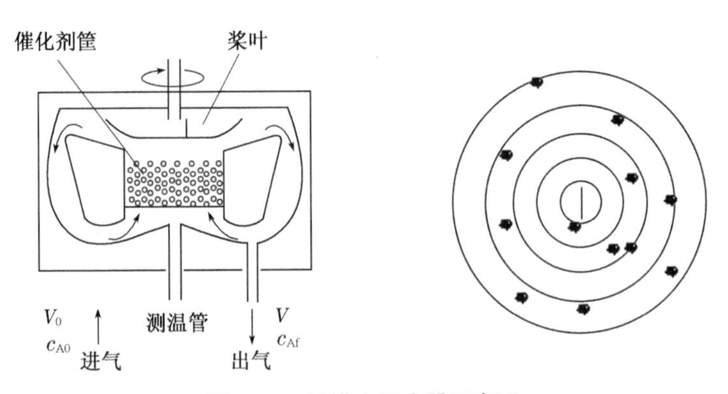

图 4-8-1　无梯度反应器示意图

当 R_c 很大时，$c_{Ai}\approx c_{Af}$，此时反应器内浓度处处相等，测温管达到了浓度无梯度。经实验验证，当 $R_c>25$ 后，反应器性能便相当于一个理想混合反应器，其反应速率可以简单求得：

$$r_A=\frac{V_0(c_{A0}-c_{Af})}{V_R} \tag{4-8-3}$$

或

$$r_{AW}=\frac{V_0(c_{A0}-c_{Af})}{W} \tag{4-8-4}$$

因而，只要测得原料气流量与反应气体进出口浓度，便可得到某一条件下的宏观反应速率值。进一步地，按一定的设计方法规划实验条件，改变温度和浓度进行实验，再通过作图和参数回归，便可获得宏观动力学方程。

(3) 反应体系

在 ZSM－5 分子筛催化剂上发生的乙醇脱水过程属于平行反应,既可以进行分子内脱水生成乙烯,又可以进行分子间脱水生成乙醚,反应方程如下:

$$2C_2H_5OH \longrightarrow C_2H_5OC_2H_5 + H_2O \tag{4-8-5}$$

$$C_2H_5OH \longrightarrow C_2H_4 + H_2O \tag{4-8-6}$$

一般而言,较高的温度有利于生成乙烯,而较低的温度有利于生成乙醚。根据自由基反应理论,反应进行过程中生成的中间产物碳正离子比较活泼。在高温时,其存在时间短,还未与乙醇分子碰撞反应就失去质子变为乙烯;而在较低温度时,碳正离子存在时间较长,与乙醇碰撞的概率增加,反应生成乙醚。因此,反应温度条件的控制,对目标产物乙烯的选择性和收率有显著影响。

【预习与思考】

① 内循环无梯度反应器为何属于微分反应器? 此反应器有何特点?

② 考虑内扩散影响的宏观反应速率是否一定比本征反应速率低?

③ 改变反应温度和浓度规划实验,用所得数据回归动力学参数,其依据是什么?

④ 为消除外扩散,需提高循环比 R,怎样设计反应器才合理?

【实验装置和流程】

本实验采用磁驱动内循环无梯度反应器,实验流程如图 4-8-2 所示。

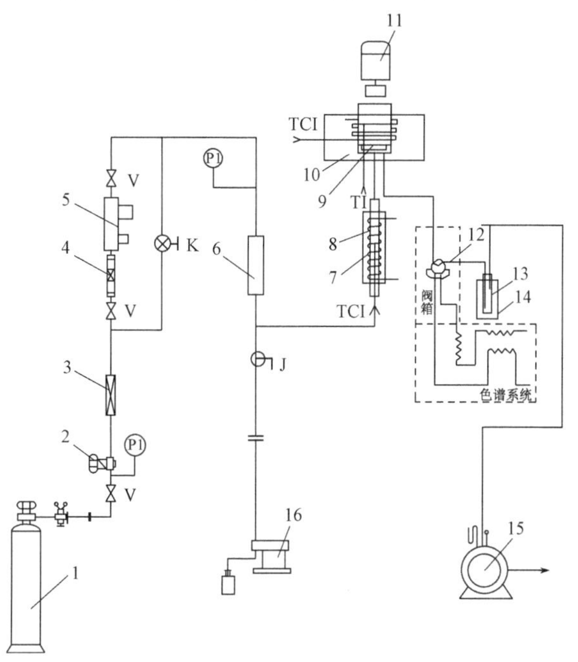

图 4-8-2　内循环无梯度反应器中宏观反应动力学数据测定流程示意图

TCI—控温;TI—测温;PI—压力计;V—截止阀;K—调节阀;J—三通阀;1—气体钢瓶;2—稳压阀;3—干燥器;4—过滤器;5—质量流量计;6—缓冲器;7—预热器;8—预热炉;9—反应器;10—反应炉;11—马达;12—六通阀;13—冷阱;14—保温瓶;15—湿式流量计;16—加料泵

(1) 反应器

本实验采用磁驱动内循环无梯度反应器,其结构图如 4-8-3 所示。

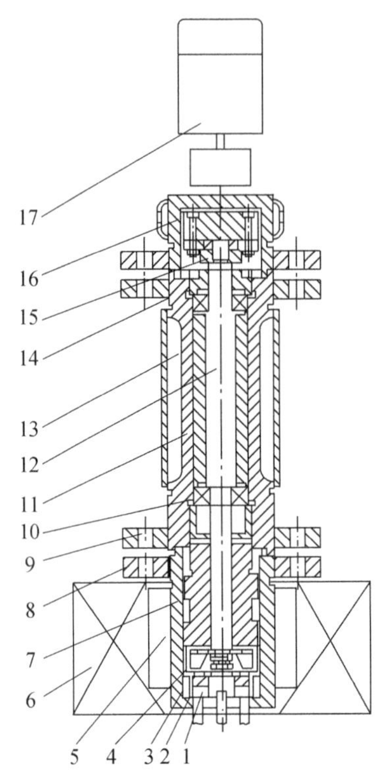

图 4-8-3 内循环无梯度反应器结构图

1—压片;2—催化剂;3—框压盖;4—桨叶;5—反应器外筒;6—加热炉;7—反应器内筒;8—法兰;9—压盖;10—轴承;11—冷却内筒;12—轴;13—内支撑筒;14—外支撑筒;15—反应磁钢架;16—低筒;17—磁力泵

(2) 控制系统

控制系统包括装置各部件的温度控制和显示(预热控温、反应控温、阀箱控温)、搅拌转速调节、流量的计量、压力测量等。

(3) 色谱系统

实验装置采用 GC7890A 型气相色谱仪,配有 N2000 型色谱工作站,用于分析反应器出口产品组成。为保证样品为气态,进样六通阀及相应管路均有加热带保温;色谱仪的主要调节参数如下:

载气为氢气;柱前压 0.08 MPa;

柱温 110 ℃;检测器 120 ℃;进样器温度 120 ℃;热导电流 100 mA。

【实验步骤】

(1) 试剂准备

无水乙醇(分析纯)500 mL;ZSM-5 分子筛催化剂 10 g(提前装入催化剂筐);高纯 H_2(钢瓶气与色谱接好)。

（2）装置准备

① 通电检查各仪表显示和运转正常，进料泵、搅拌马达运转正常；色谱及工作站开启待命。

② 气密性检查。设定流量计为500 mL/min（标况下），向系统中充氮气（或空气）至反应器压力达0.05 MPa（表压），关闭质量流量计，压力读数5 min内不下降为合格。

③ 检查各测温热电阻是否到位；冷阱保温瓶中加入冷水。

（3）开车操作

① 开启冷却水、搅拌电源，调节搅拌转速2 000～3 000 r/min，搅拌期间不可关闭冷却水。

② 开启预热器、反应器加热炉、阀箱、保温及测温仪表电源。

③ 设定各温度控制器温度数值，预热器150～200 ℃；反应炉温度260～320 ℃；阀箱≤140 ℃；保温≤140 ℃（注意：反应炉温度一般高出反应床层温度50～80 ℃）。

④ 当预热器温度、反应器温度、搅拌转速、色谱及工作站均准备就绪，可开启进料泵，调节进料流量为0.1～0.5 mL/min

⑤ 恒温阀箱六通阀初始时在取样位置，当反应稳定后（约30 min），切换到进样位置，进行样品采集分析，切换时间约2 min，反应产物经六通阀进入色谱进行分析，尾气计量后排空。

（4）停车操作

① 关闭进料泵，停止进料。待装置内物料基本反应完毕后，将预热器、反应器、阀箱及保温温度设定值改为30 ℃，开始降温；

② 当反应器温度降至200 ℃以下，开启氮气吹扫气路，以200～300 mL/min流量吹扫反应系统和尾气管路5 min，完毕后关闭吹扫气；

③ 关闭搅拌，切断冷却水；色谱及工作站按要求关机；

④ 排出冷阱内的物料，冷阱烘干后重新连接好。

【实验数据记录和处理】

在反应温度260～320 ℃选5个温度，每个温度下改变三次进料速率（0.1～0.5 mL/min），测定各种条件下的实验数据。

（1）实验数据记录

室温____℃　大气压____ MPa；搅拌转速____ r/min，催化剂质量 W ____ g

实验号	反应条件		乙醇进料量 F/(mL/min)	产物组成（质量分数）/%			
	温度 T/℃	表压 p/MPa		乙烯	水	乙醇	乙醚

(2) 实验数据处理

① 产物摩尔分数 X_i 的计算：

$$X_i = \frac{c_i f_i}{\sum_{f=1}^{4} c_i f_i}$$

其中，f_i 为色谱分析结果的摩尔校正因子；c_i 为各组分校正前的摩尔分数。

组分	乙烯(f_1)	水(f_2)	乙醇(f_3)	乙醚(f_4)
f_i	2.08	3.03	0.91	1.39

② 乙醇转化率 α 和乙烯选择性 S 的计算：

$$\alpha = 1 - \frac{X_3}{X_1 + X_2 + X_3}$$

$$S = \frac{X_1}{X_1 + 2X_4}$$

乙烯收率 $Y = \alpha S$

③ 乙烯生成速率 r_A[mol/(min・g)]的计算：

$$r_A = F_0 Y / W$$

式中，F_0 为乙醇的进料摩尔流率，mol/min；W 为催化剂装填量，g。

④ 乙醇摩尔浓度 c_A(mol/L)的计算：

$$c_A = \frac{p_{乙醇}}{RT} = pX_3/(RT)$$

其中，p 为系统压力，atm；R 为理想气体常数 0.082 1 L・atm/(mol・K)。

⑤ 主反应速率常数 k。在不同温度下，作 $r_A - c_A$ 图，判断主反应级数，并计算主反应的速率常数 k。

⑥ 参数回归。将①～⑤的计算结果列表，并计算 $-\ln k$ 和 $1/T$，根据阿累尼乌斯方程 $k = k_0 \exp[-E_1/(RT)]$，作 $-\ln k - 1/T$ 的图，求出反应的活化能 E_1(L・atm/mol)和指前因子 k_0。

【实验结果讨论】

① 分析温度对反应结果的影响。

② 分析进料速率变化对反应结果的影响。

【拓展实验】

① 在乙醇进料速率 0.5～1.0 mL/min 内选取 2 点，获取高进料速率下的实验结果，判断主反应级数是否变化。

② 在乙醇进料速率 0.1～0.5 mL/min 内任选 1 点，获取低搅拌转速 1 000～1 600 r/min 下的实验结果，判断外扩散对转化率、乙烯收率、选择性的影响。

参考文献

[1] 张濂，许志美，袁向前. 化学反应工程原理[M]. 上海：华东理工大学出版社，2016.
[2] 朱炳辰，化学反应工程(第 5 版)[M]. 北京：化学工业出版社，2011.

实验 9　二氧化碳临界状态观测及 $p-V-T$ 关系测定

【实验目的】

临界状态是指纯物质的气、液两相平衡共存的极限热力学状态，此时，饱和液体与饱和蒸汽的热力学状态参数相同，气液间的分界面消失。超临界流体（super critical fluid，SCF）是指温度和压力均高于其临界温度（T_C）和临界压力（P_C）的流体，它既具有液体对溶质有比较大溶解度的特点，又具有气体易于扩散和运动的特点，传质速率大大高于液相过程；更重要的是，临界点附近的超临界流体具有性质可调性，即可以根据需要改变温度和压力，来调节其密度、黏度、扩散系数、溶解度等性质。因此，超临界流体对选择性分离和特定条件下的反应具有独特的优势。CO_2 具有较温和的临界条件，密度大、溶解能力强、传质速率高，且不可燃、无毒、性质稳定、价廉易得，是目前应用最广的超临界流体。本实验拟测定 CO_2 在不同温度条件下 $P-V$ 之间的关系，从而找出 CO_2 的 $P-V-T$ 的关系，拟达到以下实验目的：

① 掌握 CO_2 临界状态的观测方法，增加对临界状态的感性认识。

② 加深对纯流体热力学状态：凝结、汽化、饱和等概念的理解。

③ 掌握 CO_2 的 $P-V-T$ 关系测定方法，测定临界参数 P_C、V_C 和 T_C，学会用实验测定实际气体状态变化规律的方法和技术。

④ 能够在 $P-V$ 图上绘制 CO_2 等温线。

⑤ 能够辨识 CO_2 临界状态观测过程中潜在危险因素、掌握安全防护措施、具备事故应急处置能力。

【实验原理】

随着环境温度和压力变化，任何一种物质都存在三种相态：气相、液相、固相。图 4-9-1 是纯流体的典型压力-温度图。图中线 AT 表示气-固平衡的升华曲线，线 BT 表示液-固平衡的熔融曲线，线 CT 表示气液平衡的饱和液体的蒸气压曲线，T 是气-液-固三相共存的三相点。按照相律，当纯物质的气-液-固三相共存时，确定系统体系状态的自由度为零，即每个纯物质沿气液饱和线升温，当达到图中点 C 时，气-液的分界面消失，体

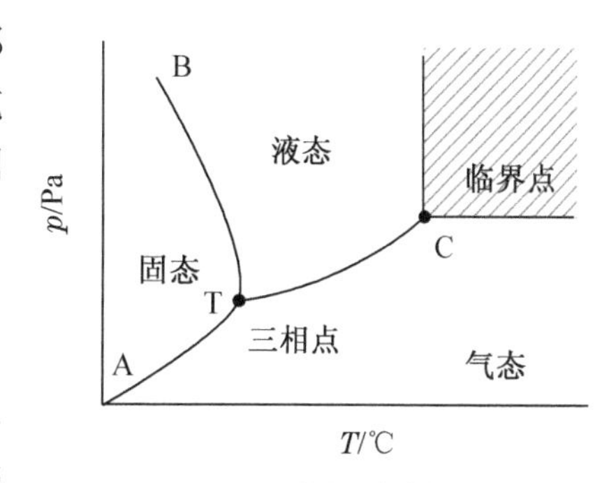

图 4-9-1　纯物质的相图

系的性质变得均一，不再分为气体和液体，称 C 为临界点。与该点相对应液体的温度和压力分别成为临界温度 T_C 和临界压力 P_C，图中高于临界温度和临界压力的有阴影线的区域属于超临界流体状态。

本实验拟测量三种温度条件下的等温线，分别为 $T>T_C$，$T=T_C$ 和 $T<T_C$。其中 $T>T_C$ 等温线为一光滑曲线；$T=T_C$ 等温线在临界压力附近有一水平拐点，并出现气、液不分现象；$T<T_C$ 等温线分为三段，中间一水平段为气液共存区。当纯流体处于平衡状态时，其状态参数 P、V、T 之间存在以下关系：

$$F(p,V,T)=0 \text{ 或 } T=f(p,V) \tag{4-9-1}$$

由相律可知，纯流体在单相区，自由度为 2，当温度一定时，体积随压力而变化；在二相区，自由度为 1，温度一定时，压力一定，仅体积发生变化。本实验就是采用定温方法来测定 CO_2 的 $P-V$ 之间的关系，从而进一步确定 CO_2 的 $P-V-T$ 的关系。

【预习与思考】

① 超临界流体的特征是什么？常用超临界流体有哪些？

② 二氧化碳流体处于临界点会出现什么现象？

③ 超临界萃取技术相对于传统萃取技术的优点是什么？

【实验装置】

实验装置由恒温器、实验台本体和压力台三大部分组成。由于实验在一定压力条件下完成，实验台本体外侧常用有机玻璃罩进行防护。

实验中由压力台送来的压力油进入高压容器和玻璃杯上半部，迫使水银进入预先装了 CO_2 气体的承压玻璃管（毛细管），CO_2 被压缩，其压力和容积通过压力台上的活塞杆进退来调节，温度由恒温器供给的水套里的水温来调节，水套中的水由恒温水浴提供。

CO_2 的压力由装在压力台上的精密压力表读出，温度由插在恒温水套中的精密温度计读出。比容首先由玻璃毛细管内二氧化碳柱的高度来度量，而后再根据玻璃毛细管内径均匀、截面积不变等计算。

【实验步骤与方法】

(1) 安装并检查实验设备。

(2) 打开恒温水浴，调节控制恒温水到所要求的实验温度，以恒温水套内温度计为准。

(3) 加压前的准备，抽油充油。

① 关闭压力表下部和进入本体油路的两个阀门，开启压力台上油杯的进油阀。

② 摇退压力台上的活塞螺杆，直至螺杆全部退出，此时压力台油缸中抽满了油。

③ 先关闭油杯的进油阀，然后开启压力表下部和进入本体油路的两个阀门。

④ 摇进活塞螺杆，使本体充油直至压力表上有压力读数显示，毛细管下部出现水银为止。

⑤ 如活塞杆已摇进到头，压力表仍无压力读数显示，毛细管下部未出现水银，则需要重复步骤 a～d，应注意，实验压力不能超过玻璃毛细管的承压极限。

⑥ 再次检查油杯的进油阀是否关闭、压力表下部及本体油路阀门是否开启，温度是否达到所要求的实验温度，如条件已调定，则可进行下一步实验测定。

(4) 测定毛细玻璃管内 CO_2 的质面比常数 K。由于充进毛细管内的 CO_2 的质量不便测量，而毛细管内径（截面积）不易测准，本实验采用间接法来确定 CO_2 的比容：假定毛细管内径一致，CO_2 比容和高度呈正比，具体方法如下：

① 查阅文献，当温度为 25 ℃、压力为 7.8 MPa 时，纯 CO_2 液体的比容 V=0.001 24 m^3/kg。

② 当温度为 25 ℃、压力为 7.8 MPa 时，实验测定 CO_2 液柱高度为：

$$\Delta h_0 = h' - h_0$$

式中：h_0——毛细管内径顶端的刻度（扣除尖部长度）；h'——25 ℃、7.8 MPa 条件下水银柱上端液面刻度。

假设毛细管内 CO_2 的质量为 m(kg)、毛细管截面积为 A(m^2)，则 CO_2 的比容 V 为：

$$V = \frac{\Delta h_0 A}{m} = 0.001\,24\ m^3/kg \tag{4-9-2}$$

毛细管内 CO_2 的质面比常数 K：

$$K = \frac{m}{A} = \frac{\Delta h_0}{0.001\,24} \tag{4-9-3}$$

那么任意温度、压力下 CO_2 的比容为：

$$V = \frac{\Delta h}{m/A} = \frac{\Delta h}{K} = \frac{h - h_0}{K} \tag{4-9-4}$$

式中：h——任意温度、压力下毛细管内水银柱高度

(5) 测定 25 ℃时的等温线（$T<T_C$）

① 调节恒温水浴，使恒温水套温度维持在 25 ℃，并保持恒定。

② 逐渐增加压力，压力至 4 MPa 左右（毛细管下部出现水银）开始读取相应水银柱上端液面刻度，记录第一个数据点。读取数据时，一定要有足够的平衡时间，保证温度、压力和水银柱高度恒定。

③ 按照压力间隔 0.3 MPa，逐步提高压力，测定第二、第三……数据点。注意加压时，应缓慢地摇进活塞杆，以保证定温条件，水银柱高度稳定在一定数值时再读数。

④ 密切观察并记录 CO_2 液化、完全液化现象；当出现第一个 CO_2 液滴时，应适当降低压力，平衡一定时间，准确记录压力和相应的水银柱高度；当最后一个 CO_2 气泡消失时应记录压力和相应的水银柱高度。这两点压力应接近相等，测量时可交替进行升压和降压操作。

⑤ 当 CO_2 全部液化后，继续按压力间隔 0.3 MPa 左右升压，直至压力达到 8 MPa（毛细管最大承压 8.5 MPa 左右）。

(6) 测定 31.1 ℃时的等温线（$T=T_C$），观察临界现象。

① 调节恒温水浴,使恒温水套温度维持在 31.1 ℃,按照上述(5)的方法测定临界等温线,注意在曲线的拐点(P=7.376 MPa)附近,将调压间隔降为 0.05 MPa,缓慢调整压力,有利于较准确地确定临界压力和临界比容,较准确地描绘出临界等温线上的拐点。

② 临界乳光现象。保持临界温度不变,摇进活塞杆使压力升至 8 MPa 附近处,然后快速摇退活塞杆降压(注意勿使本体晃动),此时玻璃管内将出现圆锥状的乳白的闪光现象,这就是临界乳光现象。这是由于 CO_2 分子临界点附近气体密度涨落很大,使散射增强,原来清澈透明的气体或液体变得混浊起来呈现出乳白色。可以反复几次,观察这一现象。

③ 整体相变现象。临近点附近,汽化热接近于零,饱和气相线和饱和液相线合于一点,这时的气、液相互转变不像临界温度以下时那样逐步积累,表现为渐变过程,这时压力有微小变化时,气、液以突变的形式相互转化。

④ 气、液两相模糊不清现象。处于临界点的 CO_2 具有共同参数(P,V,T),不能区别此时 CO_2 是气态还是液态的。现按绝热过程来进行观察。

首先调节压力处于 7.4 MPa(P)左右,快速降压(此时毛细管内 CO_2 未能与外界进行充分的热交换,温度下降),CO_2 状态点沿绝热线降到二相区,管内 CO_2 出现了明显的液面,这就说明,此时 CO_2 气体离液区很接近;当快速升压,这个液面又立即消失了,这就说明,此时 CO_2 液体离气区很接近。CO_2 既接近气态又接近液态,所以只能处于临界点附近,因此可以说,临界状态流体是一种气、液不分的流体,这就是临界点附近饱和气、液模糊不清的现象。

(7) 测定 35 ℃时的等温线($T>T_C$)。调节恒温水浴,使恒温水套温度维持在 35 ℃,按上述(5)相同的方法进行。

【实验数据记录】

表 4-9-1 不同温度下 CO_2 的 $P-V$ 数据测定结果

室温____℃　　大气压____ MPa　　毛细管内部顶端的刻度 h_0=____ m

25 ℃,7.8 MPa 下 CO_2 柱高度 Δh_0 ____ m　　质面比常数 K ____=kg/m²

T=　　℃				
序号	$p_{绝}$/MPa	Δh/m	$V=\Delta h/K/(m^3/kg)$	现象

【实验数据处理】

① 计算毛细管内 CO_2 的质面比常数 K。

② 按照数据记录表，在 $P-V$ 坐标系中画出三条等温线。

③ 将实验测得等温线与标准等温线比较，分析它们之间的差异及原因。

【结果与讨论】

① 质面比常数 K 值对实验结果有何影响？为什么？

② 为什么测定 25 ℃等温线时，严格讲，出现第一个小液滴时的压力和最后一个气泡消失时的压力应相等？（试用相律分析）。

③ 分析实验误差和引起误差的原因。

④ 提出实验装置的修改意见。

【参考数据 1】

表 4-9-2　CO_2 饱和线上的体积数据

温度/℃	压强/MPa	液相比容×10^3/(m^3/kg)	气相比容×10^3/(m^3/kg)
10	4.595	1.166	7.52
15	5.193	2.223	6.32
20	5.846	1.298	5.26
25	6.559	1.417	4.17
30	7.344	1.677	2.99
30.04	7.528	2.138	2.14

【参考数据 2】

CO_2 的 $P-V-T$ 关系，参见附录 Aspen plus 在热力学应用中的物性分析，纯组分温度和压力变化关系。

参考文献

[1] 冯新，宣爱国，周彩荣，等. 化工热力学[M]. 北京：化学工业出版社，2009.

[2] 王保国. 化工过程综合实验[M]. 北京：清华大学出版社，2009.

第 5 章　反应工程实验

实验 10　多釜串联反应器中返混状况的测定

【实验目的】

本实验通过单釜与三釜反应器中停留时间分布的测定，将数据计算结果用多釜串联模型来定量返混程度，从而掌握控制返混的措施。本实验目的如下：

① 运用反应器知识进行实验设计，掌握停留时间分布的测定方法；

② 应用统计学的方法处理实验数据，计算停留时间分布特征参数；

③ 计算多釜串联模型的模型参数，了解表达返混程度的间接方法；

④ 通过单釜与三釜实验结果分析，了解分割是限制返混的有效措施。

【实验原理】

在连续流动的反应器内，不同停留时间的物料之间的混合称为返混。返混程度的大小，通常用物料在反应器内的停留时间分布来测定。然而在测定不同状态的反应器内物料的停留时间分布时发现，相同的停留时间分布可以有不同的返混情况，即返混与停留时间分布不存在一一对应的关系，因此不能用停留时间分布的实验测定数据直接表示返混程度，而要借助于相关的数学模型来间接表达。

物料在反应器内的停留时间完全是一个随机过程，须用概率分布的方法来定量描述。所用的概率分布函数为停留时间分布密度函数 $f(t)$ 和停留时间分布函数 $F(t)$。停留时间分布密度函数 $f(t)$ 的物理意义是：同时进入的 N 个流体粒子中，停留时间介于 t 到 $t+\mathrm{d}t$ 的流体粒子所占的比率 $\mathrm{d}N/N$ 为 $f(t)\mathrm{d}t$。停留时间分布函数 $F(t)$ 的物理意义是：流过系统的物料中停留时间小于 t 的物料的分率。

停留时间分布的测定方法有脉冲法、阶跃法等，常用的是脉冲法。当系统达到稳定后，在系统的入口处瞬间注入一定量 Q 的示踪物料，同时开始在出口流体中检测示踪物料的浓度变化。

由停留时间分布密度函数的物理含义，可知

$$f(t)\mathrm{d}t = V_c(t)\mathrm{d}t/Q \tag{5-10-1}$$

$$Q = \int_0^{\infty} V_c(t)\mathrm{d}t \tag{5-10-2}$$

所以

$$f(t)=\frac{V_c(t)}{\int_0^{\infty}V_c(t)\mathrm{d}t}=\frac{c(t)}{\int_0^{\infty}c(t)\mathrm{d}t} \tag{5-10-3}$$

由此可见 $f(t)$ 与示踪剂浓度 $c(t)$ 成正比。因此，本实验中用水作为连续流动的物料，以饱和 KCl 作示踪剂，在反应器出口处检测溶液电导值。在一定范围内，KCl 浓度与电导值成正比，则可用电导值来表达物料的停留时间变化关系，即 $f(t)\propto L(t)$，这里 $L(t)=L_t-L_{\infty}$，L_t 为 t 时刻的电导值，L_{∞} 为无示踪剂时的电导值。

停留时间分布密度函数 $f(t)$ 在概率论中有两个特征值，平均停留时间（数学期望）$\bar{t}$ 和方差 σ_t^2。

$\bar{t}$ 的表达式为：

$$\bar{t}=\int_0^{\infty}tf(t)\mathrm{d}t=\frac{\int_0^{\infty}tc(t)\mathrm{d}t}{\int_0^{\infty}c(t)\mathrm{d}t} \tag{5-10-4}$$

采用离散形式表达，并取相同时间间隔 Δt，则：

$$\bar{t}=\frac{\sum tc(t)\Delta t}{\sum c(t)\Delta t}=\frac{\sum tL(t)}{\sum L(t)} \tag{5-10-5}$$

σ_t^2 的表达式为：

$$\sigma_t^2=\int_0^{\infty}(t-\bar{t})^2f(t)\mathrm{d}t=\int_0^{\infty}t^2f(t)\mathrm{d}t-(\bar{t})^2 \tag{5-10-6}$$

也用离散形式表达，并取相同 Δt，则：

$$\sigma_t^2=\frac{\sum t^2c(t)}{\sum c(t)}=\frac{\sum t^2L(t)}{\sum L(t)}-(\bar{t})^2 \tag{5-10-7}$$

若用无量纲对比时间 θ 来表示，即 $\theta=t/\bar{t}$，无量纲方差 $\sigma_\theta^2=\sigma_t^2/(\bar{t})^2$。

在测定了物料在反应器中的停留时间分布后，为了评价物料的返混程度，需要用数学模型来关联和描述，本实验采用多釜串联模型。

多釜串联模型的建模思想是用返混程度等效的串联全混釜的个数 n 来表征实测反应器中的返混程度。模型中全混釜的个数 n 是模型参数，表征返混程度大小，并不代表实际反应器的个数，因此不限于整数。根据反应工程的原理可知，参数 n 越大，返混程度越小。

多釜串联模型假定 n 个串联的反应釜中每个釜均为全混釜，反应釜之间无返混，每个釜的体积相同。据此可推导得到多釜串联反应器的停留时间分布函数关系，并得到无量纲方差 σ_θ^2 与模型参数 n 存在关系为：

$$n=\frac{1}{\sigma_\theta^2} \tag{5-10-7}$$

根据等效原则，只要将实测的无量纲方差代入式(5-10-7)，便可求得模型参数 n，并据此判断反应器内的返混程度。

当 $n=1$，$\sigma_\theta^2=1$，为全混釜特征；

当 $n\to\infty$，$\sigma_\theta^2\to 0$，为平推流特征。

【预习与思考】

① 何谓返混？返混的起因是什么？限制返混的措施有哪些？

② 为什么说返混与停留时间分布不是一一对应的？为什么可以通过测定停留时间分布来研究返混？

③ 测定停留时间分布的方法有哪些？本实验采用哪种方法？

④ 何谓示踪剂？有何要求？本实验用什么作示踪剂？

⑤ 模型参数与实验中反应釜的个数有何不同？为什么？

【实验装置与流程】

实验装置如图 5-10-1 和 5-10-2 所示，由单釜与三釜串联二个系统组成。三釜串联反应器中每个釜的体积为 1 L，单釜反应器体积为 3 L，用可控硅直流调速装置调速。实验时，水分别从两个转子流量计流入两个系统，稳定后在两个系统的入口处分别快速注入示踪剂，在每个反应釜出口处用电导率仪检测示踪剂浓度变化，并通过计算机采集和处理数据。

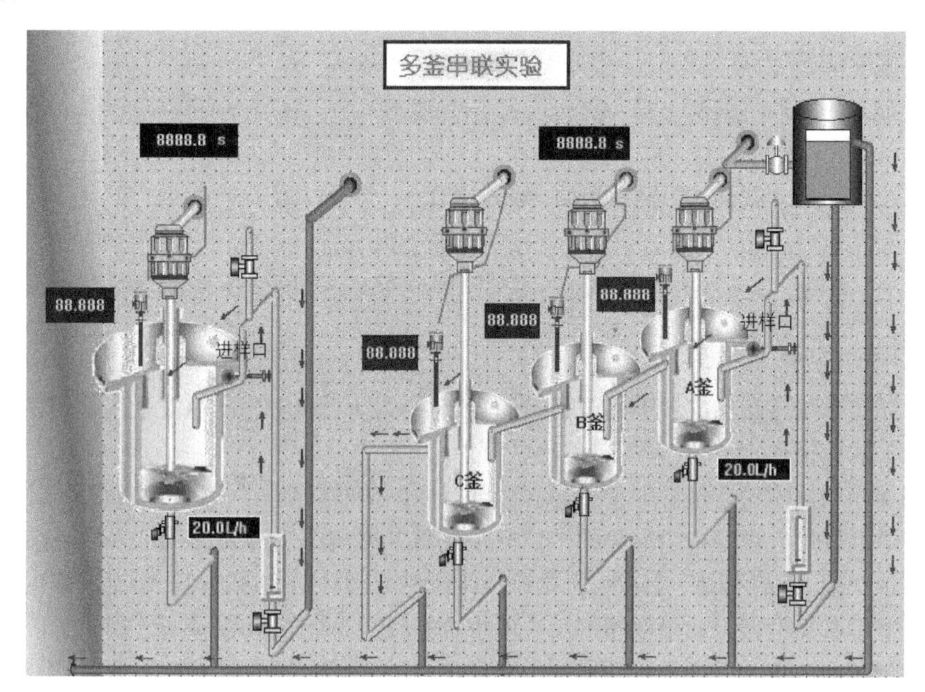

图 5-10-1　三釜串联实验流程图

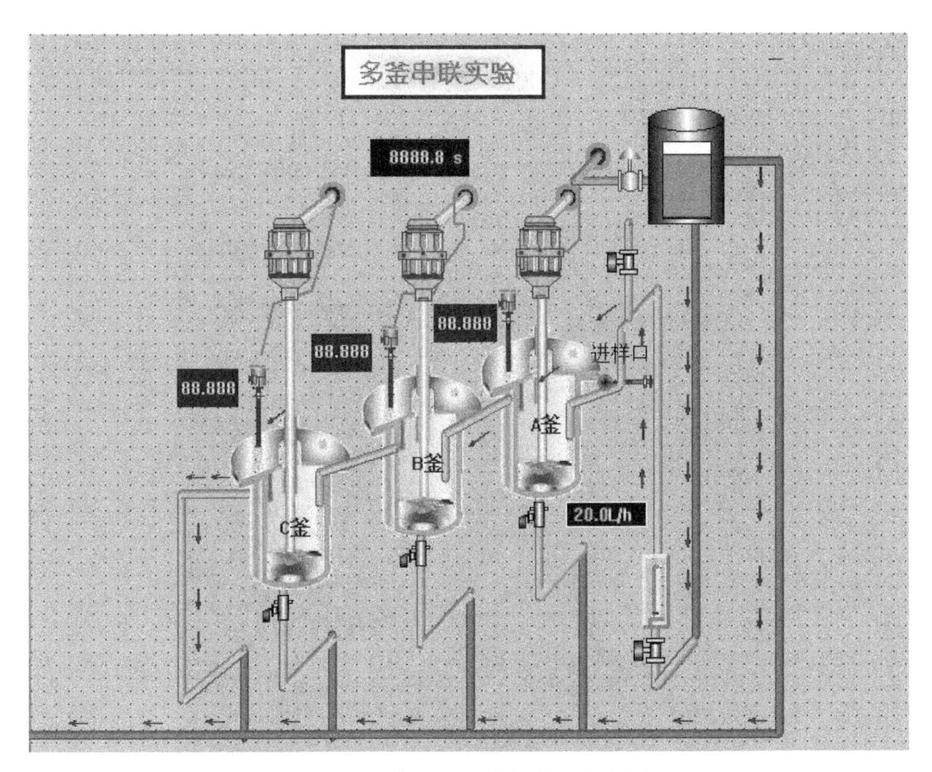

图 5-10-2　单釜与三釜串联实验流程图

【实验步骤及方法】

(1) 通水,开启水开关,让水注满反应釜,调节进水流量为 20 L/h,保持流量稳定。

(2) 通电,开启电源开关

① 启动计算机数据处理系统。

② 开启并调整好电导率仪,以备测量。

③ 开动搅拌装置,转速应大于 300 r/min。

(3) 待系统稳定后,用注射器在入口处迅速注入示踪剂,并按下计算机数据采集按钮。

(4) 当计算机上显示的示踪剂出口浓度在 2 min 内不变时,即认为终点已到。

(5) 关闭仪器、电源、水源,排清釜中料液,实验结束。

【实验数据处理】

根据实验结果,可以得到单釜与三釜的停留时间分布曲线,即出口物料的电导值 L(反映了示踪剂浓度)随时间的变化,据此可采用离散化方法,在曲线上相同时间间隔取点,一般可取 20 个数据点左右,再由公式(5-10-5)、公式(5-10-7)分别计算出各自的 $\bar{t}$ 和 σ_t^2,及无量纲方差 $\sigma_\theta^2=\sigma_t^2/(\bar{t})^2$。最后,利用多釜串联模型得到的公式(5-10-8)求出相应的模型参数 n。根据参数 n 的数值大小,就可确定单釜和三釜两个系统中返混程度的大小。

本实验采用计算机数据采集与处理系统,其装置如图 5-10-3 所示,直接由电导率仪输出信号至计算机，由计算机对数据进行采集与分析，在显示器上画出停留时间分布动态曲线图，并在实验结束后自动计算平均停留时间、方差和模型参数。停留时间分布曲线图与相应数据均可方便地保存或打印输出。如图 5-10-4 所示。

图 5-10-3　多釜串联停留时间实验数据采集系统

图 5-10-4　连续流动反应器停留时间分布测试实验数据采集系统

【结果与讨论】

① 将计算得到的本实验单釜与三釜系统的平均停留时间 $\bar{t}$ 与理论值进行比较，分析偏差原因。

② 根据计算得到的模型参数 n，讨论两种系统的返混程度大小。

③ 讨论如何限制或加剧返混程度。

【主要符号说明】

$c(t)$——t 时刻反应器内示踪剂浓度；

$f(t)$——停留时间分布密度；

$F(t)$——停留时间分布函数；

$L_t, L_\infty, L(t)$——液体的电导值；

n——模型参数

t——时间；

V——液体体积流量；

$\bar{t}$——数学期望，或平均停留时间；

$\sigma_\theta^2, \sigma_t^2$——方差；

θ——无量纲时间。

参考文献

[1] 陈甘棠. 化学反应工程(第 3 版)[M]. 北京：化学工业出版社，2007.

[2] 朱炳辰. 化学反应工程(第 5 版)[M]. 北京：化学工业出版社，2011.

实验 11　连续循环管式反应器中返混状况的测定

在工业生产上，为了达到理想的反应转化率和收率，需要对反应器内的温度和浓度进行调控，产物循环就是调控手段之一。通过这种循环可以达到两个目的，其一，调节反应器内的反应物浓度，控制反应速率和选择性；其二，抑制放热反应的速率，控制反应器温度。在连续流动的循环管式反应器中，由于产物循环，造成反应原料与产物之间的混合，即不同停留时间的物料之间的混合，这种混合被称为返混，返混的程度与产物的循环比有关。由于返混的程度直接影响到反应器内的温度和浓度，从而影响反应结果，因此需要通过实验来测定和掌握返混的程度与产物的循环比的定量关系，这就是本实验的主要目的。

【实验目的】

① 观察连续均相管式循环反应器的流动特征，掌握循环比的概念。

② 应用统计学的方法处理实验数据，通过编程计算停留时间分布特征参数。

③ 研究不同循环比下的模型参数，了解管式循环反应器的返混特性。

【实验原理】

在连续管式循环反应器中，若循环流量等于零，则反应器内的返混状况与平推流反应器相近，返混程度很小。随着产物的循环，反应器出口的流体被强制返回反应器入口，引起强制性的返混。返混程度的大小与循环流量有关。循环流量常用循环比 R 表示，其定义为：

$$R=\frac{\text{循环产物流的体积流量}}{\text{离开反应器的物流的体积流量}}=\frac{V_R}{V_P}$$

循环比 R 是连续管式循环反应器的重要特征，其值可由零变至无穷大

当 $R=0$ 时，产物不循环，相当于平推流管式反应器。

当 $R=\infty$ 时，产物全部循环，相当于全混流反应器。

因此，对于连续管式循环反应器，可以通过调节循环比 R，改变反应器内的返混程度。一般情况下，循环比大于 20 时，返混特性已非常接近全混流反应器

本实验用多釜串联模型来描述返混程度，关于多釜串联模型的更多介绍见实验 10。

【预习与思考】

① 何谓返混？连续管式循环反应器中的返混是如何产生的？为什么要测定返混程度？

② 采用脉冲法测定返混，对示踪剂有什么要求？如果进口流量控制在 15 L/h，要求循环比分别为 0、3、5，则循环流量应分别控制在多少？

③ 本实验采用什么数学模型描述返混程度？表征返混程度的模型参数是什么？该参数值的大小说明了什么？

④ 利用本实验测得的示踪剂停留时间分布的无量纲方差与循环比 R 和模型参数之间的变化关系如何？

【实验装置】

实验装置如图 5-11-1 所示。由管式反应器、物料循环系统和示踪剂注入与检测系统组成。管式反应器中的填料为 Φ 5 mm 的拉西瓷环。循环泵流量由循环管路调节阀控制，流量通过涡轮流量计检测，在仪表屏上显示，单位是 L/h。溶液电导率通过电导仪在线检测，电导仪输出的毫伏信号经模数信号转换后，由计算机实时采集、记录和显示，并通过内置数学模型进行数据处理，并输出计算结果。

实验时，进水经转子流量计调节流量后，从底部进入反应器。开启循环泵，控制一定的循环比。待流量稳定后，在反应器下部进样口快速注入示踪剂（0.5～1 mL），同时启动出口处的电导仪，跟踪检测示踪剂浓度随时间的变化。操作中应注意如下事项：

① 必须在流量稳定后，方可注入示踪剂，且整个操作过程中注意控制流量；

② 注入示踪剂的量要小于 1 mL，且要求一次性迅速注入，若遇针头堵塞，不可强行推入，应拔出后重新操作；

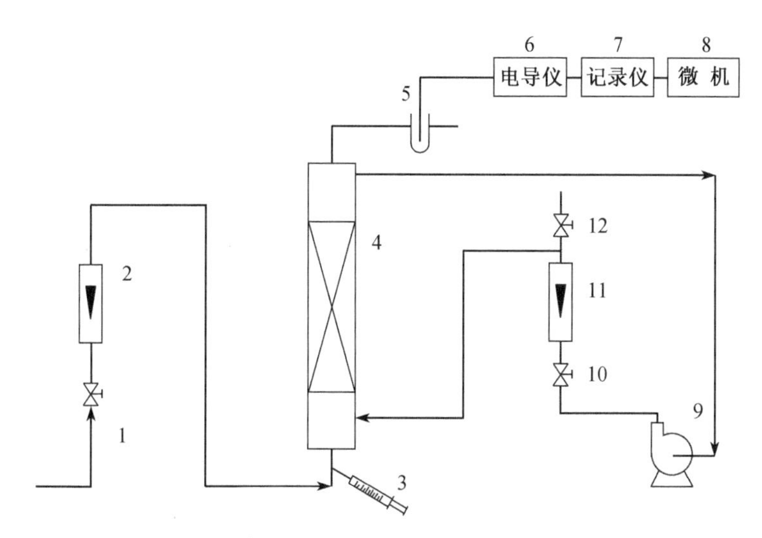

图 5-11-1　连续管式循环反应器返混状况测定实验装置示意图

1—进水阀;2—进水流量计;3—注射器;4—填料塔;5—电极;6—电导仪;

7—记录仪;8—微机;9—循环泵;10—循环阀;11—循环流量计;12—放空阀

③ 一旦出现操作失误,应等示踪剂完全流出,即出峰线走平归零后,再重做实验。

【操作步骤】

(1) 实验准备

① 药品和器:具饱和氯化钾溶液(示踪剂);烧杯(500 mL)两只;针筒(5 mL)两支,备用两支;针头两个,备用两个。

② 熟悉流量计、循环泵的操作;熟悉进样操作,可用清水模拟操作;熟悉“管式循环反应器”数据采集系统的操作,开始→结束→保存→打印;熟悉打印机操作,开启→装一页 A4 纸→进纸键→联机键→打印

③ 设定进口流量为 15 L/h,按照循环比,R=0、3、5、计算循环液的流量。

(2) 操作步骤

① 通水,开启水源,调节进水流量为 15 L/h,保持流量稳定。

② 开启电源开关,启动电脑、打印机,打开“管式循环反应器数据采集”软件。

③ 开启电导仪并调整好,以备测量。

④ 设定循环泵流量,循环时,开泵(面板上仪表右第二个键“▲”),用循环阀门调节流量;不循环时,关泵(面板上中间的向下箭头“▲”),关闭循环阀门。

⑤ 待系统稳定后,用注射器迅速注入 0.5～1 mL 示踪剂,同时点击软件上“开始”按钮,观察流出曲线,出峰时间 10～20 min,当流出曲线在 2 min 内无明显变化时,即认为到达终点。

⑥ 点击软件上“结束”按钮,以组号作为文件名保存文件,打印实验数据。

⑦ 改变循环比,重复④～⑥步骤。

⑧ 实验结束,关闭电脑、打印机、仪器、电源和水源。

【结果与讨论】

（1）实验数据处理

① 选择一组实验数据，计算平均停留时间、方差，从而计算无量纲方差和模型参数，要求写清计算步骤。

② 将上述计算结果与计算机输出结果作比较，若有偏差，请分析原因。

③ 列出数据处理结果表。

④ 讨论实验结果。

（2）实验结果讨论

① 讨论和比较不同循环比下，循环管式反应器内的流动特征。

② 比较不同循环比下，系统的平均停留时间和方差，分析偏差原因。

③ 计算模型参数 n，讨论不同循环比下系统返混程度的大小。

④ 根据实验结果，讨论对连续管式反应器可采取哪些措施减小返混。

实验 12　气升式环流反应器流体力学及传质性能的测定

【实验目的】

1. 了解气升式环流反应器的工作原理、结构形式及应用的领域；
2. 掌握气升式环流反应器流体力学及传质性能的测定方法；
3. 掌握电导仪及测氧仪的使用方法；
4. 学习利用组态软件进行实验过程的数据采集和数据处理的方法。

【实验原理】

气升式环流反应器是近年来作为化学反应器和生化反应器而发展起来的一种新型高效气-液两相反应器和气-液-固三相反应器。气升式环流反应器利用反应气体的喷射动能和液体的循环流动来搅动反应物料，所以具有结构简单、造价低、易密封、能耗低，且不会由于机械搅拌破坏生物细胞等优点，广泛用于化工、石油化工、生物化工、食品工业、制药工程和环境保护等领域。对反应器的结构尺寸进行恰当的设计后，能得到较好的环流流动的循环强度，在反应器内形成良好的循环，促进固体催化剂粒子的搅动。因而环流反应器对于反应物之间的混合、扩散、传热和传质均很有利，既适合处理量大的较高黏度的流体，又适合处理热敏感性的生物物质，还可用于气-液两相或气-液-固三相之间的非均相化学反应。

根据气升式环流反应器降液管的形式可将环流反应器分为内环流反应器和外环流反应器两种。内环流反应器是指气体从升气管下方喷射进入反应器，使得升气管中液体的气含率大于降液管中液体的气含率，引起两者之间存在密度差，从而使得环流反应器中的液体在气体带动下得以循环起来。外环流反应器是指将降液管移到反应器的外面，循环原理和内环流反应器相同。

实验中利用体积膨胀高度法测定气含率 ε；利用电导脉冲示踪法测量液体循环速度 u_L；利用动态溶氧法测定氧体积传质系数 K_La。

【实验装置和流程】

(1) 实验装置

气升式内环流反应器的结构简图见图 5-12-1，实物装置见图 5-12-2。进入反应器的气体喷射至升气管后，由于气体的喷射动能和升气管内流体的密度降低，迫使升气管中流体向上，降液管中流体向下做有规则的循环流动，从而在反应器中形成良好的混合和反应条件。气升式外环流反应器的结构简图见图 5-12-3，实物装置见图 5-12-4。

环流反应器是作为气-液两相或气-液-固三相反应器而应用于生物化工或其他化学反应过程，因此传质性能往往成为过程的控制因素，能否提供良好的传质条件对环流反应器的应用具有决定意义。本实验在气升管尺寸不变的情况下，通过改变不同的气体流量，测定了设备的流体力学性能(气含率 ε，液体循环速度 u_L 等)及传质特性(氧体积传质系数 K_La)。这三个指标既是衡量气升式环流反应器传递性能的重要指标，也是环流反应器设计和工程放大的重要参考数据。

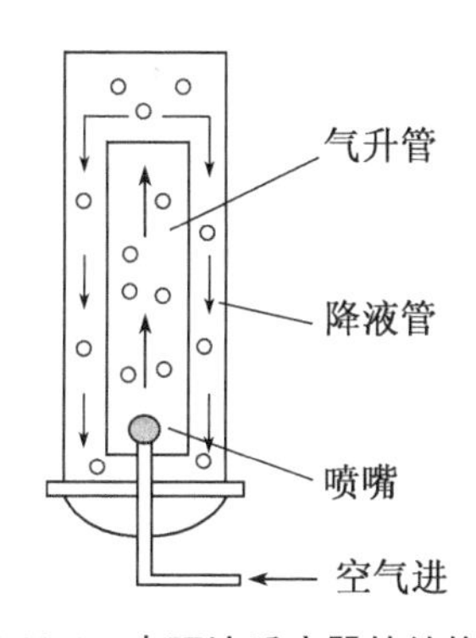

图 5-12-1　内环流反应器的结构简图

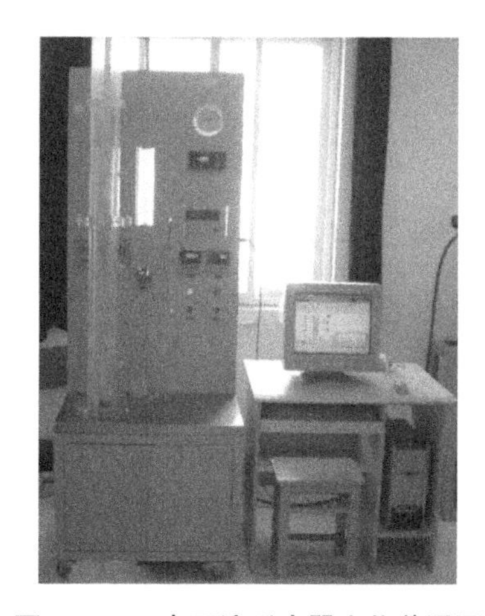

图 5-12-2　内环流反应器实物装置图

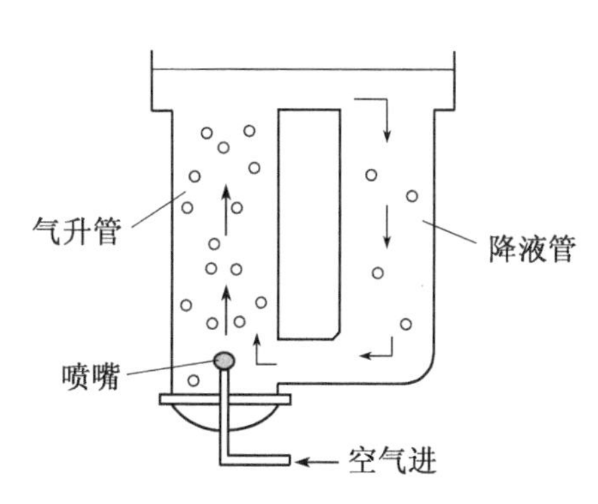

图 5-12-3　外环流反应器的结构简图

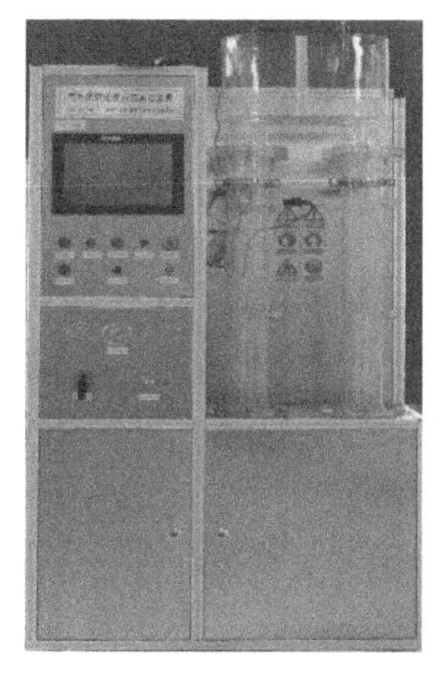

图 5-12-4　外环流反应器实物装置图

(2) 实验流程

实验流程见图 5-12-5。本实验装置是以水和空气作为介质。气泵送入的空气经阀门调节和流量计计量后由升气管下方喷嘴进入反应器与液体混合。气体在反应器内随反应液一起循环,一部分气体随降液管循环回反应器底部再进入气升管,另一部分气体则从反应器上方排出。N_2 由钢瓶经减压阀,通过流量计计量后进入反应器中,用来在测定氧传质系数的实验前排除水中的溶解氧。

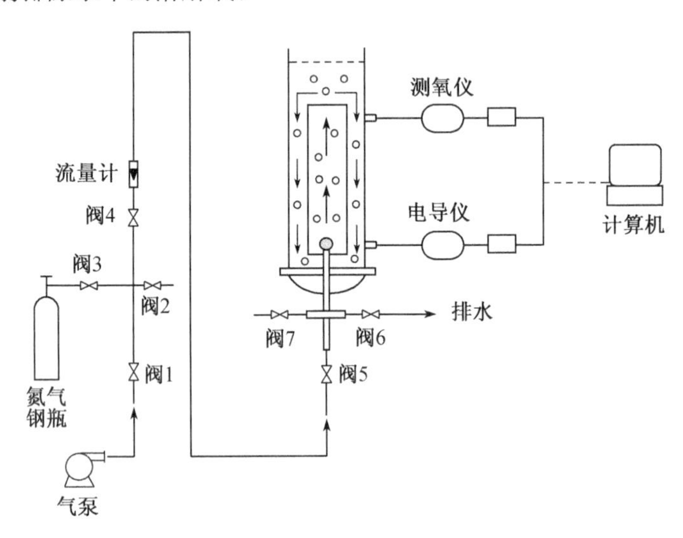

图 5-12-5 实验流程图

【实验操作步骤及计算方法】

(1) 气含率 ε 的测定

气含率 ε 是表征反应器流体力学性能的重要参数之一。本实验利用体积膨胀高度法测量反应器中的平均气含率 ε,计算公式可采用下式:

$$\varepsilon=\frac{(H-H_0)}{H}\times 100\% \tag{5-12-1}$$

式中:H——鼓气后液体膨胀高度;H_0——清液层高度。

实验步骤:先关排水阀 6,关进气阀 5,关 N_2 进气阀 3,开进水阀 7,将水放至反应器内一定高度(一般与升气管顶部相平齐),记下此高度即为 H_0,停止进水。启动气泵,开进气阀 5,调节阀 4(可与放空阀 2 配合调节),将气量调节为一个定值(一般在实验中可做 5 个气量,从 0.5 m^3/h~2.5 m^3/h)。待气量稳定后,读取反应器内液体膨胀高度 H,则利用上述的公式求得该气量下的气含率 ε。

(2) 液体循环速度 u_L 的测定

液体循环速度 u_L 是决定反应器循环和混合特性的重要参数之一。本实验用电导脉冲示踪法测量液体循环速度 u_L。计算公式可采用下式:

$$u_L=\frac{L}{t} \tag{5-12-2}$$

式中：L——液体循环一周的距离，m；t——循环一周所用的时间，s。

对于内环流反应器：

$$L=2\left[H_{升}+\frac{(R_{外}-R_{内})}{2}+R_{内}\right] \tag{5-12-3}$$

式中：$H_{升}$——升气管的高度，m；$R_{外}$、$R_{内}$——外筒和内筒的半径，m。

对于外环流反应器：

$$L=2[H+L'] \tag{5-12-4}$$

式中：H——反应管的高度，m；L'——升气管和降液管间的水平距离，m。

电导探头在反应器侧壁的位置已固定，因此液体循环一周的距离 L 为定值，故只需测出循环一周所需时间 t，即可得出液体循环速度。

循环时间 t 的测量采用电导示踪法，利用计算机数据采集系统来进行测量。

实验步骤：开启气泵，调节到一定的气量，待稳定后从环流反应器上方快速倒入25 mL饱和氯化钠盐水，这时在计算机的数据采集系统显示屏上会出现一条衰减振荡的正弦曲线。第1个波峰和第2个波峰之间的时间间隔为 t_1；第2个波峰和第3个波峰之间的时间间隔为 t_2；第3个波峰和第4个波峰之间的时间间隔为 t_3；则平均循环时间为：

$$t=\frac{t_1+t_2+t_3}{3} \tag{5-12-5}$$

也可用第4个波峰和第5个波峰之间的时间间隔 t_4 来验证一下。

液体循环速度 u_L 的计算机组态王软件实验数据采集界面如图5-12-6所示。气含率 ε 的计算机组态王软件实验数据采集界面如图5-12-7所示。

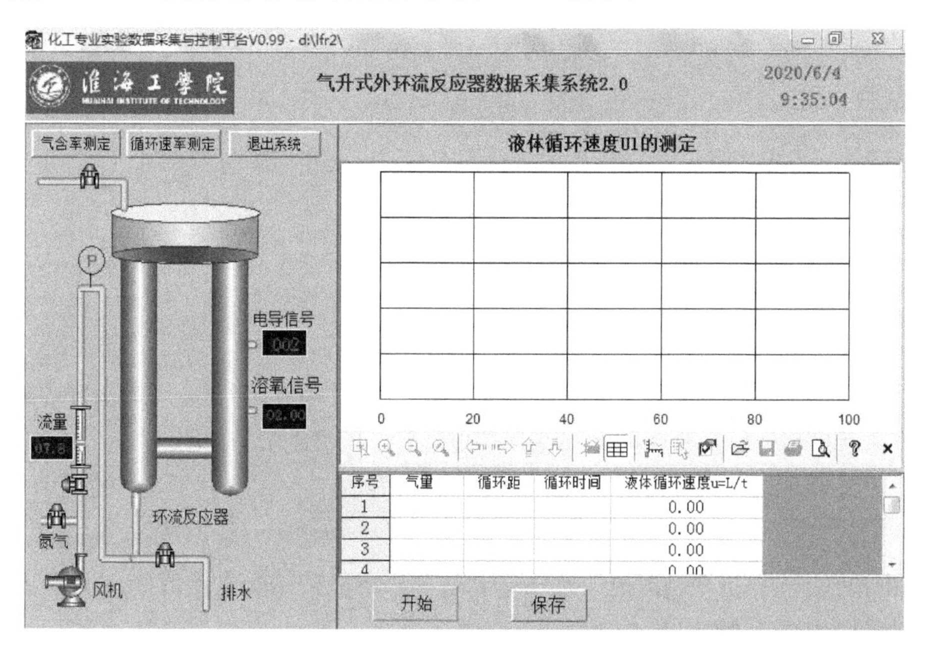

图5-12-6　液体循环速度实验数据计算机采集界面

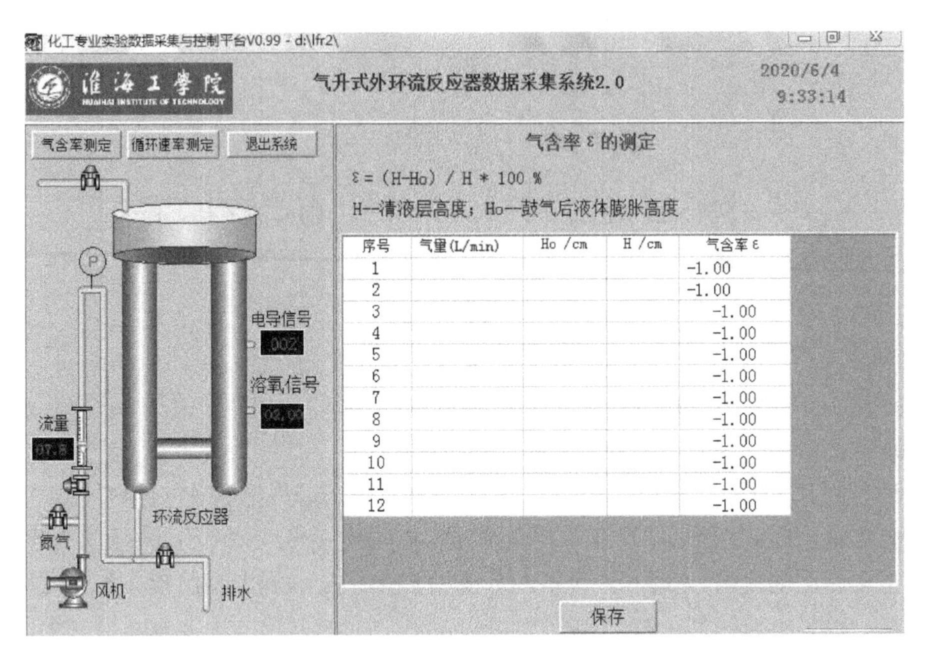

图 5-12-7　气含率 ε 实验数据计算机采集界面

(3) 氧体积传质系数 K_La 的测定

氧体积传质系数 K_La 是衡量反应器传质特性的重要参数之一。本实验采用动态氧浓度法来测定气升式环流反应器的液相氧体积传质系数 K_La。

操作步骤：首先向反应器中通入 N_2 以排除水中的溶解氧，使其氧浓度降到一定的程度。然后再迅速切换到向塔中鼓空气，在计算机采集的屏幕上就得到一条氧浓度上升的曲线，定出初始浓度 C_{L0} 和最终平衡浓度 C^*，则氧浓度的动态值 $C_L(t)$ 可用下式表示：

$$\frac{dC_L(t)}{dt}=K_La[C^*-C_L(t)] \tag{5-12-6}$$

两边积分，得总体积传质系数 K_La：

$$\ln\frac{C^* C_{L0}}{C^*-C_L(t)}=t\cdot K_La \tag{5-12-7}$$

或

$$K_La=\frac{1}{t}\times\ln\frac{C^*-C_{L0}}{C^*-C_L(t)} \tag{5-12-8}$$

式中：C^*——平衡氧浓度(%)；C_{L0}——初始氧浓度(%)；$C_L(t)$——测试过程瞬时氧浓度(%)；总体积传质系数 K_La 也可采用输出信号电压值表示为：

$$K_La=\frac{1}{t}\times\ln\frac{U^*-U_{L0}}{U^*-U_L(t)} \tag{5-12-9}$$

式中：U^*——溶氧平衡时电压值(mv)；U_{L0}——溶氧初始时电压值(mv)；$U_L(t)$——通入空气过程中电压瞬时值(mv)。

氧体积传质系数 K_La 的计算机组态王软件实验数据采集界面如图 5-12-8 所示。

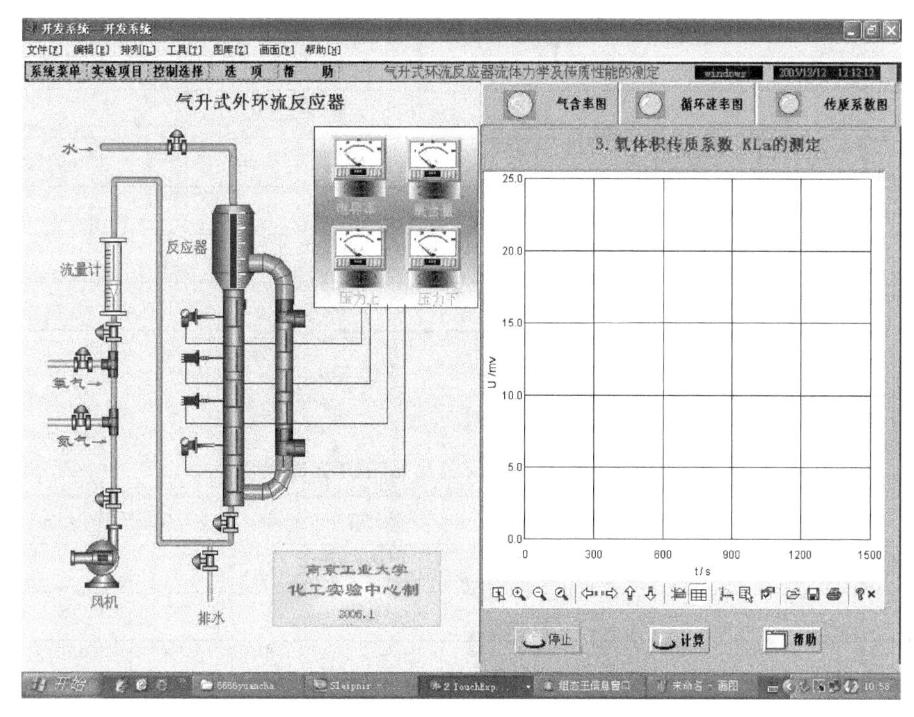

图 5-12-8　氧体积传质系数实验数据计算机采集界面

(4) 实验步骤

① 先将前次电导测量时塔中的盐水排掉，装上氧探头，开启测氧仪，关排水阀 6，开进水阀 7，将水放至反应器内一定高度；

② 关空气阀 1，开 N_2 进气阀 3，打开 N_2 钢瓶总阀(逆时针旋转为开)，旋动减压阀把手(顺时针旋转为开)，开启进气阀 5，这时 N_2 就被鼓入塔中，用以驱赶液体中的溶解氧(为了节约 N_2，将气量调至 0.2 m^3/h～0.4 m^3/h，能够使得塔中液体循环起来就可以了，并将塔顶盖上盖子)。在计算机采集的屏幕上得到一条氧浓度下降的曲线，待氧浓度下降到 3%～4%时，停止鼓 N_2，转而切换为鼓空气；

③ 关 N_2 减压阀(逆时针旋转为关)，开空气阀 1，关 N_2 进气阀 3，将计算机采集界面的氧浓度下降曲线清除，重新开始采集，启动气泵，开进气阀 5，调节阀 4(可与放空阀 2 配合调节)，将气量调节为一个数值(如 0.5 m^3/h)，这时在计算机采集屏幕上会出现一条氧浓度上升的曲线，待氧浓度的曲线上升到一定的值基本走平后。在计算机采集屏幕上点击"停止"按钮，再点击"计算"按钮，进入 Excel 进行实验数据的处理，求出该气量下的液相氧体积传质系数 K_La 的数值。

【实验数据记录】

(1) 气含率 ε 的测定

气含率 ε 的测定数据列入表 5-12-1。

表 5-12-1　气含率 ε 实验数据记录表

序号	气量(m^3/h)	清液层高度 H_0(m)	液体膨胀高度 H(m)	气含率 ε
1				
2				
3				
4				
5				

(2) 液体循环速度 u_L 的测定

测定的液体循环速度 u_L 数据列入表 5-12-2。

表 5-12-2　液体循环速度 u_L 的测定数据

序号	气量(m^3/h)	循环距离 L(m)	循环时间 t(s)	液体循环速度 u_L(m/s)
1				
2				
3				
4				
5				

(3) 总体积传质系数 K_La 的测定

本实验采用动态法来测定气升式环流反应器的液相体积传质系数 K_La。根据方程(5-12-7)：

式
$$\ln\frac{C^*-C_{L0}}{C^*-C_L(t)}=K_La\cdot t$$

方程(5-12-7)是一直线方程，以横轴为时间 t；纵轴取准数浓度的对数值，所得直线的斜率即为总体积传质系数 K_La。将计算所得的氧体积传质系数 K_La 数据列入表 5-12-3。

表 5-12-3　总传质系数 K_La 的测定数据

序号	气量(m^3/h)	拟合直线公式	方差 R^2	氧体积传质系数 K_La(1/s)
1				
2				
3				
4				
5				

【实验数据处理】

(1) 气含率 ε 的计算

气含率 ε 的测量计算采用式(5-12-1)：

$$\varepsilon=\frac{(H-H_0)}{H}\times 100\%$$

计算举例：如 $H_0=910$ mm；$H=930$ mm，则气含率 $\varepsilon=2.15\%$。

(2) 液体循环速度 u_L 的计算

液体循环速度 u_L 的计算采用公式(5-12-2)：

$$u_L=\frac{L}{t}$$

计算举例：如外环流反应器：$L=2.68$ m(已知值)；$t=15.9$ s(测定值)，则 $u_L=0.17$ m/s。

(3) 氧体积传质系数 K_La 的计算

计算举例：

① 在计算机上采集氧浓度上升的数据，进入 Excel 进行实验数据的处理。

② 选定 A、B 两列(其中 A 为时间轴坐标，B 为氧浓度轴坐标)，用“图表向导”作 xy 散点图，要求拟合成光滑曲线，点击“完成”，在坐标图上可得到一条氧浓度上升的曲线。

③ 在曲线上确定起点氧浓度对应的电压值 U_{L0} 和对应的时间 t_0，例如 $U_{L0}=2.525$，$t_0=8$；再到曲线上确定终点氧浓度对应的电压值 U^* 和对应的时间 t^*，例如 $U^*=18.625$，$t^*=286$。记下这两组数据，重新开启一列 C 列。在 $t_0=8$ 这一行(例如该行的序号为 3)的 C 列内书写公式：=ln((18.625−2.525)/(18.625−b3))并回车，得到结果：0。将 0 选定，在该方框内右下角出现细十字时，下拉整个 C 列，则在 C 列中就得到一组按上述公式取对数后的值。略去最后面一些无意义的数，选 A 列和 C 列用“图表向导”再作 xy 散点图(用 Ctrl 键控制，跳过 B 列)，得到一根近似的直线。略去直线后段线性不好的部分，重新作 xy 散点图，得到一根线性较好的直线，将光标箭头放在直线上，点右键，选“添加趋势”，选“显示公式”、“显示 R^2”，得到拟合的直线方程为：$y=0.0132x-0.9615$；$R^2=0.9985$。说明实验数据点拟合较好，则液相体积传质系数 K_La 就是该拟合直线的斜率，即：$K_La=0.0132$，就是该气量下的液相体积传质系数。

④ 改变气量，可得到不同气量下的液相氧体积传质系数。

【实验结果和讨论(思考题)】

(1) 给出实验的主要结果。

(2) 思考题：

① 试说明气升式环流反应器是如何得以循环起来的？

② 当进气量变化时，气含率、液体循环速度和氧体积传质系数是如何变化的？

③ 你认为气升式环流反应器是瘦高型的传质性能好，还是矮胖型的传质性能好？

④ 实验中所测量的气含率、液体循环速度和氧体积传质系数等 3 个参数对指导工程放大有何意义？

【实验注意事项】

(1) 做测量气含率的实验时，当气量比较大时，反应器内气泡翻滚剧烈，此时要用尺子平着测量塔内液体平均高度。

(2) 做测量液体循环速度的实验时，应在计算机采集系统开始采样后，瞬间倒入饱和盐水。

(3) 做测量氧体积传质系数的实验时，应注意节约使用 N_2。在通 N_2 时，最好将反应器上方盖上盖子。

实验 13　鼓泡反应器中气泡比表面及气含率测定

【实验目的】

气液鼓泡反应器中的气泡表面积和气含率，是判别反应器中物料流动状态和传质效率的重要参数。气含率是指反应器中气相所占的体积分率，其测定方法有体积法、重量法、光学法等。气含率是决定气泡比表面的重要参数，许多学者采用物理或化学法对气泡比表面进行了系统地测定和研究，确定了气泡比表面与气含率的计算关系。本实验的目的为：

① 研究安静鼓泡流、湍动鼓泡流状况下气含率和气液比表面数据，了解气液鼓泡反应器中强化传质的工程手段；

② 掌握静压法测定气含率的原理与方法；

③ 掌握气液鼓泡反应器的实验操作方法；

④ 通过作图关联或最小二乘法数据拟合，掌握气液比表面的估算方法。

【实验原理】

(1) 气含率

气含率是表征气液鼓泡反应器流体力学特性的基本参数之一，它直接影响反应器内的气液接触面积，从而影响传质速率与宏观反应速率，是气液鼓泡反应器的重要设计参数。测定气含率的方法很多，静压法是较精确的一种，可测定反应器内的平均气含率，也可测定器内某一水平位置的局部气含率。静压法的测定原理可用伯努利方程来解释，根据伯努利方程有：

$$\varepsilon_G=1+\left(\frac{g_c}{\rho_L g}\right)\frac{dp}{dH} \tag{5-13-1}$$

采用 U 形压差计测量时，两测压点间的平均气含率为：

$$\varepsilon_G=\frac{\Delta h}{H} \tag{5-13-2}$$

当气液鼓泡反应器空塔气速改变时，气含率 ε_G。会做相应变化，一般有如下关系：

$$\varepsilon_G \propto u_G^n \tag{5-13-3}$$

n 取决于流动状况。对安静鼓泡流，n 值为 0.7～1.2；在湍动鼓泡流或过渡流区，u_G^n

影响较小，n 为 0.4～0.7。

假设

$$\varepsilon_G = k u_G^n \tag{5-13-4}$$

则

$$\lg \varepsilon_G = lg k + n \lg u_G^n \tag{5-13-5}$$

根据不同气速下的气含率数据，以 $\lg \varepsilon_G$ 对 $\lg u_G^n$ 作图标绘，或用最小二乘法进行数据拟合，即可得到关系式中参数 k 和 n 值。

(2) 气泡比表面积

气泡比表面积是单位液相体积的相界面积，也称气液接触面积或比相界面积。比表面积也是气液鼓泡反应器设计的重要参数。许多学者采用光透法、光反射法、照相技术、化学吸收法和探针技术等对气液比表面积进行测定，虽然每种测试技术都存在着一定的局限性，但形成了比较公认的表述方法，即：

气泡比表面积 a 可由平均气泡直径 d_B 与相应的气含率 ε_G 计算：

$$a = \frac{6\varepsilon_G}{d_B} \tag{5-13-6}$$

Gestrich 对许多学者提出的计算 a 的关系式进行整理和比较，得到了计算 a 值的公式：

$$a = 2\,600 \left(\frac{H_0}{D}\right)^{0.3} K^{0.003} \varepsilon_G \tag{5-13-7}$$

方程式适用范围：$u_G \leqslant 0.60$ m/s；$2.2 \leqslant \frac{H_0}{D} \leqslant 24$；$5.7 \times 10^5 \leqslant K < 10^{11}$。

因此，在一定的气速 u_G 下，测定反应器的气含率 ε_G 数据，就可以间接得到气液比表面积 a。Gestrich 经大量数据比较，其计算偏差在±15%之内。

【预习与思考】

① 试叙述静压法测定气含率的基本原理。

② 气含率与哪些因素有关？

③ 气液鼓泡反应区内流动区域是如何划分的？

④ 如何获得反应器内气液比表面积 a 的值？

【实验装置与流程】

实验装置见图 5-13-1。气液相鼓泡反应器直径为 200 mm，高 H 为 2.5 m，气体分布器采用十字形，并有若干小孔使气体达到一定的小孔气速。反应器用有机玻璃管加工，便于观察。壁上沿轴向开有一排小孔与 U 形压力计相接，用于测量压差。

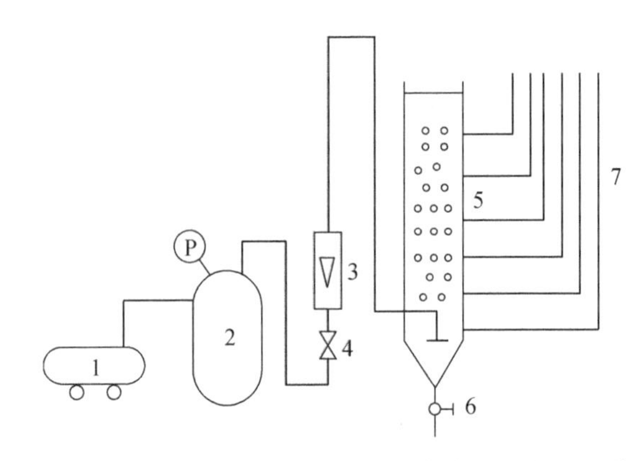

图 5-13-1　鼓泡反应器气泡比表面及气含率测定实验装置

由空气压缩机来的空气经转子流量计计量后，通过鼓泡反应器的进口；反应器预先装水至一定高度；气体经气体分布器通入床层，并使床层膨胀，记下床层沿轴向的各点压力差数值。改变气体通入量可使床层含气率发生变化，并使床层气液相界面相应变化。

【实验步骤及方法】

① 将清水加入反应器床层中，至一定刻度(2 m 处)。

② 检查 U 形压力计中液位在一个水平面上，防止有气泡存在。

③ 通空气开始鼓泡，并逐渐调节流量值。

④ 观察床层气液两相流动状态。

⑤ 稳定后记录各点 U 形压力计刻度值。

⑥ 改变气体流量，重复上述操作(可做 8～10 个条件)。

⑦ 关闭气源，将反应器内清水放尽。

【实验数据处理】

气体流量可在空塔气速为 0.05～0.50 m/s 中选取 8～10 个实验点。

记录下每组实验点的气速，各测压点读数，并由公式(5-13-2)，计算每两点间的气含率，从而求出全塔平均气含率 ε_G；按不同空塔气速 u_G 下的实验结果，在双对数坐标纸上以 ε_G 对 u_G 进行标绘，或用最小二乘法拟合，可以得到式(5-13-4)之参数 K 和 n。

利用式(5-13-7)计算不同气速 u_G 下的气泡比表面积 u_G，并在双对数坐标纸上绘出 a 与 u_G 的关系曲线。

【结果及讨论】

① 分析气液鼓泡反应器内流动状态的变化。

② 根据实验结果讨论 ε_G 与 u_G 关系，并分析实验误差。

③ 由计算结果分析气泡比表面积与 u_G 的变化关系。

【主要符号说明】

a——气泡比表面积，m^2/m^3；
d_B——气泡平均直径，m；
D——塔直径，m；
g_c——转换因子；
H_0——静液层高度，m；
Δh——两测压点间 U 形压差计液位差，m；
H——两测压点间的垂直距离，m；
K——液体模数，$K=\frac{\rho\sigma^3}{g\mu^4}$；
k，n——关联式常数；
u_G——空塔气速，m/s；
ρ_L——液体密度，kg/m^3；
ε_G——气含率。

参考文献

[1] 姜信真. 气液反应理论与应用基础[M]. 北京：烃加工出版社，1990.

第 6 章　化工分离技术实验

实验 14　恒沸精馏

【实验目的】

恒沸精馏是一种特殊的精馏方法，其原理是通过加入一种分离媒质(亦称夹带剂)，使之与被分离系统中的一种或几种物质形成最低恒沸物，以恒沸物的形式从塔顶蒸出，从而在塔釜得到纯目标产物。此法常用来分离恒沸物或沸点相近的难分离物系。本实验采用恒沸精馏的方法制备无水乙醇，拟达到如下教学目的：

① 加深对恒沸精馏原理、操作特点以及应用场合的认知；

② 掌握恒沸精馏装置的构造和正确操控方法；

③ 结合相图分析实验数据，了解夹带剂的选择和夹带剂用量对恒沸精馏收率的影响；

④ 培养团队协作精神，通过有效沟通与合作完成实验任务；

⑤ 能够辨别乙醇-水恒沸精馏过程中的潜在危险因素，掌握安全防护措施，具备事故应急处置能力。

【实验原理】

在常压下，用常规精馏的方法分离乙醇-水溶液，最多只能得到质量浓度为 95%左右的乙醇(即工业乙醇)，这是因为乙醇与水形成了最低恒沸物的缘故。恒沸物的沸点为 78.15 ℃，与乙醇的沸点 78.30 ℃十分接近，因此，采用常规精馏无法获得无水乙醇。本实验以正己烷为夹带剂，研究了恒沸精馏制备无水乙醇的方法。

恒沸精馏过程的研究，通常包括以下几个内容：

(1) 夹带剂的选择

夹带剂的选择是决定恒沸精馏成败的关键。一个理想的夹带剂应满足如下条件：

① 必须至少与原溶液中一个组分形成最低恒沸物，且恒沸物的沸点比溶液中任一组分的沸点低 10 ℃以上；

② 在形成的恒沸物中，夹带剂的含量应尽可能少，以减少夹带剂的用量，降低成本；

③ 回收容易，最好能形成非均相恒沸物，或可通过萃取、精馏等常规方法加以回收；

④ 具有较小的汽化潜热，以节省能耗；

⑤ 价廉、来源广、无毒、热稳定性好与腐蚀性小等。

采用恒沸精馏制备无水乙醇，适用的夹带剂有苯、正己烷、环己烷、乙酸乙酯等。这些物质在乙醇-水系统中都能形成多种恒沸物，其中的三元恒沸物在室温下又可以分为两相，一相富含夹带剂，另一相富含水，前者可以循环使用，后者容易分离，因此使得整个分离过程大为简化。表 6-14-1 给出了几种常用的恒沸剂及其形成三元恒沸物的有关数据。

表 6-14-1　常压下夹带剂与水、乙醇形成三元恒沸物的数据

组分			各纯组分沸点/℃			恒沸温度/℃	恒沸组成(质量分数)/%		
1	2	3	1	2	3		1	2	3
乙醇	水	苯	78.3	100	80.1	64.85	18.5	7.4	74.1
乙醇	水	乙酸乙酯	78.3	100	77.1	70.23	8.4	9.0	82.6
乙醇	水	三氯甲烷	78.3	100	61.1	55.50	4.0	3.5	92.5
乙醇	水	正己烷	78.3	100	68.7	56.00	11.9	3.0	85.02

本实验选用正己烷为恒沸剂制备无水乙醇。当正己烷被加入乙醇-水系统后可形成四种恒沸物，一是乙醇-水-正己烷三者形成的三元恒沸物，二是它们两两之间形成的三个二元恒沸物。各种恒沸物的性质如表 6-14-2 所示。

表 6-14-2　乙醇-水-正己烷三元系统恒沸物性质

物系	恒沸点/℃	恒沸组成(质量分数)/%			在恒沸点分液的相态
		乙醇	水	正已烷	
乙醇-水	78.174	97.57	4.43		均相
水-正己烷	61.55		5.6	94.40	非均相
乙醇-正已烷	58.68	21.02		78.98	均相
乙醇-水-正己烷	56.00	11.98	3.00	85.02	非均相

(2) 确定夹带剂的添加量

恒沸精馏与普通精馏不同，其精馏产物的组成不仅与塔的分离能力有关，而且与夹带剂的添加量有关。因为精馏塔中的温度分布是沿塔自下而上逐步降低的过程，不会出现温度极值点，因此只要塔的分离能力(回流比、塔板数)足够大，塔顶应为泡点温度最低的产物，塔底应为泡点温度最高的产物。如果物料在全浓度范围内，泡点温度出现极值点，则该点将成为精馏路线的障碍，切断精馏路线。因此，在恒沸精馏系统中，由于各种恒沸物形成的温度极值点，将精馏路线切割成不同的区域，称为精馏区。原料总组成落在不同的精馏区，将得到不同的精馏产物，而夹带剂的加入量直接影响原料总组成，因而影响精馏产物。

以正己烷为夹带剂制备无水乙醇的恒沸精馏过程可以用图 6-14-1 加以说明。图中 A、B、W 点分别表示乙醇、正已烷和水的纯物质，C、D、E 点分别代表三个二元恒沸物，T 点为 $A-B-W$ 三元恒沸物。曲线 BNW 为三元混合物在 25 ℃时的溶解度曲线。曲线以下为两相共存区，以上为均相区，该曲线受温度的影响而上下移动。由图可见，三元恒沸物的组成点 T 在室温下处于两相区内。

以 T 点为中心，连接三种纯物质 A、B、W 和三个二元恒沸组成点 C、D、E，可将三角形相图分成六个小三角形区域，每个区域为一个精馏区。当塔顶混相回流（即回流液组成与塔顶上升蒸气组成相同）时，如果原料液的组成落在某个精馏区内，那么间歇精馏的结果只能得到这个精馏区三个顶点所代表的物质。因此，要想得到无水乙醇，必须使原料液组成落在包含顶点 A 的精馏区内。满足此条件的精馏区有两个即 ATD 和 ATC，但 ATC 精馏区涉及乙醇-水的二元恒沸物与乙醇的分离问题，两者沸点相差极小，仅 0.15 ℃，很难分离，而 ATD 精馏区内乙醇-正己烷的恒沸物与乙醇的分离比较容易，两者沸点相差 19.62 ℃，因此，确定夹带剂添加量的基本原则就是确保原料液总组成落在 ATD 精馏区内。

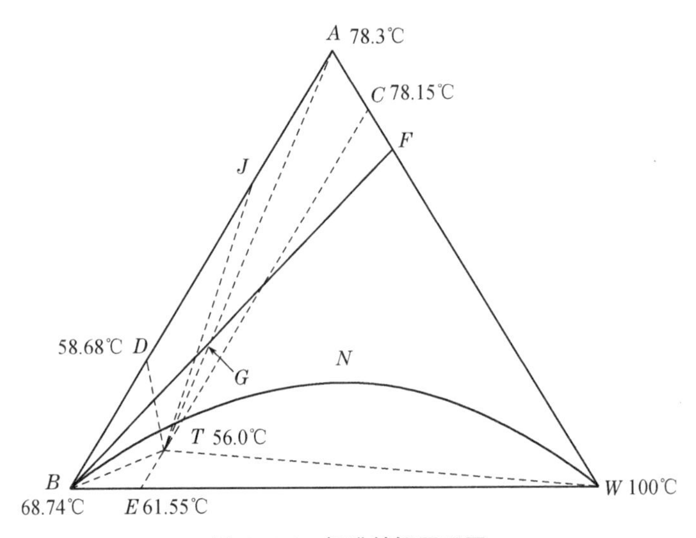

图 6-14-1　恒沸精馏原理图

图中 F 代表乙醇-水混合物的组成，随着夹带剂正己烷的加入，原料液的总组成将沿着 FB 线向着 B 点方向移动，当总组成点移动到 AT 线与 FB 线的交点 G 时，夹带剂的加入量称作理论夹带剂用量，它是达到分离目的所需最少的夹带剂用量，此时，如果塔有足够的分离能力，则间歇精馏时三元恒沸物从塔顶馏出（56 ℃），釜液组成就沿着 TA 线向 A 点移动。但实际操作时，通常使夹带剂适当过量，以确保总组成点落入 ATD 精馏区，使塔釜乙醇脱水完全。在 ATD 精馏区进行间歇精馏，塔顶首先得到三元恒沸物 T，随后得到沸点略高的二元恒沸物 D，最后在塔釜得到无水乙醇。

如果将塔顶三元恒沸物（图中 T 点，56 ℃）冷凝后分成两相。将富含正己烷的油相作为回流液，则正己烷的添加量可低于理论用量。分相回流也是实际生产中普遍采用的方法。它的突出优点是夹带剂用量少，夹带剂提纯的费用低。

夹带剂理论用量的计算可利用三角形相图按物料平衡式求解之。若原溶液的组成为 F 点，加入夹带剂 H 以后，原料的总组成移到 G 点，则以单位原料液 F 为基准，对水作物料衡算，得：

$$DX_{D水}=FX_{F水}$$

$$D=FX_{F水}/X_{D水}$$

夹带剂 H 的理论用量 M 为：

$$M=DX_{DB}$$

式中：F——进料量；D——塔顶三元恒沸物量；M——夹带剂理论用量；X_{F_i}——原料中组分 i 的含量；X_{D_i}——塔顶恒沸物中组分 i 的含量。

(3) 夹带剂的加入方式

夹带剂一般可随原料一起加入精馏塔中，若夹带剂的挥发度比较低，则应在加料板的上部加入，若夹带剂的挥发度比较高，则应在加料板的下部加入。目的是保证全塔各板上均有足够的夹带剂浓度。

【预习与思考】

① 恒沸精馏适用于什么物系？

② 恒沸精馏对夹带剂的选择有哪些要求？

③ 恒沸精馏中确定夹带剂用量的原则是什么？

④ 夹带剂的加料方式有哪些？目的是什么？

⑤ 恒沸精馏产物与哪些因素有关？

⑥ 用正己烷作为夹带剂制备无水乙醇，那么在相图上可分成几个区？如何分？本实验拟在哪个区操作？为什么？

⑦ 如何计算夹带剂的加入量？

⑧ 需要采集哪些数据，才能作全塔的物料衡算？

⑨ 采用分相回流的操作方式，夹带剂用量可否减少？

⑩ 提高乙醇产品的收率，应采取什么措施？

⑪ 实验精馏塔有哪几部分组成？说明动手安装的先后次序，理由是什么？

⑫ 设计原始数据记录表。

【实验装置与流程】

实验所用的精馏柱为内径 20 mm 的玻璃塔，塔内分别装有不锈钢三角形填料，压延孔环填料，填料层高 1 m。塔身采用真空夹套以便保温。塔釜为 1 000 mL 的三口烧瓶，其中位于中间的一个口与塔身相连，侧面的一口为测温口，用于测量塔釜液相温度，另一口作为取样口。塔釜配有 350 W 电热碗，加热并控制釜温。经加热沸腾后的蒸气通过填料层到达塔顶，塔顶采用一特殊的冷凝头，以满足不同操作方式的需要。既可实现连续精馏操作，又可进行间歇精馏操作。塔顶冷凝液流入分相器后，分为两相，上层为油相富含正己烷，下层富含水，油相通过溢流口回流，回流量用考克控制。实验装置如图 6-14-2 所示。实验中采用组态王数据采集系统，实验装置和数据采集系统界面如图 6-14-3 和 6-14-4。

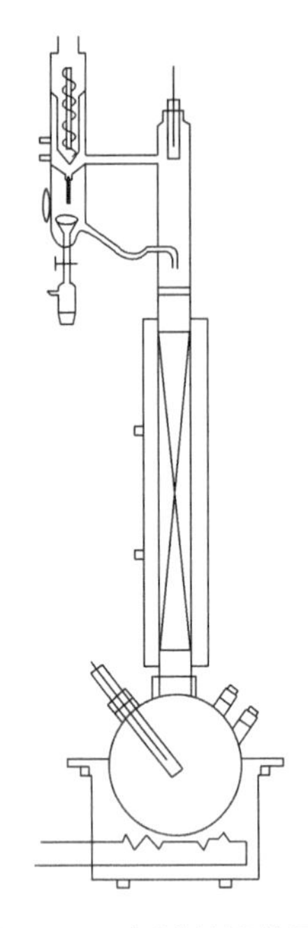

图 6-14-2　恒沸精馏装置图

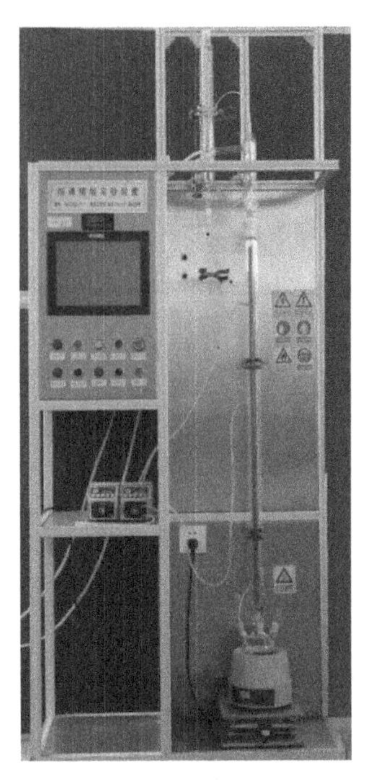

图 6-14-3　恒沸精馏装置图

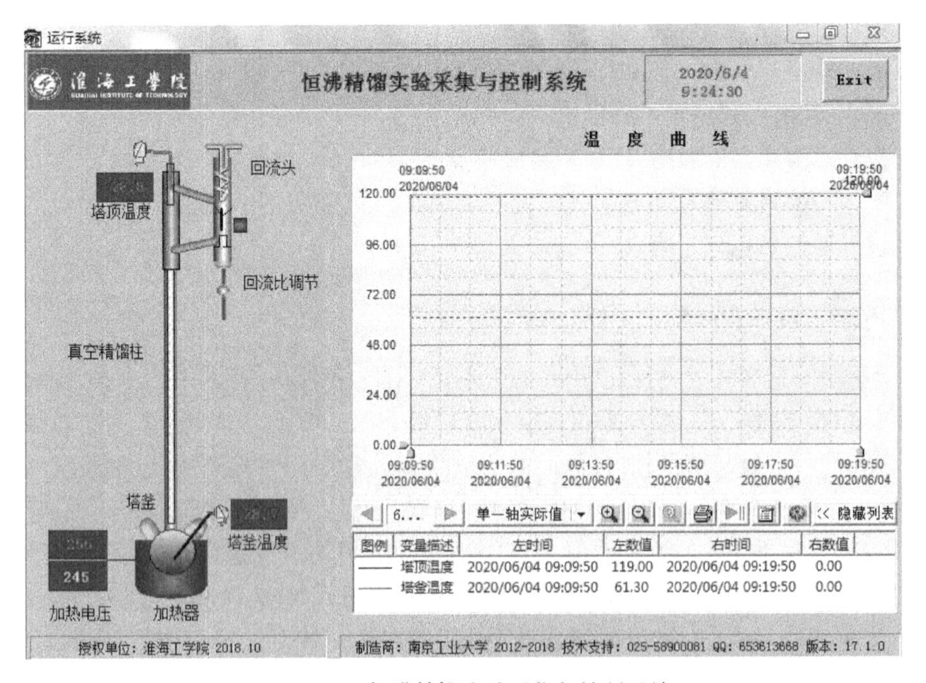

图 6-14-4　恒沸精馏实验采集与控制系统

【实验步骤及方法】

① 称取150 g　95%(体积分数)乙醇(以色谱分析数据为准),按夹带剂的理论用量算出正己烷的加入量。

② 将配制好的原料加入塔釜中,开启塔釜加热电源及塔顶冷却水。

③ 当塔顶有冷凝液时,小心调节回流考克,控制油相回流量。

④ 每隔20 min记录一次塔顶、塔釜温度,当塔顶温度升到77.8 ℃或者釜液纯度达99.5%以上即可停止实验。

⑤ 取出分相器中的富水相,称重并进行分析,同时,取富油相分析其组成。

⑥ 称取塔釜产品的质量。

⑦ 切断电源,关闭冷却水,结束实验。

⑧ 实验中各点的组成均采用气相色谱分析法分析。

【实验数据处理】

① 作间歇操作的全塔物料衡算,推算出塔顶三元恒沸物的组成。

② 根据表6-14-3的数据,画出25 ℃下,乙醇-水-正己烷三元系溶解度曲线,标明恒沸物组成点,画出加料线。

③ 计算本实验过程的收率。

表6-14-3　水-乙醇-正己烷25 ℃液液平衡数据

水相(摩尔分数)/%			油相(摩尔分数)/%		
水	乙醇	正己烷	水	乙醇	正己烷
69.423	30.111	0.466	0.473	1.297	98.230
40.227	56.157	3.616	0.921	6.482	92.597
26.643	64.612	8.745	1.336	12.540	86.124
19.803	65.678	14.518	2.539	20.515	76.946
15.284	61.759	22.957	3.959	30.339	65.702
12.879	58.444	28.677	4.939	35.808	59.253
11.732	56.258	32.010	5.908	38.983	55.109
11.271	55.091	33.638	6.529	40.849	52.622

【结果与讨论】

① 将算出的三元恒沸物组成与文献值比较,求出其相对误差,并分析实验过程产生误差的原因。

② 根据绘制的相图,结合进料点、水相、油相的组成对实验结果作简要说明。

③ 讨论本实验过程中影响乙醇收率的因素。

参考文献

[1] 许其佑.有机化工分离工程[M].上海:华东化工学院出版社,1990.
[2] 华东理工大学等.化学工程实验[M].北京:化学工业出版社,1996.
[3] Sorensen J M. Liquid-Liquid Equilibrium Data Collection, Chemistry Data Series, Vol. V, Part2 [M]. Frankfurt: Deutsche Gesellschaft für chemisches Apparatewesen, 1981.

实验 15 熔融结晶分离提纯对二氯苯

【实验目的】

结晶是固体物质以晶体状态从蒸气、溶液或熔融物中析出的过程。利用被分离组分间熔点的差异,通过结晶技术实现组分的分离与提纯是化工生产中经常采用的方法,尤其在精细有机化工产品的生产中,各种同分异构体的混合物由于组分间的沸点相近,很难用精馏的方法分离。因此,利用熔点差异进行结晶分离成为首选的方法。本实验以邻位和对位二氯苯的混合物为分离对象,采用分步结晶和发汗结晶方法分离提纯对二氯苯。拟达到如下目的:

① 结合邻、对二氯苯固液平衡相图以及此二元物系的特征,对比此物系结晶分离和精馏法的可行性;

② 掌握隔膜泵和毛细管气相色谱的工作原理和操作方法;

③ 通过完成结晶分离各实验操作,分析影响降膜结晶传热传质过程、产品收率和纯度的因素,从而推断实验降膜结晶器特殊结构的设计原因;

④ 培养团队协作精神,通过有效沟通与合作完成实验任务;

⑤ 能够辨识二氯苯降膜结晶实验过程中的潜在危险因素,掌握安全防护措施,具备事故应急处置能力。

【实验原理】

在工业生产中,混合二氯苯主要有两个来源:其一,由苯定向氯化法制得,组成为对二氯苯(PDCB)87%~90%,邻二氯苯(ODCB)10%~13%;其二,源于氯苯生产的副产物,组成为 PDCB 65%~70%,ODCB 30%~35%。由于应用上对 ODCB 和 PDCB 的纯度要求都比较高,尤其是 PDCB 要求纯度达 99.9%以上,因此,必须对混合二氯苯进行分离。

为寻找分离的依据,对两者的物理性质进行比较,发现沸点相差很小(PDCB174 ℃,ODCB179 ℃),熔点却相差颇大(PDCB 53 ℃,ODCB 17 ℃),表明结晶分离比精馏法更具可行性。从邻、对二氯苯的固液平衡相图 6-15-1 可见,两者的混合物属共熔型物系,在 24.4 ℃存在共晶点,共晶组成为 PDCB 15%、ODCB 85%,要制得目的产物对二氯苯,晶析操作必须在 A 区内进行,而上述来源的混合二氯苯原料其组成正好位于该区内,故采取以温度为调控手段的分步熔融结晶法,可实现对二氯苯分离提纯的目的。

若根据邻、对二氯苯的固液平衡相图来分析结晶过程，理论上讲，任一组成为 F，温度为 T_0 的混合物 M，通过缓慢冷却降温至 T_1，应该得到纯 PDCB 晶体和组成为 C_1 的共晶母液，但实际上，由于母液在晶体表面的吸附以及在晶簇内的包裹，只能得到组成为 S_1 的非纯晶体。所以，必须采用多级分步结晶的方法来达到提纯晶体的目的，其操作方法及分离原理如相图所示：原料 M 被冷却降温至 T_1，除去母液后，将组成为 S_1 的晶体升温至 T_2，建立新的平衡，得到组成为 C_2 母液和纯度为 S_2 的晶体，晶体纯度提高，同理，再将晶体 S_2 升温至 T_3，将得到组成为 C_3 母液和纯度为 S_3 的晶体，如此逐级升温，便可获得高纯度的 PDCB 晶体产品。据此原理，工业上开发了各种类型的结晶器，采用分步结晶或降膜发汗结晶的方法来分离混二氯苯，获取高纯度的对二氯苯。

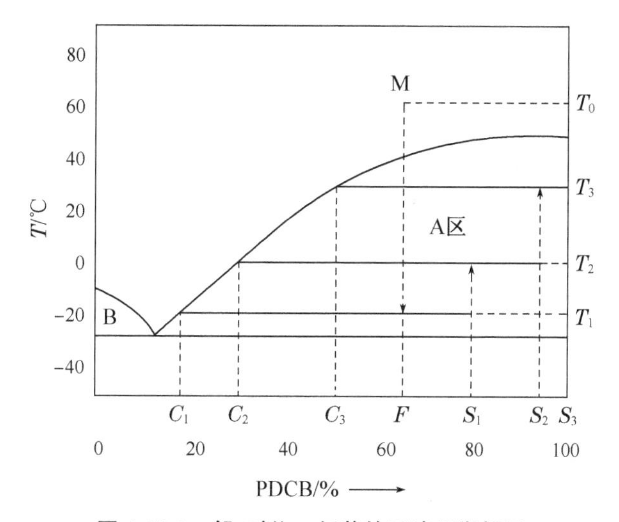

图 6-15-1　邻、对位二氯苯的固液平衡相图

本实验将主要研究双降膜发汗结晶法分离提纯对二氯苯的过程。所谓双降膜发汗结晶，将熔融态的原料液沿结晶器的冷却面膜状分布，并通过冷却面与膜状流动的冷却介质换热，在一定温度下冷冻结晶，形成一定厚度的晶体层，然后，通过冷冻和升温切换操作，逐步升温，使晶体层中的杂质融化渗出(形同晶体"出汗")，达到除杂提纯的目的。

降膜结晶是一个热量、质量同时传递的过程，其动力学特性比较复杂。影响降膜结晶过程的因素有很多，其中最重要的有两个：结晶温度和流动状态。前者可通过冷却介质的温度 T_C 来控制，T_C 可依据相图来选取；后者可用雷诺数(Re)来衡量，在假设膜厚均匀、晶层和液膜呈完美的环隙柱状面的情况下，液膜下降过程中的雷诺数(Re)可按下式计算：

$$Re=\frac{4\Gamma}{\mu}=\frac{4W}{\pi d_0\mu}=\frac{4\rho_L Q}{\pi d_0\mu}$$

式中：Γ——线性喷淋密度，kg/(m・s)；μ——动力黏度，Pa・s；ρ_L——料液密度，kg/m^3；W——料液循环质量流量，kg/s；Q——料液循环体积流量，m^3；d_0——降膜结晶管的内径(管内降膜)或外径(管外降膜)，m。

从上式可以看出，若忽略料液黏度和密度随温度和组成的变化下，则 Re 仅随料液流量 Q 变化。

【预习与思考】

① 采用单级熔融结晶的方法能否将邻、对二氯苯完全分离？为什么？

② 采用熔融结晶的方法从混合二氯苯中分离提纯对二氯苯，混合的组成为什么必须落在相图的 A 区？如果落在 B 区，得到的晶体是什么？

③ 影响降膜结晶过程的因素有哪些？这些因素是分别通过哪些参数来描述的？

④ 要减少母液在晶体中的附着和裹挟，除了上述的分步结晶或发汗结晶方法外，您认为还可以采取哪些其他的结晶方法？可采取哪些操作手段来迫使母液脱离晶体？

【实验装置及流程】

双降膜结晶装置如图 6-15-2 所示，双降膜结晶装置由结晶器、原料储槽、产品储槽、计量泵和控温设备组成。主体为不锈钢双降膜结晶器，结晶管内径 $d_0=0.027$ m，有效结晶段长度 $L=0.857$ m，容积 $V_C=600$ mL，外设夹套。操作时，原料熔体由计量泵从底部的料液循环储槽送入结晶器顶部分布器后，自上而下沿结晶管内壁呈膜状流下，与管外并流流动的冷却介质换热，熔体中的对二氯苯在内壁结晶。结晶过程连续操作，为防止物料结晶，原料储槽、产品储槽和管线均有保温措施。晶体与母液的组成采用气相色谱分析。

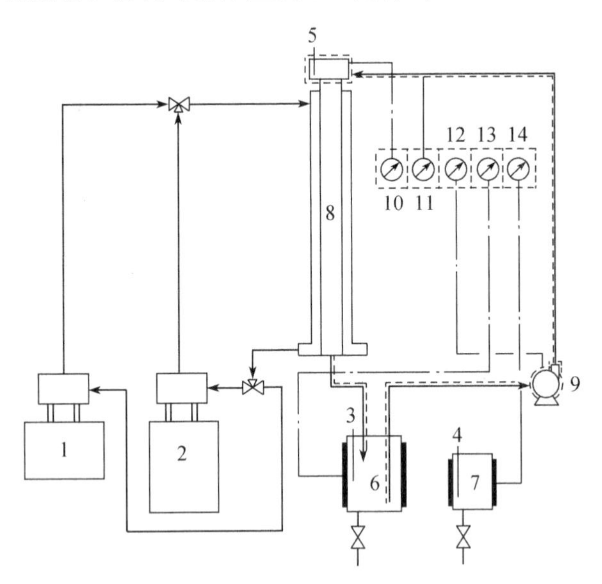

图 6-15-2　双降膜结晶实验装置

1—超级恒温槽；2—低温恒温槽；3～5—水银温度计；6—料液循环储槽；7—产品储槽；8—降膜结晶器；9—隔膜计量泵；10～14—调压电压表

【操作步骤及方法】

① 以纯 PDCB 和 ODCB 为原料，配制质量为 M_F、PDCB 含量为 90%（质量分数）左右的二氯苯混合物作为原料，将原料熔化并加入料液循环储槽中（500～600 mL），取样分析原料组成 C_F。

② 开启装置总电源，调节各保温装置电压表，控制储槽内温度约 70 ℃，使热料液循环。

③ 打开低温恒温槽，将冷却介质的温度控制在 10 ℃，由泵输送入结晶器的冷却介质分布器内，使冷却介质呈膜状沿结晶器的外壁循环流动。

④ 开启料液循环计量泵，通过泵上的冲程调节旋钮控制流量为 V，将料液送入结晶器顶部的分布器内，使料液均匀地沿结晶管内壁降膜结晶，结晶期间，料液通过计量泵保持循环，直至结晶层达到一定的厚度。操作时，注意保持结晶器顶部料液分布器的温度在 60 ℃左右，循环结晶时间约 1 h。结晶过程结束后，停止料液循环，保持冷却介质循环，恒温养晶 30 min，排出残余母液，称取母液总重量 W。

⑤ 将夹套内换热介质的温度升至 60 ℃，使晶体全部熔融，收集融体，称取其质量 M_C，并分析其组成 Y_C。

⑥ 调节循环泵，改变原料液的流量 V（或改变冷却介质温度），重复操作上述操作步骤①～⑤。

【数据处理】

① 实验数据原始记录见表 6-15-1、表 6-15-2。

表 6-15-1　流量实验原始数据记录表

大气压 p_0 ____ kPa；　　室温 t ____ ℃；　　日期：____年____月____日

序号	料液流量 V/(mL/min)	料液重 M_F/g	料液组成(质量分数) C_F/%	晶体重 M_C/g	晶体组成 C_C/%
1					
2					
3					
4					
5					

表 6-15-2　温度实验原始数据记录表

大气压 p_0 ____ kPa；　　室温 t ____ ℃；　　日期：____年____月____日

序号	冷却介质 T_C/℃	料液重 M_F/g	料液组成(质量分数) C_F/%	晶体重 M_C/g	晶体组成 C_C/%
1					
2					
3					
4					
5					

② 数据处理见表 6-15-3。

产品收率：

$$\eta=\frac{M_C Y_C}{M_F Y_F}$$

母液浓度：

$$X_W=\frac{M_F Y_F - M_C Y_C}{W}$$

表 6-15-3　流量实验结果记录表

序号	料液流量 $V/(\mathrm{mL/min})$	晶体质量 M_C/g	晶体纯度（质量分数）$Y_C/\%$	产品收率 $\eta/\%$	母液浓度（质量分数）$X_W/\%$
1					
2					
3					
4					
5					

【结果讨论】

① 根据实验结果，标绘结晶温度与晶体纯度和收率的关系，并讨论结果。

② 根据实验结果，标绘原料流量与晶体纯度和收率的关系，并讨论结果。

③ 根据上述实验结果，可以获得哪些对结晶过程放大有价值的数据？

④ 根据实验体会，分析影响降膜结晶分离效果的设备因素有哪些？为保证原料液膜在结晶器管壁均匀分布，请提出你的设想，并画出草图。

【主要符号说明】

ODCB——邻二氯苯；

PDCB——对二氯苯；

W_i——液体质量，g；

X_i——液体组成，PDCB，%；

Y_i——晶体纯度，PDCB. %；

η——对二氯苯收率。

下标 i 表示实验序号。

参考文献

[1] 丁维绪. 工业结晶[M]. 北京：化学工业出版社，1985.

[2] 乐清华，苏继新，涂晋林. 熔融结晶法提纯二氯苯的研究[J]. 高等化学学报，2001，15：11.

[3] Kalukito Q M, Kesan D S. The high purification technique of products with fusion crystallization [J]. Chemical Plant and Process, 1988, 30: 48.

实验 16　组合膜分离实验开发

【实验目的】

1. 了解膜分离方法的基本原理和应用；
2. 掌握反渗透法盐水淡化技术的操作过程；
3. 掌握膜组件性能测定方法。

【实验原理】

膜是具有选择性分离功能的材料。利用膜的选择性，使溶剂、较小颗粒或分子的溶质通过滤膜，大的颗粒或分子溶质不能透过膜从而被截留分离的操作称为膜分离。

膜分离于 20 世纪初出现，20 世纪 60 年代后迅速崛起，成为一类重要的新型分离技术。膜分离技术由于兼有分离、浓缩、纯化和精制的功能，又有高效、节能、环保、分子级过滤及过滤过程简单、易于控制等特征，目前已广泛应用于食品、医药、生物、环保、化工、冶金、能源、石油、水处理、电子、仿生等领域，产生了巨大的经济效益和社会效益，已成为当今分离科学中最重要的手段之一。按分离物质的大小，将膜分离技术分为反渗透(RO)、纳滤(NF)、超滤(UF)、微滤(MF)等。各种渗透膜对不同物质的截留原理如图 6-16-1 所示。

超滤器的工作原理如图 6-16-2 所示。在一定的压力作用下，当含有高分子(A)和低分子(B)溶质的混合溶液流过被支撑的超滤膜表面时，溶剂(如水)和低分子溶质(如无机盐类)将透过超滤膜，作为透过物被收集起来；高分子溶质(如有机胶体)则被超滤膜截留而作为浓缩液被回收。

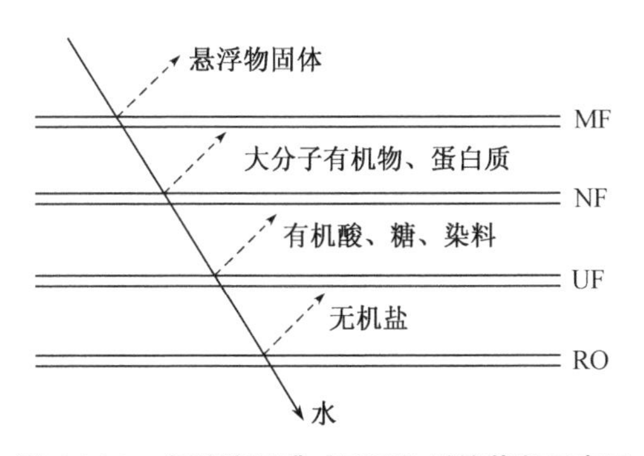

图 6-16-1　各种渗透膜对不同物质的截留示意图

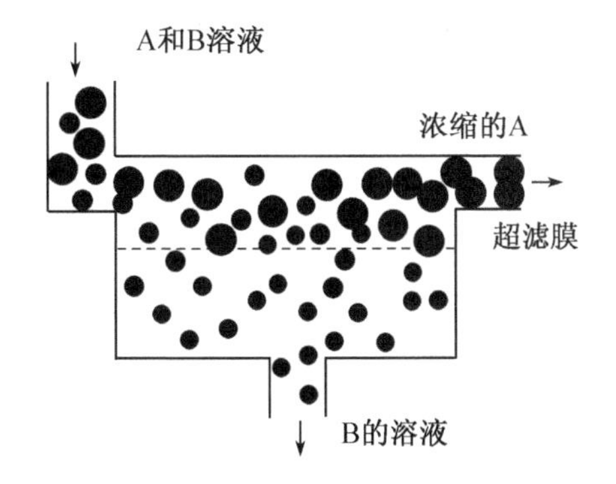

图 6-16-2　超滤器工作原理示意图

反渗透亦称逆渗透(RO)，是在足够的压力下使溶液中的溶剂(通常指水)通过反渗透膜与溶质进行分离的过程。因为它和自然渗透的方向相反，故称反渗透。反渗透膜的孔径约 0.001μm，可以把原水中的杂质，胶体、有机物、重金属、细菌、病毒及其他有害物质都经污水出口排放掉。反渗透技术已经广泛应用于海水淡化、生产纯水、污水处理等领域。

本实验以中空纤维反渗透膜浓缩食盐水制备淡水的过程为例，介绍膜分离操作，其他膜分离可参考进行。

【实验装置与流程】

实验装置如图 6-16-3 所示，料液从储槽经预过滤器去除机械杂质，送离心泵增压后，进入膜组件进行膜分离，将料液分离为浓缩液和透过液，计量后循环回储液槽。

装置将反渗透膜、纳滤膜、超滤膜并联入系统装置，每种膜需单独使用，使用完毕后如需使用其他膜，必须将系统残余料液放空，并进行彻底清洗，以免料液干扰。

透过液和浓缩液分别检测浓度；有机物采用 751 型紫外分光光度计检测，电解质可以用电导率仪测定电导表示溶液浓度。

膜面积：1.1 m^2

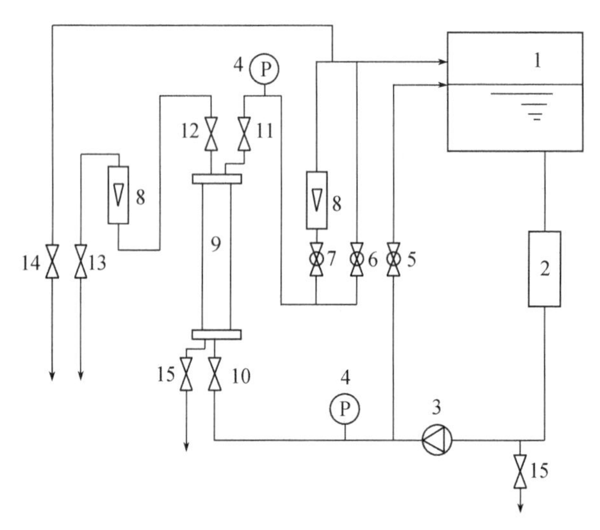

图 6-16-3　组合膜分离实验装置示意图

1—储液槽；2—预过滤器；3—增压泵；4—压力表；5—泵旁路阀；6—浓缩液旁路阀；7—浓缩液调节阀；8—转子流量计；9—膜组件；10—透过液进口阀；11—浓缩液切断；12—透过液切断阀；13—透过液出口阀；14—浓缩液出口阀；15—排液阀

【实验步骤】

(1) 实验前准备工作

① 对储液槽内壁进行清洗，并对储液槽下预过滤器进行清洗。

② 在储液槽内注入一定量的纯水，对管道进行低压清洗。

③ 如膜组件第一次使用，装入不锈钢膜壳，在处理料液前用纯水对膜组件清洗，时间为 20～30 min，以去除新组件中的防腐液。

④ 检查装置中阀门位置是否正确，选择某一膜组件，将其进出口阀打开。

⑤ 工作曲线测定。配置 0～3%浓度范围的 NaCl 溶液，测定电导率，绘制浓度-电导率工作曲线，供实验中从测定的电导率查工作曲线得到 NaCl 浓度。

（2）操作步骤

① 检查系统所有阀门处于关闭状态，打开膜组件的进出口阀，打开泵回路阀5、浓缩液旁路阀6、浓液调节阀7、透过液切断阀12、透过液出口阀13、浓缩液出口阀14；

② 将配制的5 g·L^{-1}左右的NaCl溶液注入储液槽，接通电源，打开总电源开关；

③ 开启输液泵；料液正常循环后（注意排气），逐步关闭泵回路阀5和浓缩液旁路阀6；

④ 逐步调节浓缩液调节阀7，在膜组件的允许范围内调节操作压力到所需值，进行膜组件性能测定时，为保证原料液浓度不变，关闭浓缩液出口阀14，使浓缩液返回储槽，同时用橡皮软管将透过液返回到储槽中；稳定操作5 min后取样分析，取30 mL透过液和浓液分析溶质浓度、记录透过液流量；

⑤ 取样后，继续调节浓缩液调节阀7，改变压力，重复步骤4操作；

⑥ 关闭时，依次打开阀7、6、5，使系统压力小于0.2 Mpa，关闭输液泵。

⑦ 打开系统排夜阀15，排出储槽、管路、膜组件内残余料液；

⑧ 关闭系统排空阀，按照实验准备中的1～4操作步骤，用低压清水（≤0.2 MPa）清洗储槽、管路及膜组件，直至浓缩液、透过液澄清透明为止，可采用分析手段监测膜组件出料口溶质含量接近于零；

⑨ 打开系统排空阀，排出储槽、管路、膜组件内清洗料液；关闭所有阀门，结束实验。

【实验记录与数据处理】

（1）实验数据记录

温度：________℃，原料液浓度：________g·L^{-1}

压力(MPa)					
透过液流量/L·h^{-1}					
电导率	浓缩液				
	透过液				
浓度/mg·L^{-1}	浓缩液				
	透过液				
盐截留率 R(%)					
通量 J/L·m^{-2}·h^{-1}					
盐浓缩倍数 N					

（2）数据处理

① 计算盐截留率（R）：

$$R=\frac{\text{原料液初始浓度}-\text{透过液浓度}}{\text{原料液初始浓度}}\times 100\%$$

② 计算透过液通量(J)：

$$J=\frac{\text{透过液中盐浓度}}{\text{原料液中盐浓度}}\times 100\%$$

③ 计算盐浓缩倍数(N)

$$N=\frac{\text{浓缩液中盐浓度}}{\text{原料液中盐浓度}}\times 100\%$$

(3) 在坐标纸上绘制 $p \sim R$、$p \sim J$ 的关系曲线。

【思考题】

(1) 提高料液的温度对膜通量有什么影响?

(2) 请说明反渗透膜分离的原理。

(3) 超滤组件长期不用时,为何要加保护液?

参考文献

[1] 王晓琳,丁宁. 反渗透和纳滤技术与应用[M]. 北京:化学工业出版社,2005.

[2] 樊雄. 采用反渗透淡水部分循环法制纯净水[J]. 水处理技术,2005,31(1):75-77.

[3] 冯逸仙,杨世纯. 反渗透水处理工程[M]. 北京:中国电力出版社,2000.

实验17　碳分子筛变压吸附提纯氮气

利用多孔固体物质的选择性吸附作用分离和净化气体或液体混合物的过程称为吸附分离。吸附过程得以实现的基础是固体表面过剩能的存在,这种过剩能可通过范德华力的作用吸引物质附着于固体表面,也可通过化学键合力的作用吸引物质附着于固体表面,前者称为物理吸附,后者称为化学吸附。一个完整的吸附分离过程通常是由吸附与解吸(脱附)循环操作构成,由于实现吸附与解吸操作的过程手段不同,过程分变压吸附和变温吸附。变压吸附是通过调节操作压力(加压吸附、减压解吸)完成吸附与解吸的操作循环,变温吸附则是通过调节温度(降温吸附、升温解吸)完成操作循环。变压吸附主要用于物理吸附过程,变温吸附主要用于化学吸附过程。本实验将以空气为原料,以碳分子筛为吸附剂,通过变压吸附的方法分离空气中的氮气和氧气,达到提纯氮气的目的。

【实验目的】

① 掌握碳分子筛变压吸附提纯氮气的基本原理和过程的影响因素;

② 掌握计算机自动控制变压吸附实验装置的操作方法;

③ 掌握吸附床穿透曲线测定的实验组织方法;

④ 利用穿透曲线确定碳分子筛动态吸附容量,了解动态吸附容量的工程意义;

⑤ 培养团队协作精神,通过有效沟通与合作完成实验任务。

【实验原理】

物质在吸附剂(固体)表面的吸附必须经过两个过程,一是通过分子扩散到达固体表面,二是通过范德华力或化学键合力的作用吸附于固体表面,因此,要利用吸附实现混合物的分离,被分离组分必须在分子扩散速率或表面吸附能力上存在明显的差异。

碳分子筛吸附分离空气中的 N_2 和 O_2 就是基于两者在扩散速率上的差异。因为 N_2 和 O_2 都是非极性分子,分子直径十分接近(O_2 为 0.28 nm,N_2 为 0.3 nm),由于两者的物性相近,与碳分子筛表面的结合力差异不大,因此,从热力学(吸附平衡)角度看,碳分子筛对 N_2 和 O_2 的吸附并无选择性,难以使两者分离。然而,从动力学角度看,由于碳分子筛是一种速率分离型吸附剂,N_2 和 O_2 在碳分子筛微孔内的扩散速率存在明显的差异,如35 ℃时,O_2 的扩散速率为 6.2×10^{-5} cm^3(STP)/(cm^2 · s · Pa),N_2 的扩散速率为 2.0×10^{-6} cm^3(STP)/(cm^2 · s · Pa),可见 O_2 的速率比 N_2 快约30倍,因此,当空气与碳分子筛接触时,O_2 将优先吸附于碳分子筛而从空气中分离出来,使空气中的氮气得以提纯。由于该吸附分离过程是一个速率控制的过程,因此,吸附时间的控制(即吸附-解吸循环频率的控制)非常重要。当吸附剂用量、吸附压力、气体流速一定时,适宜的吸附时间可通过测定吸附柱的穿透曲线来确定。

所谓穿透曲线就是出口流体中被吸附物质(即吸附质)的浓度随时间的变化曲线。典型的穿透曲线如图6-17-1所示,由图可见吸附质的出口浓度变化呈S形曲线,在曲线的下拐点(a点)之前,吸附质的浓度基本不变(控制在要求的浓度以下),出口产品是合格的。越过下拐点后,吸附质的浓度随时间增加逐步升高,到达上拐点(b点)后趋近于进口浓度,此时床层已趋于饱和,通常将下拐点(a点)称为穿透点,上拐点(b点)称为饱和点。通常将吸附质出口浓度达到进口浓度的95%的点定为饱和点,而穿透点的出口浓度则根据产品质量的要求来确定,一般略高于目标值。本实验要求出口氮气的浓度≥97%,即出口氧气浓度应≤3%,因此,将穿透点确定为出口氧气浓度为2.5%~3.0%。

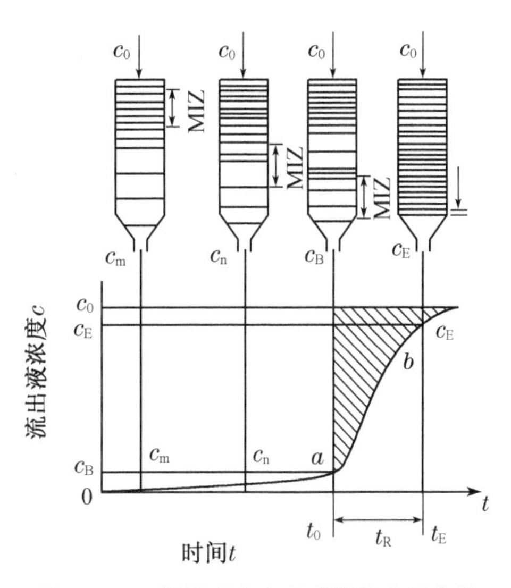

图6-17-1　恒温固定床吸附器的穿透曲线

为确保产品质量,在实际生产中吸附柱有效工作区应控制在穿透点以前,因此,穿透点(a点)的确定是吸附过程研究的重要内容。利用穿透点所对应的时间(t_0)可以确定吸附装置的最佳吸附操作时间和吸附剂的动态吸附容量,而动态吸附容量是吸附装置设计放大的重要依据。

动态吸附容量的定义为:从吸附开始直至穿透点(a点)的时段内,单位重量的吸附剂对吸附质的吸附量(即:吸附质的质量/吸附剂质量或体积)。

即动态吸附容量 $$G=\frac{V_{t_0}(c_0-c_B)}{W}$$

【预习与思考】

① 碳分子筛变压吸附提纯氮气的原理是什么？

② 本实验为什么采用变压吸附而非变温吸附？

③ 如何通过实验来确定本实验装置的最佳吸附时间？

④ 吸附剂的动态吸附容量是如何确定的？哪些参数必须通过实验测定？

⑤ 在本实验中为什么不考虑吸附过程的热效应？哪些吸附过程必须考虑？

【实验装置及流程】

本实验流程图如图 6-17-2 所示。变压吸附装置由两根可切换操作的吸附柱（A 柱、B 柱）构成，吸附柱尺寸为 φ36 mm×450 mm，吸附剂为碳分子筛，各柱碳分子筛的装填量 W 为 303 g。

来自空压机的原料空气经脱油、脱水柱后进入吸附柱，因 N_2 和 O_2 在碳分子筛微孔内扩散速率不同，气体经过吸附床层时两者实现分离。当 A 柱完成吸附后由循环水真空泵对其抽真空解吸，气体切换至 B 柱进行吸附，以此循环。

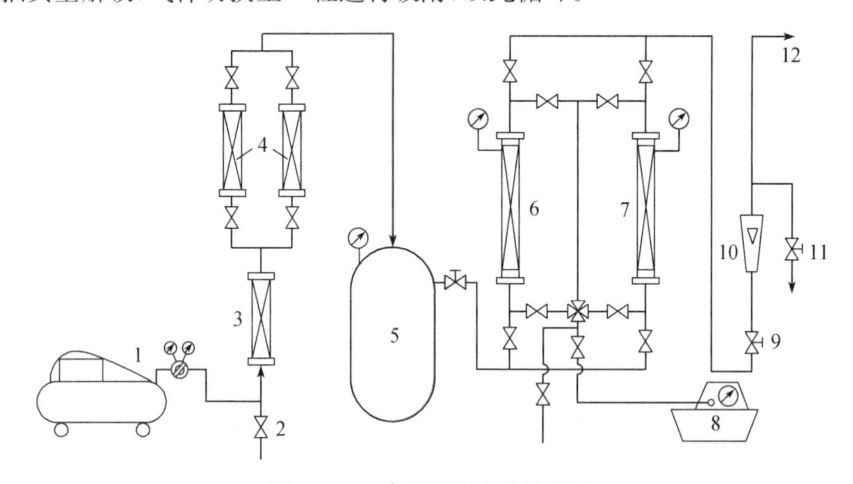

图 6-17-2 变压吸附实验流程图

1—空气压缩机及减压阀；2—放空阀；3—脱油柱；4—脱水柱；5—缓冲罐；6、7—吸附柱 A、B；8—水循环真空泵；9—流量调节阀；10—流量计；11—取样阀；12—产品

实验中，调节压缩机出口减压阀可改变吸附压力，调节流量调节阀可改变吸附流量。吸附柱的气路由电磁阀连接，通过计算机控制电磁阀的开关，可改变吸附柱的工作状态。吸附时间由计算机控制面板上的时间参数 K_1、K_2 设定：

K_1 表示吸附和解吸的时间（注：吸附和解吸在两个吸附柱分别进行）；

K_2 表示吸附柱充压和串联吸附操作时间。

解吸过程分为两步，首先是常压解吸，随后进行真空解吸。

出口气体中氧气的含量通过 CYES-Ⅱ型氧气分析仪测定。

【实验步骤】

① 实验准备。检查压缩机、真空泵、吸附设备和计算机控制系统之间的连接是否到位；氧气分析仪是否校正，15 支取样针筒是否备齐。

② 接通压缩机电源，开启吸附装置上的电源。

③ 开启真空泵上的电源开关，然后在计算机控制面板上启动“真空泵”。

④ 调节压缩机出口减压阀，使输出压力稳定在 0.5 MPa 左右。

⑤ 将计算机控制面板上的时间窗口分别设定为“K_1=600 s；K_2=5 s”，启动设定框下方的“开始”按钮。

⑥ 调节气体流量阀，将流量控制在 3.0 L/h 左右，开始测定穿透曲线。

⑦ 穿透曲线测定方法：系统运行 30 min 后，观察计算机操作屏幕，从操作状态进入 K_1 的瞬间开始，迅速按下面板上的“计时”按钮，然后，每隔 1 min，用针筒在取样口处取样分析（共取 10 个样），记录取样时间与样品氧含量的关系，同时记录吸附压力、温度、气体流量。

取样注意事项：

a. 每次取样 20 mL 左右，取样时缓慢开启取样阀，防止气体冲出。

b. 取样后先关闭取样阀，然后从取样口拔下针筒，迅速用橡皮套封住针筒的开口处，以免空气渗入，影响分析结果。

⑧ 改变气体流量，调节气体流量阀至 6.0 L/h，然后重复第⑦步操作。

⑨ 改变气体压力，调节压缩机出口减压阀至 0.7 MPa，重复第⑦步操作。

⑩ 停车步骤如下所示：

a. 先按下 K_1，K_2，设定框下方的“停止操作”按钮，将时间参数重新设定为“K_1=120 s；K_2=5 s”，然后，启动设定框下方的“开始”按钮，让系统运行 10～15 min。

b. 系统运行 10～15 min 后，按计算机控制面板上的“停止”操作按钮，停止吸附操作。

c. 在计算机控制面板上关闭“真空泵”，然后关闭真空泵上的电源。

d. 关闭压缩机的电源，关闭吸附装置电源。

【实验数据处理】

（1）实验数据

吸附温度（℃）：____　　压力（MPa）：____　　气体流量（L/h）：____

吸附时间/min	出口氧含量（质量分数）/%	吸附时间/min	出口氧含量（质量分数）/%

（2）数据处理

① 根据实验数据，在同一张图上标绘不同气体流量下的吸附穿透曲线。

② 若将出口氧气浓度为 3.0%的点确定为穿透点，请根据穿透曲线确定不同操作条件下穿透点出现的时间 t_0，记录于下表。

吸附压力/MPa	吸附温度/℃	气体流量/(L/h)	穿透时间/min

③ 不同条件下的动态吸附容量

$$G=\frac{V_N\times\frac{29}{22.4}t_0(y_0-y_B)}{W}$$

$$V_N=\frac{T_0p}{Tp_0}V$$

【结果及讨论】

① 在本装置中，一个完整的吸附循环包括哪些操作步骤？

② 气体的流速对吸附剂的穿透时间和动态吸附容量有何影响？为什么？

③ 吸附压力对吸附剂的穿透时间和动态吸附容量有何影响？为什么？

④ 根据实验结果，你认为本实验装置的吸附时间应控制在多少合适？

⑤ 该吸附装置在提纯氮气的同时，还具有富集氧气的作用，如果实验目的是为了获得富氧，实验装置及操作方案应做哪些改动？

【符号说明】

C_0——吸附质的进口浓度，g/L；

c_B——穿透点处，吸附质的出口浓度，g/L；

G——动态吸附容量(氧气质量/吸附剂体积)，g/g；

p——实除操作压力，MPa；

p_0——标准状态下的压力，MPa；

T——实际操作温度，K；

T_0——标准状态下的温度，K；

V——实际气体流量，L/min；

V_N——标准状态下的气体流量，L/min；

t_0——达到穿透点的时间，min；

y_0——空气中氧气的浓度(质量分数)，%；

y_B——穿透点处，氧气的出口浓度(质量分数)，%；

W——碳分子筛吸附剂的质量，g。

实验 18　填料塔分离效率的测定

【实验目的】

填料塔是化工生产中广泛使用的一种塔型。在填料塔的设计中，需要确定填料层高度或理论板数与等板高度 HETP，其中理论板数与物系的性质和分离要求有关，等板高度 HETP 则与填料的特性、塔结构、系统物性以及操作条件有关。

在精馏系统中，被分离物质的表面张力差异对填料塔的分离效率有显著的影响。若低沸组分与高沸组分存在表面张力的差异，则在传质过程中，气液界面会形成表面张力梯度。在表面张力梯度的推动下，两相界面将发生剧烈湍动，导致填料表面液膜稳定性变化，从而影响到传质速率和填料塔的分离效率。

本实验以甲酸水系统为对象，研究表面张力对填料塔分离效率的影响。拟达到如下教学目的：

① 了解系统表面张力对填料精馏塔效率的影响机理；

② 运用质量衡算方程计算实验数据；

③ 采用作图方式求解理论板数，并计算甲酸水系统在正、负系统范围的 HETP；

④ 培养团队协作精神，通过有效沟通与合作完成实验任务；

⑤ 能够辨别填料塔中甲酸-水全回流过程中的潜在危险因素，掌握安全防护措施，具备事故应急处置能力；

【实验原理】

根据物理化学的原理可知，液体能够充分润湿固体表面的必要条件是固体的表面张力 σ_{SV} 大于液体的表面张力 σ_{LV}。然而，在填料精馏塔中，即使满足上述条件，填料表面的液膜仍会发生破裂或沟流，其原因就是随着塔内传质、传热的进行，气液界面上形成的表面张力梯度破坏了填料表面液膜的稳定性。其机理可解释如下：

首先，根据系统中组分表面张力的大小，可将二元精馏系统分为下列三类：

① 正系统　低沸组分的表面张力 σ_1 较低，即 $\sigma_1 < \sigma_h$。

② 负系统　与正系统相反，低沸组分的表面张力 σ_1 较高，即 $\sigma_1 > \sigma_h$。

③ 中性系统　系统中低沸组分的表面张力与高沸组分的表面张力相近，即 $\sigma_1 \approx \sigma_h$。

在填料塔内，传质界面的大小与填料表面液膜的稳定性有关。若液膜不稳定、破裂形成沟流，则传质界面将减少。若液膜不均匀，传质也不均匀，液膜较薄处的传质速率会高于周围液膜的传质速率，因此，薄液膜处的轻组分含量就会明显低于周围。此时，若物系为正系统[见图 6-18-1(a)]，则由于轻组分的表面张力小于重组分，薄液膜处的局部表面张力将大于周围液体的表面张力，从而产生推动周围液体流向薄液膜处的表面张力梯度，使薄液膜得以修复，变得稳定。若物系为负系统[见图 6-18-1(b)]，则情况相反，在薄液膜处的局部表面张力将低于周围液体的表面张力，产生的表面张力梯度将驱使液体从薄液膜处向外流动，这样液膜就被撕裂破坏。可见，被分离物系的表面张力特性不同，对填料表面液膜稳定性的影响大相径庭，因而，对填料塔分离效率的影响也不同。实验证明，正、负系统在填料塔中具有不同的传质效率，负系统的传质效率远低于正系统，等板高度(HETP)比正系统大一倍甚至一倍以上。

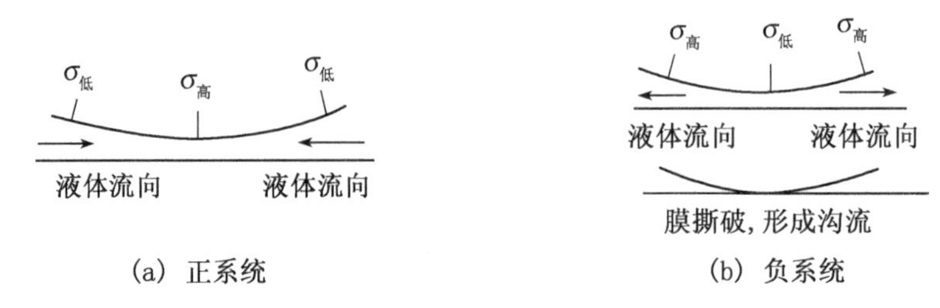

图 6-18-1　表面张力梯度对液膜稳定性的影响

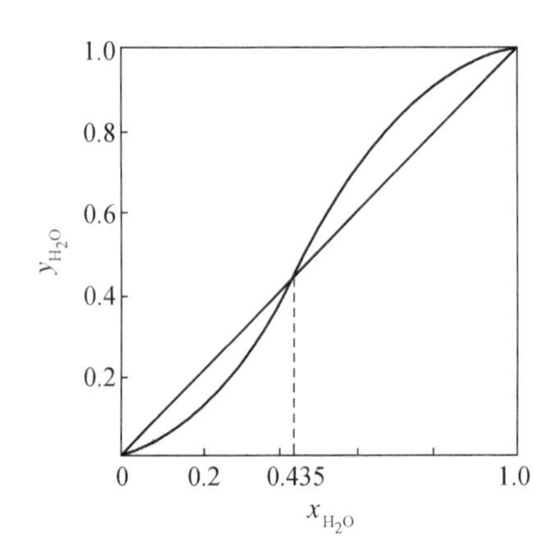

图 6-18-2　水-甲酸系统的 $y-x$ 图

本实验选用的精馏物系为具有最高共沸点的甲酸一水系统。在该物系中，甲酸的表面张力低于水的表面张力，为了使用同一物系进行正系统和负系统的实验，必须将原料浓度配制在正系统与负系统的范围内。

甲酸-水系统的共沸组成为(摩尔分数)：$x_{H_2O}=0.435$，其气液平衡数据如表 6-18-1 所示，水-甲酸系统的 $y-x$ 图如图 6-18-2 所示。

表 6-18-1　甲酸-水系统气液平衡数据

t/℃	102.3	104.6	105.9	107.1	107.6	107.6	107.1	106.0	104.2	102.9	101.8
x_{H_2O}	0.040 5	0.155	0.218	0.321	0.411	0.464	0.522	0.632	0.740	0.829	0.900
y_{H_2O}	0.024 5	0.102	0.162	0.279	0.405	0.482	0.567	0.718	0.836	0.907	0.951

【预习与思考】

① 何谓正系统、负系统？正、负系统对填料塔的效率有何影响？

② 从工程角度出发，讨论研究正、负系统对填料塔效率的影响有何意义？

③ 为什么水-甲酸系统的 $y-x$ 图中共沸点的左边为正系统，右边为负系统？

④ 本实验通过怎样的方法得出负系统的等板高度(HETP)大于正系统的 HETP?

⑤ 操作中要注意哪些问题?

⑥ 设计记录实验数据的表格。

【实验装置及流程】

实验装置如图 6-18-3 所示,实验所用的玻璃填料塔内径为 31 mm,内装填料层高度为 540 mm;4 mm×4 mm×1 mm 瓷拉西环填料,整个塔体采用导电透明薄膜进行保温。蒸馏釜为 100 mL 圆底烧瓶,用功率 350 W 的电热包加热。塔顶装有冷凝器,在填料层的上、下两端各有一个取样装置,其上有温度计套管可插温度计(或铜电阻)测温。塔釜加热量用可控硅调压器调节,塔身保温部分亦用可控硅电压调整器对保温电流大小进行调节。

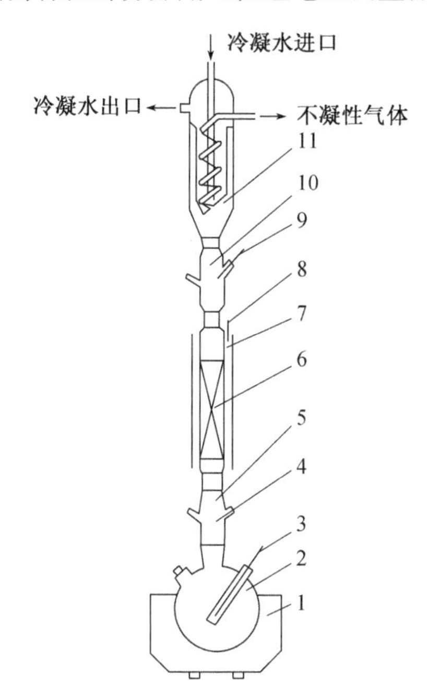

图 6-18-3　填料塔分离效率实验装置图

1—电热包;2—蒸馏釜;3—釜温度计;4—塔底取样段温度计;5—塔底取样装置;
6—填料塔;7—保温夹套;8—保温温度计;9—塔顶取样装置;10—塔顶取样段温度计;11—冷凝器

【实验步骤与方法】

实验分别在正系统与负系统的范围下进行,其步骤如下所示。

① 正系统取 85%(质量分数)的甲酸水溶液,略加一些水,使入釜的甲酸-水溶液浓度既处于正系统范围,又靠近共沸组成,以便画理论板时不至于集中于图的左端。

② 将配制的甲酸-水溶液加入塔釜,并加入沸石。

③ 打开冷却水,合上电源开关,由调压器控制塔釜的加热量与塔身的保温电流。

④ 保持全回流操作,待操作稳定后,用长针头注射器在上、下两个取样口取样分析。

⑤ 正系统实验结束后,根据计算结果补充些水,使原料进入负系统浓度范围,注意加水量不宜过多,以免水的浓度过高,画理论板时集中于图的右端。

⑥ 为保持正、负系统在相同的操作条件下进行实验，应保持塔釜加热电压不变，塔身保温电流不变以及塔顶冷却水量不变。

⑦ 同步骤④，待操作稳定后，取样分析。

⑧ 实验结束，关闭电源及冷却水，待釜液冷却后倒入废液桶中。

⑨ 本实验采用 NaOH 标准溶液滴定分析。

【数据处理】

① 将实验数据及实验结果列表。

② 根据水-甲酸系统的气液平衡数据，作出水-甲酸系统的 y-x 图。

③ 在图上画出全回流时正、负系统的理论板数。

④ 求出正、负系统相应的 HETP。

【主要符号说明】

x——液相中易挥发组分的摩尔分数；

σ——表面张力；

y——汽相中易挥发组分的摩尔分数。

参考文献

[1] F J Zuiderweg. A Harmens. The influence of surface phenomena on the performance of distillation columns[J]. Chem Eng Sci, 1958, 9: 89.

[2] 王守恒，沈文豪. 填充塔汽液相界面的活化[M]. 化学工程，1983，1:69.

[3] Sherwood T K, Pigford R L, Wilke C R. Mass Transfer [M]. New York, McGraw-Hill, 1957.

[4] [美]柏实义著，施高光，等译. 两相流动[M]. 北京：国防工业出版社，1985.

第7章 化工工艺实验

实验19 改进 ZSM－5 催化剂评价实验

【实验目的】

① 掌握甲苯歧化实验的反应过程和反应机理、特点，了解针对不同目的的产物的反应条件对正、副反应的影响规律和生成的过程。

② 学习气固相管式催化反应器的构造、原理和使用方法，学习反应器正常操作和安装，掌握催化剂评价的一般方法和获得适宜工艺条件的研究步骤和方法。

③ 学习气相色谱的基本操作方法，定量分析产物的组成。

【实验原理】

对二甲苯(PX)是石油化工的重要产品，市场需求最为旺盛，主要用于制取对苯二甲酸(PTA)及对苯二甲酸二甲酯(DMT)。将甲苯选择性生成对二甲苯，使对二甲苯浓度远高于热力学平衡值(24%)，可以大量增产对二甲苯，具有很大的工业应用价值和很高的经济效益。

具有 10 元环孔道的 ZSM－5 沸石分子筛具有两种孔道结构，一种是一维的直孔道，孔径为 0.51×0.57 nm；另一种是 Z 字形的孔道，孔径为 0.54×0.56 nm。其孔径特点允许分子动力学直径为 0.58 nm 的对二甲苯在孔道内迅速扩散，并严重阻碍分子动力学直径为 0.63 nm 的邻二甲苯和间二甲苯的扩散，这就为择形催化提供了可能。

甲苯择形歧化是指甲苯歧化生成苯和含高浓度对二甲苯的混合二甲苯，理想的甲苯歧化反应方程式如下：

$$2\,C_6H_5CH_3 \xrightleftharpoons{\text{平衡转化率 }59\%} C_6H_6 + CH_3-C_6H_4-CH_3$$

甲苯歧化反应生成的最初产物是苯和混合二甲苯。在三种二甲苯异构体中 PX 的分子尺寸(0.58 nm)小于 MX 和 OX(0.63 nm)，而 ZSM－5 沸石的孔道尺寸接近于 PX 的分子尺寸，因此必然造成三种二甲苯的异构体在沸石孔道内的扩散存在差异，PX 优先扩散出沸石孔道，这就使得主产物(沸石孔口处的产物)中对二甲苯浓度大于最初产物。

在实验中，反应性能表述如下：

甲苯转换率 X_T(%)：

$$X_T = \frac{x_B + x_X}{x_B + x_T + x_X} \times 100\%$$

对二甲苯选择性 S_P(%)：

$$S_P = \frac{x_{PX}}{x_{PX} + x_{MX} + x_{OX}} \times 100\%$$

$$B/X = \frac{x_B}{x_{PX} + x_{MX} + x_{OX}} \times 100\%$$

式中 x 表示各组分在产物中的摩尔分率，各下标含义：

B——苯，T——甲苯，PX——对二甲苯，MX——间二甲苯，OX——邻二甲苯，X——二甲苯，为 PX、MX 及 OX 之总和。

【实验装置与流程】

甲苯歧化反应在高压微型反应装置上进行，催化剂装填在直径为 20 mm 长为 400 mm的不锈钢反应管中段，上下填充石英砂，加热炉为三段立式加热，气体流量、甲苯进料速度和反应温度由工业组态软件自动控制，反应区温度波动在 1 ℃以内，实验装置如图 7-19-1 所示。

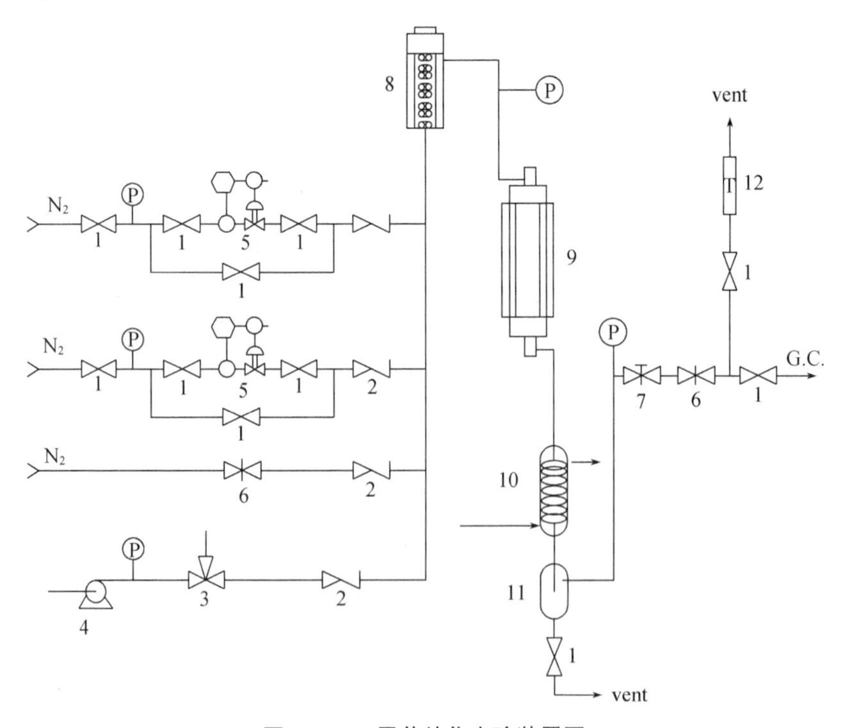

图 7-19-1　甲苯歧化实验装置图

1—截止阀；2—单向阀；3—三向阀；4—高压泵；5—质量流量控制器；6—微调阀；7—背压阀；8—汽化器；9—反应炉；10—冷凝器；11—气液分离器；12—转子流量计

实验中采用组态王实验系统，其实验装置与催化合成实验数据采集与控制系统图见图 7-19-2 和图 7-19-3。

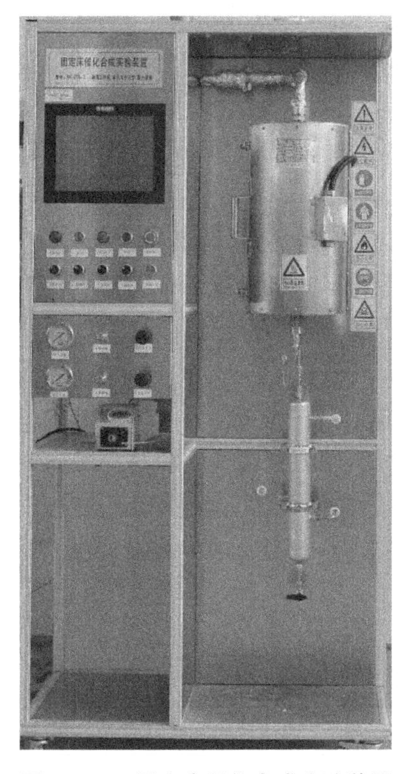

图 7-19-2　固定床催化合成实验装置

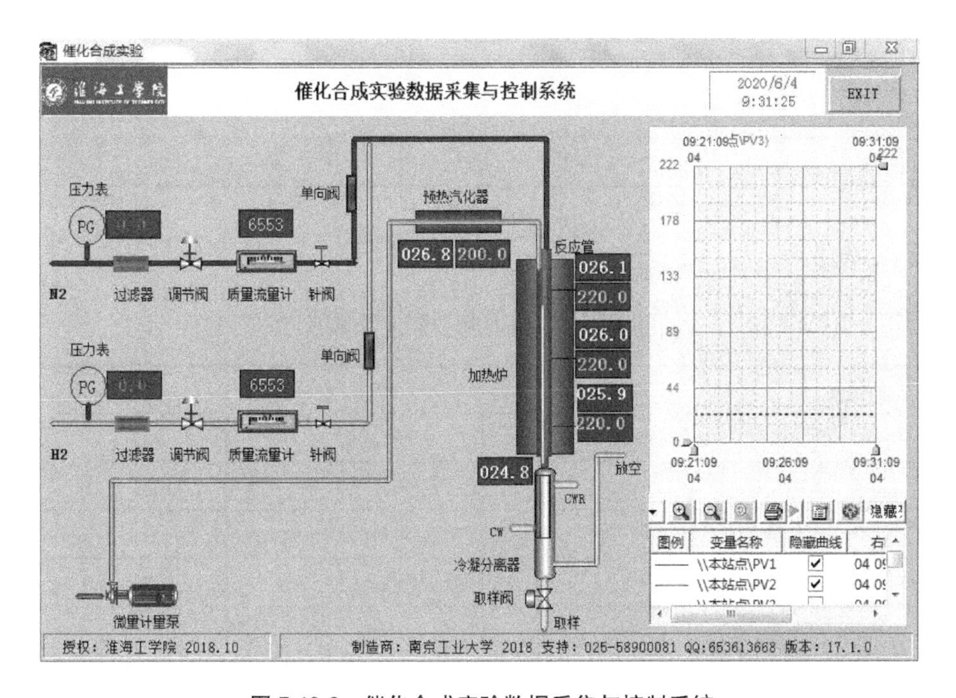

图 7-19-3　催化合成实验数据采集与控制系统

【实验步骤】

(1) 称取一定量的催化剂样品，装入反应管中部，上下两侧各装入定量石英砂，并用小片钢丝网封住反应管底部防止石英砂泄漏，将反应管接到装置上，放置于加热炉中。

(2) 分别打开计算机、装置电源开关，使系统进入实验状态。

(3) 打开 N_2，先进行加压检漏，等压力稳定后，再进行降压至常压，最后将加热炉温度升至 440 ℃下活化 0.5 小时。

(4) 活化完毕，通入载气 H_2，控制背压阀，将反应压力调至 1.20 MPa。

(5) 打开高压微量柱塞泵，调节进样流量进行反应。典型反应条件为：甲苯的质量空速(WHSV)为 3.0 h^{-1}，反应温度为 440 ℃，反应压力为 1.2 MPa，氢与甲苯的摩尔比为 2。

(6) 反应产物经冷阱冷却成液相，反应进行 2 小时后，开始采样，采样间隔时间为 1.0 小时。液体样品的组成由气相色谱仪来分析，色谱柱为 Φ0.25 mm×25 m 的 B-34 毛细管柱，检测器为 FID，柱温 83 ℃，用面积归一法计算各组分的含量。

(7) 实验结束将温度，流量参数设置为零，关闭各路电源，从收集罐放出液体，关闭原料气源，打开吹扫气进行吹扫，待系统温度降至常温，关闭清扫气及各截止阀。

【实验报告】

实验日期：_______ 实验人员：_______ 学号：_______ 温度：_______

序号	进料流量 mL/min	预热器 ℃	反应器上段 ℃	反应器中段 ℃	反应器下段 ℃	尾气流量

【实验报告】

使用气相色谱用内标标准曲线法测出液相、尾气物质成分。

进料流量	X_T/%	S_P/%	B/X

【思考题】

（1）固定床反应器原理是什么？

（2）固定床还能应用于什么反应？

（3）择形催化的基本原理是什么？

（4）如何提高催化剂的寿命？

实验20　一氧化碳中温-低温串联变换反应

【实验目的】

一氧化碳变换生成氢和二氧化碳的反应是石油化工与合成氨生产中的重要过程，本实验模拟中温-低温串联变换反应过程，用直流流动法同时测定中温变换铁基催化剂与低温变换铜基催化剂的相对活性，达到以下实验目的：

① 掌握气固相催化反应动力学实验研究方法及催化剂活性的评价方法；

② 采用数值积分法处理实验数据，获得两种催化剂上变换反应速率常数 K_T 与活化能 E；

③ 熟悉实验流程，掌握计算机自动控制CO变换反应装置的操作方法；

④ 培养团队协作精神，通过有效沟通与合作完成实验任务；

⑤ 能够辨识CO变换反应过程中的潜在危险因素，掌握安全防护措施，具备事故应急处置能力。

【实验原理】

一氧化碳的变换反应为：

$$CO+H_2O \rightleftharpoons CO_2+H_2$$

反应必须在催化剂存在的条件下进行。中温变换采用铁基催化剂，反应温度为350～500 ℃，低温变换采用铜基催化剂，反应温度为202～320 ℃。

设反应前气体混合物中各组分干基摩尔分率为 $y^0_{CO,d}$，$y^0_{CO_2,d}$、$y^0_{H_2,d}$，$y^0_{N_2,d}$；初始汽气比（即水蒸气与原料气的比值）为 R_0；反应后气体混合物中各组分干基摩尔率为 $y_{CO,d}$，$y_{CO_2,d}$、$y_{H_2,d}$，$y_{N_2,d}$，一氧化碳的变换率为：

$$\alpha=\frac{y^0_{CO,d}-y_{CO,d}}{y^0_{CO,d}(1+y_{CO,d})}=\frac{y_{CO_2,d}-y^0_{CO_2,d}}{y^0_{CO,d}(1-y_{CO_2,d})} \tag{7-20-1}$$

根据研究，铁基催化剂上一氧化碳中温变换反应本征动力学方程可表示为：

$$r_1=-\frac{dN_{CO}}{dW}=\frac{dN_{CO_2}}{dW}=k_{T_1}p_{CO}p_{CO_2}^{-0.5}\left(1-\frac{p_{CO_2}p_{H_2}}{k_p p_{CO}p_{H_2O}}\right)=k_{T_1}f_1(p_i)[\text{mol}/(\text{g}\cdot\text{h})] \tag{7-20-2}$$

铜基催化剂上一氧化碳低温变换反应本征动力学方程可表示为：

$$r_2=-\frac{dN_{CO}}{dW}=\frac{dN_{CO_2}}{dW}=k_{T_2}p_{CO}p_{H_2O}^{0.2}p_{H_2}^{-0.2}p_{CO_2}^{-0.5}\left(1-\frac{p_{CO_2}p_{H_2}}{k_p p_{CO}p_{H_2O}}\right)=k_{T_2}f_2(p_i)[\text{mol/(g}\cdot\text{h)}] \tag{7-20-3}$$

$$K_p=\exp\left[2.3026\left(\frac{2185}{T}-\frac{0.1102}{2.3026}\ln T+0.6218\times10^{-3}T-1.0604\times10^{-7}T^2-2.218\right)\right] \tag{7-20-4}$$

在恒温下，由积分反应器的实验数据，可按下式计算反应速率常数 k_{T_i}：

$$k_{T_i}=\frac{V_{0,i}y_{CO}^0}{22.4W}\int_0^{\alpha_{i出}}\frac{d\alpha_i}{f_i(p_i)} \tag{7-20-5}$$

采用图解法或编制程序计算，就可由式(7-20-4)得某一温度下的反应速率常数值。测得多个温度的反应速率常数值，根据阿累尼乌斯方程 $k_T=k_0e^{-\frac{E}{RT}}$ 即可求得指前因子 k_0 和活化能 E。

由于中变以后引出部分气体分析，故低变气体的流量需重新计量，低变气体的入口组成需由中变气体经物料衡算得到，即等于中变气体的出口组成：

$$y_{1H_2O}=y_{H_2O}^0-y_{CO}^0\alpha_1 \tag{7-20-6}$$

$$y_{1CO}=y_{CO}^0(1-\alpha_1) \tag{7-20-7}$$

$$y_{1CO_2}=y_{CO_2}^0+y_{CO}^0\alpha_1 \tag{7-20-8}$$

$$y_{1H_2}=y_{H_2}^0+y_{CO}^0\alpha_1 \tag{7-20-9}$$

$$V_2=V_1-V_{分} \tag{7-20-10}$$

$$V_{分}=V_{分,d}(1+R_1)=V_{分,d}\frac{1}{1-(y_{H_2O}^0-y_{CO}^0\alpha_1} \tag{7-20-11}$$

转子流量计计量的 $V_{分}$，需进行分子量换算，因而需求出中变出口各组分干基分率 $y_{1i,d}$：

$$y_{1CO,d}=\frac{y_{CO}^0(1-\alpha_1)}{1+y_{CO,d}^0\alpha_1} \tag{7-20-12}$$

$$y_{1CO_2,d}=\frac{y_{CO_2}^0+y_{CO,d}^0\alpha_1}{1+y_{CO,d}^0\alpha_1} \tag{7-20-13}$$

$$y_{1H_2,d}=\frac{y_{H_2}^0+y_{CO,d}^0\alpha_1}{1+y_{CO,d}^0\alpha_1} \tag{7-20-14}$$

$$y_{1N_2,d}=\frac{y_{N_2,d}^0}{1+y_{CO,d}^0\alpha_1} \tag{7-20-15}$$

同中变计算方法，可得到低变反应速率常数及活化能，

【预习与思考题】

① 本实验的目的是什么?

② 实验系统中气体如何净化?

③ 氮气在实验中的作用是什么?

④ 水饱和器的作用和原理是什么?

⑤ 反应器采用哪种形式?

⑥ 在进行本征动力学测定时,应用哪些原则选择实验条件?

⑦ 本实验反应后为什么只分析一个量?

⑧ 试分析实验操作过程中应注意哪些事项?

⑨ 试分析本实验中的误差来源与影响程度?

【实验流程】

实验流程见图7-20-1。实验用原料气 N_2、H_2、CO_2、CO取自钢瓶,四种气体分别经过净化器后,由稳压器稳定压力,经过各自的流量计计量后,在混合器里混合成原料气。原料气进入脱氧槽脱除微量氧,经总量计计量。进入水饱和器,加入水汽后,再由保温管进入中变反应器。反应后的少量气体引出冷却、分离水分后进行计量、分析,剩余气体再进入低变反应器,反应后的气体冷却分离水分,经分析后排放。

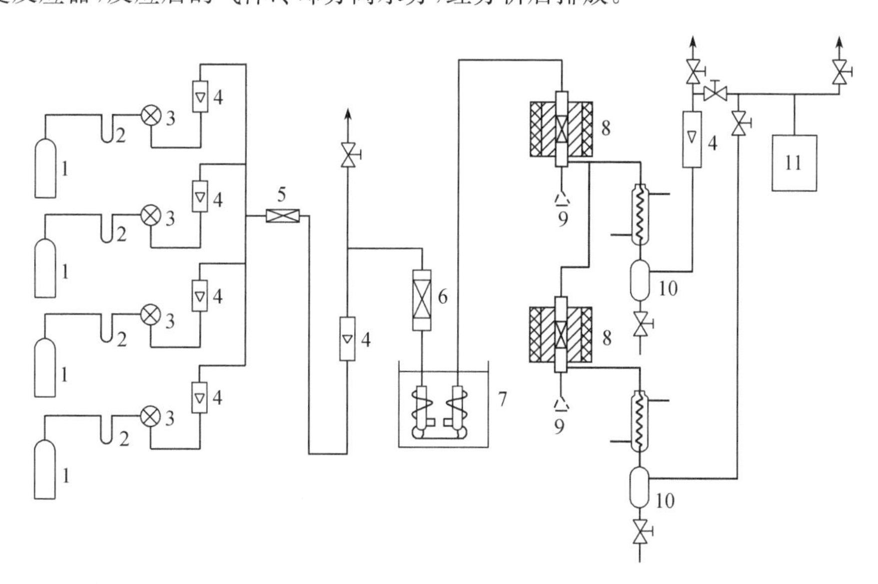

图7-20-1　中-低变串联实验系统流程

1—钢瓶;2—净化器;3—稳压器;4—流量计;5—混合器;6—脱氧槽;
7—饱和器;8—反应器;9—热电偶;10—分离器;11—气相色谱仪

【实验步骤及方法】

(1) 开车及实验步骤

① 检查系统是否处于正常状态;

② 开启氮气钢瓶，置换系统约 5 min；

③ 接通电源，缓慢提升反应器湿度，同时把脱氧槽缓慢升温至 200 ℃，恒定；

④ 中、低变床层管道温度升至 110 ℃时，开启水饱和器，同时打开冷却水，管道保温，水饱和器温度恒定在实验温度下；

⑤ 调节中、低变反应器温度到实验条件后，切换成原料气，稳定 20 min 左右，随后进行分析，记录实验条件和分析数据。

(2) 停车步骤

① 关闭原料气钢瓶，切换成氮气，关闭反应器控温仪；

② 稍后关闭水饱和器加热电源，置换水浴热水；

③ 关闭管道保温，待反应床温低于 200 ℃以下，关闭脱氧槽加热电源，关闭冷却水，关闭氮气钢瓶，关闭各仪表电源及总电源。

(3) 注意事项

① 由于实验过程有水蒸气加入，为避免水汽在反应器内冷凝使催化剂结块，必须在反应床温升至 110 ℃以后才能启用水饱和器，而停车时，在床温降到 150 ℃以前关闭饱和器。

② 由于催化剂在无水条件下，原料气会将它过度还原而失活，故在原料气通入系统前要先加入水气，相反停车时，必须先切断原料气，后切断水蒸气。

(4) 实验条件

① 流量控制 CO、CO_2、H_2、N_2 流量分别为 2～4 L/h，总流量为 5～8 L/h，中变出口分流量为 2～4 L/h。

② 饱和器温度控制在(72.8～80.0) ℃±0.1 ℃。

③ 催化剂床层温度　反应器内中变催化床温度先后控制在 360 ℃、390 ℃、420 ℃，低变催化床温度先后控制在 220 ℃、240 ℃、260 ℃。

【数据记录及处理】

(1) 数据记录

室温________　　大气压________

序号	反应温度/℃		流量/(L/h)						饱和器温度/℃	系统静压/Pa	CO_2 分析值/%	
	中变	低变	CO	CO_2	H_2	N_2	总	分				
1												
2												

(2) 数据处理

① 转子流量计的校正：转子流量计是直接用 20 ℃的水或 20 ℃、0.1 MPa 的空气进行标定的，因此各气体流体需校正。

$$\rho_i=\frac{\rho M_i}{RT},V_i=V_{i,读}\sqrt{\frac{\rho_f-\rho_i}{\rho_f-\rho_0}\times\frac{\rho_0}{\rho_i}} \tag{7-20-16}$$

② 水气比的计算式为：

$$R_0=\frac{p_{H_2O}}{p_a+p_g-p_{H_2O}} \tag{7-20-17}$$

式中，水饱和蒸气压 p_{H_2O}用安托因公式计算。

$$\lg p_{H_2O}=A-\frac{B}{C+t} \tag{7-20-18}$$

式中，$A=7.074\ 06$；$B=1\ 657.16$；$C=227.02$（10～168 ℃）。

【实验报告项目】

① 说明实验目的与要求。
② 描绘实验流程与设备。
③ 叙述实验原理与方法。
④ 记录实验过程与现象。
⑤ 列出原始实验数据。
⑥ 理清计算思路，列出主要公式，计算一点的数据得到结果。
⑦ 计算不同温度下的反应速率常数，从而计算出频率因子与活化能。
⑧ 根据实验结果，浅谈中-低变串联反应工艺条件。
⑨ 分析本实验结果，讨论本实验方法。

【主要符号说明】

A、B、C——安托因系数；
k_p——以分压表示的平衡常数；
k_{T_i}——反应速率常数，mol/(g·h·Pa$^{0.5}$)；
M_i——气体摩尔质量，kg/mol；
N_{CO}、N_{CO_2}——CO，CO_2 的摩尔流量，mol/h；
p_i——各组分的分压；
p_a——大气压；
p_g——表压，kPa；
p_{H_2O}——水的饱和蒸气压力，kPa；
R_1——低变反应器的入口水蒸气与原料气比；
r_i——反应速率，mol/(g·h)；
T——反应温度，K；
t——饱和温度，℃；
V_0——中变反应器入口气体湿基流量，L/h；
V_1——中变反应器中湿基气体的流量，L/h；
$V_{分}$——中变后引出分析气体的湿基流量，L/lh；
$V_{分,d}$——中变后引出分析气体的干基流量，L/h；

V_2——低变反应器巾湿基气体的流量，L/h；

$V_{0,i}$——反应器入口湿某标准态体积流量，L/h；

W——催化剂量，g；

y_{CO}^0——反应器入口 CO 湿基摩尔分数；

y_{1i}——i 组分中变出口湿基分率；

y_i^0——i 组分中变入口湿基分率；

$\alpha_{i出}$——中变或低变反应器出口一氧化碳的变换率；

α_1——中变反应器中一氧化碳的变换率；

ρ_f——转子密度，kg/m^3；

ρ_i——气体密度，kg/m^3；

ρ_0——标定流体的密度，kg/m^3；

参考文献

[1] Bohlbro H. An Investigation on the Kinetics of the Conversion of Carbon Monoxide with Water Vapor over Iron Oxide Based Catalyst[M]. New York: Gjellerup. 1969.

[2] 朱炳辰. 化学反应工程(第 5 版)[M]. 北京：化学工业出版社，2011.

[3] Satterfield N. Mass Transfer in Heterogeneous Catalysis[M]. Boston: MIT Press, 1970.

[4] 时钧，汪家鼎，余国琮，等. 化学工程手册[M]. 北京：化学工业出版社，1996.

实验 21 催化反应精馏法制甲缩醛

反应精馏是一种集反应与分离为一体的特殊精馏技术，该技术将反应过程的工艺特点与分离设备的工程特性有机结合在一起，既能利用精馏的分离作用提高反应的平衡转化率，抑制串联副反应的发生，又能利用放热反应的热效应降低精馏的能耗，强化传质。因此，在化工生产中得到越来越广泛的应用。

【实验目的】

① 了解反应精馏工艺过程的特点，增强工艺与工程相结合的观念；

② 熟练操控反应精馏实验装置，掌握连续稳态操作的方法；

③ 掌握催化反应精馏工艺条件优选的实验设计及组织方法；

④ 科学分析实验数据，获得最优工艺条件，明确主要影响因素；

⑤ 培养团队协作精神，通过有效沟通与合作完成实验任务；

⑥ 能够辨识甲醇、甲醛催化反应精馏过程中的潜在危险因素，掌握安全防护措施，具备事故应急处置能力。

【实验原理】

本实验以甲醛与甲醇缩合生产甲缩醛的反应为对象进行反应精馏工艺的研究。合成甲缩醛的反应为：

$$2CH_3OH + CH_2O \longrightarrow C_3H_6O + 2H_2O \tag{7-21-1}$$

该反应是在酸催化条件下进行的可逆放热反应，受平衡转化率的限制，若采用传统的先反应后分离的方法，即使以高浓度的甲醛水溶液（38%～40%）为原料，甲醛的转化率也只能达到60%左右，大量未反应的稀甲醛不仅给后续的分离造成困难，而且稀甲醛浓缩时产生的甲酸对设备的腐蚀严重。采用反应精馏的方法则可有效地克服平衡转化率这一热力学障碍，因为该反应物系中各组分相对挥发度的大小次序为：$\alpha_{甲缩醛} > \alpha_{甲醇} > \alpha_{甲醛} > \alpha_{水}$，可见，产物甲缩醛具有最大的相对挥发度，且沸点最低（42.3℃），故利用精馏的作用可将其不断地从系统中分离出去，促使平衡向生成产物的方向移动，大幅度提高甲醛的平衡转化率。

此外，采用反应精馏技术还具有如下优点。

① 在合理的工艺及设备条件下，可从塔顶直接获得合格的甲缩醛产品。

② 反应和分离在同一设备中进行，可节省设备费用和操作费用。

③ 反应热直接用于精馏过程，可降低能耗。

④ 由于精馏的提浓作用，对原料甲醛的浓度要求降低，浓度为7%～38%的甲醛水溶液均可直接使用。

本实验采用连续操作的反应精馏装置，考察原料甲醛的浓度、甲醛与甲醇的配比、催化剂浓度、回流比等因素对塔顶产物甲缩醛的纯度和收率的影响，从中优选出最佳的工艺条件。实验中，各因素水平变化的范围是：甲醛溶液浓度（质量分数）12%～38%，甲醛：甲醇（摩尔比）为（1：6）～（1：2），催化剂浓度1%～3%，回流比1～3。由于实验涉及多因子多水平的优选，故采用正交实验设计的方法组织实验，通过数据处理，方差分析，确定主要因素和优化条件。

【预习与思考】

① 采用反应精馏工艺制备甲缩醛，从哪些方面体现了工艺与工程相结合所带来的优势？

② 是不是所有的可逆反应都可以采用反应精馏工艺来提高平衡转化率？为什么？

③ 在反应精馏塔中，塔内各段的温度分布主要由哪些因素决定？

④ 反应精馏塔操作中，甲醛和甲醇加料位置的确定根据什么原则？为什么催化剂硫酸要与甲醛而不是甲醇一同加入？实验中，甲醛原料的进料体积流量如何确定？

⑤ 若以产品甲缩醛的收率为实验指标，实验中应采集和测定哪些数据？

⑥ 若不考虑甲醛浓度、原料配比、催化剂浓度、回流比这四个因素间的交互作用，请设计一张二水平的正交实验计划表。

【实验装置及流程】

实验装置如图7-21-1所示。反应精馏塔由玻璃制成。塔径为25 mm，塔高约2 400 mm，共分为三段，由下至上分别为提馏段、反应段、精馏段，塔内填装弹簧状玻璃丝填料。塔釜为2 000 mL四口烧瓶，置于1 000 W电热碗中。塔顶采用电磁摆针式回流比控制装置。在塔釜、塔体和塔顶共设了五个测温点。

原料甲醛与催化剂混合后，经计量泵由反应段的顶部加入，甲醇由反应段底部加入。用气相色谱分析塔顶和塔釜产物的组成。

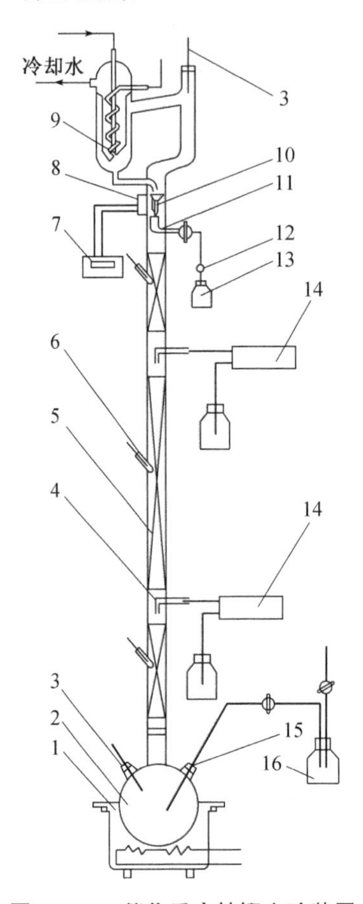

图 7-21-1　催化反应精馏实验装置

1—电热碗；2—塔釜；3—温度计；4—进料口；5—填料；6—温度计；7—时间继电器；8—电磁铁；9—冷凝器；10—回流摆体；11—计量杯；12—数滴滴球；13—产品槽；14—计量泵；15—塔釜出料口；16—釜液储瓶

【实验步骤】

（1）原料准备

① 在甲醛水溶液中加入 1%～3%的浓硫酸作为催化剂。

② CP 级或工业甲醇。

（2）操作准备

① 检查精馏塔进出料系统各管线上的阀门开闭状态是否正常。

② 向塔釜加入 400 mL 约 10%的甲醇水溶液。

③ 调节计量泵，分别标定甲醛溶液和甲醇的进料流量。要求控制原料甲醛的进料流量在 3～4 mL/min，然后根据选定的甲醛：甲醇(摩尔比)以及原料甲醇的密度和浓度，确

定甲醇进料的体积流量(mL/min)。

(3) 实验操作

① 先开启塔顶冷却水,再开启塔釜加热器,并逐步将塔釜电压调至200 V左右。待塔顶有冷凝液后,全回流操作约20 min。

② 设定回流比　首先在时间继电器上,将出料时间设定在3～4 s,然后,根据要求的回流比,计算并设定回流时间。

③ 按选定原料进料量,开始进料。待全塔温度稳定后,观察塔顶温度。若塔顶温度高于43 ℃,则逐步降低塔釜加热电压,直至塔顶温度降至43 ℃左右,此时,系统达到物料平衡。(注意:每次调压幅度不宜过大,且调压后,需等待系统稳定后,再进行第二次调压)仔细观察塔内各点的温度变化,待温度稳定后,记录各点温度,测定塔顶的出料速率,并每隔15 min取一次塔顶样品,分析甲缩醛的纯度,共取样2～3次,取其平均值作为实验结果。

⑤ 如果要在回流比一定的条件下,考察进料甲醛浓度、醛醇比、催化剂浓度的影响则可直接改变实验条件,重复步骤②～④,获得不同条件下的实验结果。

⑥ 如果要考察回流比的影响,则必须保证调节前后,塔顶的出料速率恒定。操作方法为保持其他条件不变,先根据步骤②改变回流比,然后调节塔釜加热量,使塔定的出料速率与回流比调节前一致,待系统稳定后,按步骤④操作。

⑦ 实验完成后,切断进出料,停止加热,待塔顶不再有冷凝液回流时,关闭冷却水。

⑧ 如果按照正交表开展实验,工作量较大,可安排多组学生共同完成。

【实验数据处理】

(1) 列出实验原始记录表。

实验序号	甲醛原料		催化剂浓度(质量分数)/%	醛∶醇(摩尔比)	甲醇进料/(mL/min)	塔顶出料/(g/min)
	浓度(质量分数)/%	进料速率/(g/min)				

(2) 计算塔顶甲缩醛产品的收率,并列出实验结果一览表。

实验序号	操作变量	温度分布/℃					甲缩醛纯度(质量分数)x_d/%	甲缩醛收率η/%
		$T_{塔釜}$	$T_{提馏段}$	$T_{反应段}$	$T_{精馏段}$	$T_{塔顶}$		

甲缩醛收率计算式：$\eta=\frac{Dx_d}{Fx_f}\times\frac{M_1}{M_0}\times100\%$

(3) 绘制反应精馏塔温度随塔高的分布图。

(4) 绘制操作变量与甲缩醛产品收率和纯度的关系图。

(5) 如果按照正交表开展实验，请以甲缩醛产品的收率为实验指标，列出正交实验结果表，运用方差分析确定最佳工艺条件。

【实验结果讨论】

① 反应精馏塔内的温度分布有什么特点？随原料甲醛浓度和催化剂浓度的变化，反应段温度如何变化？这个变化说明了什么？

② 根据塔顶产品纯度与回流比的关系，塔内温度分布的特点，讨论反应精馏与普通精馏有何异同。

③ 本实验在制定正交实验计划表时没有考虑各因素间的交互影响，你认为是否合理？若不合理，应该考虑哪些因子间的交互作用？

④ 要提高甲缩醛产品的收率可采取哪些措施？

【主要符号说明】

x_d——塔顶馏出液中甲缩醛的质量分数；

x_f——进料中甲醛的质量分数；

D——塔顶馏出液的质量流率，g/min；

F——进料甲醛水溶液的质量流率，g/min；

M_1、M_0——甲醛、甲缩醛的分子量；

η——甲缩醛的收率；

实验 22　超细碳酸钙的制备

【实验目的】

超细技术是化工材料科学领域中的一个新的生长点。由于超细技术能显著地改善固体材料的物理和化学性能，因而使材料的应用领域大大拓展。本实验以超细碳酸钙的制备为对象，初步探讨超细化制备技术，以达到如下目的：

① 掌握超细碳酸钙制备的关键工艺-碳化工艺的操作控制要点；

② 了解分散剂在控制晶体成核与生长速率、实现颗粒超细化方面的作用；

③ 掌握超细颗粒表征及评价方法；

④ 培养团队协作精神，通过有效沟通与合作完成实验任务；

【实验原理】

超细碳酸钙是指粒径在 0.1 μm 以下的精细产品，该产品根据制备工艺条件的不同，可呈不同晶体形态，如立方形、球形、针形等。由于其比表面积大（30～80 m^2/g），在各种制品中具有良好的分散性和补强作用，因而，作为填充剂被广泛用于塑料、橡胶、造纸、涂料、油墨、医药等行业。

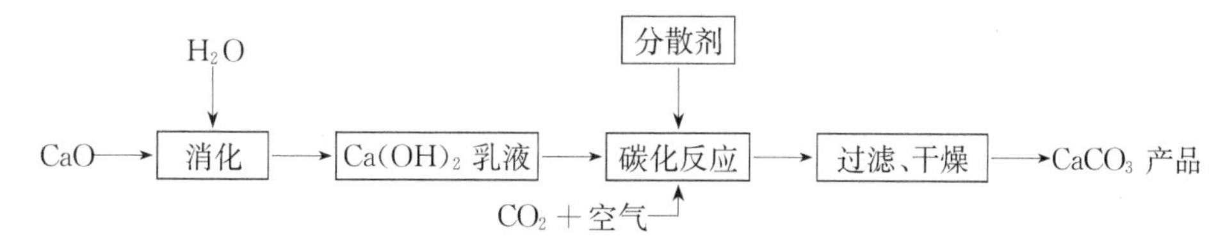

图 7-22-1　超细碳酸钙的制备过程

其中，碳化反应是过程的核心，这是一个反应与传递过程同时进行的气-液-固非均相快速反应，反应式为：

$$Ca(OH)_2 = Ca^{2+} + 2OH^- \tag{7-22-1}$$

$$Ca^{2+} + 2OH^- + CO_2 = CaCO_3\downarrow + H_2O \tag{7-22-2}$$

由于碳化过程既涉及在气-液界面 CO_2 进行的吸收过程，又涉及在液-固界面进行的 $Ca(OH)_2$ 溶解过程，这两个传质过程限制了快速沉淀反应(7-22-2)的进行，直接影响着溶液中碳酸钙的过饱和度，对晶体的成核过程、生长速率、粒度的大小有着决定性作用。然而，究竟哪一个传质过程将成为碳化反应的控制步骤，则取决于工艺操作条件的选择。

在 CO_2 气相分压一定的条件下，当 $Ca(OH)_2$ 浓度较低时，由于 $Ca(OH)_2$ 的溶解来不及补充 CO_2 消耗的 OH^-，溶解反应(7-22-1)成为过程的控制步骤，这时反应区移至固液界面的液膜内，其物理模型如图 7-22-2(a)所示。此时，在液膜内形成的 $CaCO_3$ 极易非均相成核包覆于未溶解的 $Ca(OH)_2$ 的表面，生成非均质 $CaCO_3$ 而妨碍 $Ca(OH)_2$ 的溶解，导致 OH^- 浓度的急剧降低，传质恶化，产品质量不佳。因此，在工艺条件的选择上，应设法避免 $Ca(OH)_2$ 溶解控制。

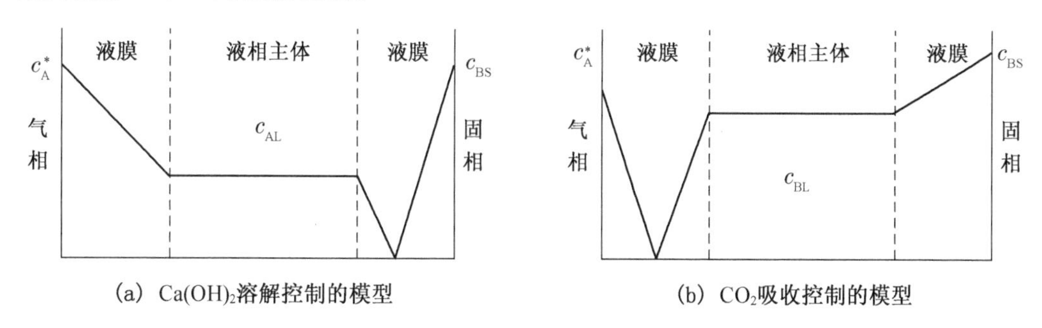

图 7-22-2　碳化过程的控制步骤

当 $Ca(OH)_2$ 浓度较高时，溶解反应(7-22-1)足够快，而 CO_2 则由于悬浮液黏度较大，吸收慢而成为过程的控制步骤，这时反应区集中在气-液界面的液膜内，其物理模型如图 7-22-2(b)所示。此时，$Ca(OH)_2$ 的极限溶解速率>CO_2 的极限吸收速率，液相中 OH^- 浓度保持恒定。碳化速率可以通过 CO_2 的通入量、流速以及操作温度来调控，只要优选工艺条件，便可控制适宜的过饱和度，得到理想的产品。因此，在工艺操作的选择上，应设法促成 CO_2 吸收控制。

由于控制步骤不同，导致的结果大不一样。因此，在超细碳酸钙的制备过程中，为了控制适宜的过饱和度，应对工艺条件进行优选，$Ca(OH)_2$ 乳液的浓度不能太低（一般应大于 7%），操作温度、CO_2 浓度和气速不宜太高，以保证过程处于 CO_2 吸收控制。

除了优选碳化反应的条件外，制备超细碳酸钙的另一个必要条件是添加合适的分散剂。分散剂的作用主要是通过改变晶体的表面能来控制粒子的成核速率和生长速率，改变晶体的生长取向，使粒子超细化，形貌多样化。不同的分散剂，作用机理也不同，有的是通过与 Ca^{2+} 形成络合物或螯合物，引起 $CaCO_3$ 溶解度的变化，改变其过饱和度。有的是吸附于晶体表面，减缓晶体生长。还有的是直接进入晶体，成为构晶离子。因此，分散剂的选择，也是超细材料制备研究的重要内容。

碳化反应有两个重要特征可用于跟踪和检测反应进程。其一，是溶液 pH 值的变化，因为碳化反应是个酸碱中和反应。其二，是溶液电导率的变化，因为主反应物 $Ca(OH)_2$ 溶解产生的 OH^- 在悬浮液中具有最高的当量电导率。因此，实验中可采用电导仪和 pH 计来跟踪反应进程，并用电子显微镜来观测和考察反应产物的粒度和形貌。

【预习与思考】

① 预习本实验基础篇有关内容，了解超细材料的用途和主要制备方法。

② 根据 $Ca(OH)_2$ 和 $CaCO_3$ 的溶解度数据，思考在碳化反应的悬浮液中，对溶液的电导率和 pH 值贡献最大的物质是什么？

③ 在超细碳酸钙的制备中，影响碳化反应速率的因素主要有哪些？如何用实验方法鉴别是处于吸收控制还是溶解控制？

④ 分散剂的主要作用是什么？

⑤ 如何根据电导率曲线来判断碳化过程属于吸收控制还是溶解控制？

【实验装置及流程】

碳化反应的实验装置及流程如图 7-22-3 所示。反应器是一个容量为 2 L、内设挡板、外带恒温夹套的玻璃搅拌釜，搅拌器为电子恒速的不锈钢螺旋式搅拌桨。来自钢瓶的纯 CO_2 气体经计量后，与一定量的空气在缓冲罐内混合，CO_2 浓度控制在 25%～30%。然后，鼓泡进入反应器与预先置于釜中的 $Ca(OH)_2$ 悬浮液进行碳化反应。反应进程通过 DDS－11A 型电导率仪和 PHS－3D 型 pH 计在线测定和监控。

【实验步骤及方法】

（1）实验内容

在碳化液中，分别添加 1%的 $MgSO_4$ 或 0.5%的 EDTA 作为分散剂，测定和记录溶液电导率和 pH 值随时间的变化，观测和比较产品 $CaCO_3$ 粒子的粒径和形貌的变化。

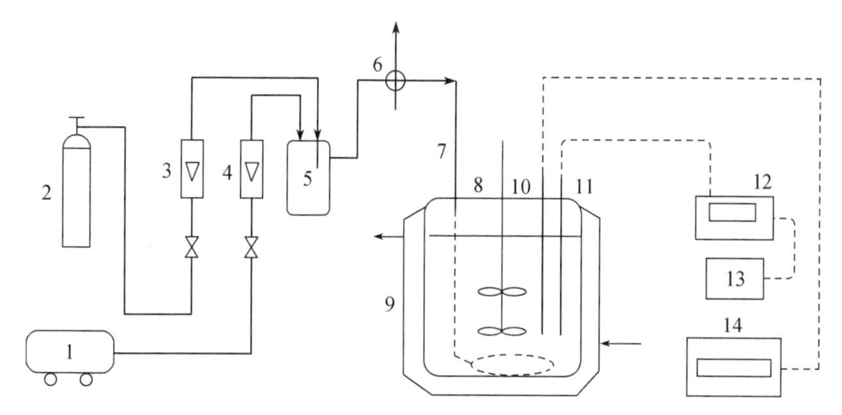

图 7-22-3　超细碳酸钙制备实验流程

1—空压机；2—CO_2 钢瓶；3—CO_2 流量计；4—空气流量计；5—配气缓冲罐；6—切换阀；7—气体分布器；8—电子恒速搅拌器；9—碳化反应器；10—pH 电极；11—电导电极；12—电导仪；13—电导记录仪；14—pH 计

(2) 实验步骤

① 消化制浆　将熟石灰(CaO＞97%)适当粉碎(粒度＜5 cm)和称量后，按 CaO：H_2O(1：4)～(1：5)的质量比，加入到 30 ℃的水中。搅拌反应 30 min 后，静置熟化10 h。然后，将浆料用 120 目滤网滤除残渣，得到石灰乳精浆，经分析后，稀释至浓度为 CaO80～120 g/L。

② 碳化反应　将一定浓度的悬浮液置于碳化反应釜中，接通电源和恒温水浴，控制搅拌速率为 400 r/min，待反应器内料液温度升至 30 ℃后，开启 CO_2 气体钢瓶和空压机，调节 CO_2 流量和空气流量的比值为(1：3)＝(1：2)，CO_2 与空气在缓冲罐内混合后，以 100～12 mL/min 的总流量，鼓泡进入反应器。启动电导率仪和 pH 计开始检测和记录。反应 10 min 后，添加适量的分散剂，继续反应，直到溶液的 pH 值降至 7～8 为止。

碳化完成后，将悬浮液取出，离心沉降脱除水分，然后，在烘箱中于 110～120 ℃下烘干。干燥后的碳酸钙经研磨、过筛，即为产品。

③ 碳酸钙产品的检测如下所示：

a. $CaCO_3$ 含量测定：用过量标准盐酸溶解试料，以甲基红-溴甲酚绿混合液为指示剂，用标准氧化钠反滴过量盐酸，据此求出 $CaCO_3$ 含量。

b. pH 值测定：取试料 10 g 溶于 100 mL 蒸馏水中，搅拌、静置 10 min 后，用 pH 计测定。

c. 沉淀体积的测定：将试料 10 g 置于有 30 mL 水的具塞刻度量筒中，加水至 100 mL 刻度后塞紧，以每分钟 120 次的频率摇振 3 min，静置 3 h。测定沉积物所占体积(mL/g)。

d. 晶体形貌和粒径的测定：用电子显微镜测定形貌；用粒度分布仪测粒度分布。

【实验数据处理】

① 列出实验记录表，记录碳化反应的温度、时间、搅拌速率、CO_2 浓度、气体流量、溶液的投料量、分散剂的名称、用量以及产品的重量等原始数据。

② 标绘碳化反应过程中溶液电导率和 pH 值随时间变化的趋势图。

③ 列出碳酸钙产品的检测结果。比较添加不同的分散剂后，观测到的产品粒径、粒径分布与晶体形貌。

【结果与讨论】

① 根据碳化反应中溶液电导率随时间变化的趋势图，讨论并说明溶液电导率在反应的不同阶段，发生变化的原因。如果碳化反应处于 $Ca(OH)_2$ 溶解控制，溶液电导率将如何变化？

② 本实验选用的两种分散剂，哪一种对 $CaCO_3$ 粒子的超细化作用更显著？请根据两种分散剂的性质，分析其作用机理。

③ 测定产品沉降体积的大小，可以比较产品的哪些特征？

【符号说明】

c_A^*——气液界面 CO_2 的浓度，mol/L；

c_{AL}——液相主体 CO_2 的浓度，mol/L；

c_{BL}——液相主体 $Ca(OH)_2$ 的浓度，mol/L；

c_{BS}——固液界面 $Ca(OH)_2$ 的浓度，mol/L。

参考文献

[1] 乐清华. 化学工程与工艺专业实验[M]. 北京：化学工业出版社，2018.

[2] 全国碳酸钙行业科学技术顾问组. 工业碳酸钙产品的粒度与分类[J]. 无机盐工业，1989. 1：1.

第8章　研究开发实验

实验23　一氧化碳净化催化剂的研制

【实验目的】

一氧化碳(CO)是含碳物质不完全氧化的产物，主要来自汽柴油内燃机车尾气和锅炉化石燃料燃烧废气的排放。CO是大气中分布最广和数量最多的污染物之一，在标准状态下，CO是一种无色、无味的气体，极易与血红蛋白结合，使其丧失携氧能力和作用，造成组织窒息，严重时死亡。中国标准执行的职业接触限值(GBZ/T230—2010)规定，短时间接触容许浓度最高为30 mg/m^3，空气中CO浓度超过800×10^{-6}，就会引起成人昏迷。因此，即使是低浓度的CO也有相当大的危害性，必须将其净化。

CO氧化反应是强放热过程，在热力学上非常有利，如式(8-23-1)，但常温下，CO的化学性质比较稳定，浓度越低越难转化，必须采用高效催化剂，才能在较低的温度下将CO氧化脱除。

$$CO+1/2O_2 = CO_2 \Delta G_0=-257.2\ kJ/mol \quad \Delta H_0=-283\ J/mol \qquad (8\text{-}23\text{-}1)$$

CO催化氧化反应机理十分复杂，不同的催化剂体系、不同的反应气氛和反应温度均会引起反应机理上的差异，这方面的研究仍是催化领域内的热点课题。2007年，德国科学家格哈德·埃特尔(Gerhard Ertl)因揭示了CO在铂催化条件下的氧化反应机理，被授予了诺贝尔化学奖。本实验通过低浓度CO氧化反应催化剂研制，达到如下教学目的：

① 了解常用的低浓度CO净化技术。

② 了解低浓度CO氧化净化过程常用催化剂的类型，自主设计催化剂，掌握制备方法。

③ 掌握催化剂性能测试及工艺考评方法，合理设计工艺条件，获得有效实验数据。

④ 培养团队协作精神，通过有效沟通与合作完成实验任务。

⑤ 能够辨识CO气体催化反应过程中潜在危险因素，掌握安全防护措施，具备事故应急处置能力。

【实验原理】

(1) 催化剂组成的设计及制备

负载型催化剂是活性组分及助催化剂均匀分散、负载在专门选定的载体上的一种催化剂。按催化剂物化性能要求，可选择具有适宜的孔结构和表面积的载体，使活性组分的烧结和聚集大大降低，增强催化剂的机械性能和耐热、传热性能。有时，载体与活性组分之间的强相互作用能提供附加活性，负载型催化剂具有高选择性、高活性且稳定性好的特点。低浓度CO氧化催化剂主要有两大类：一类是负载型过渡金属氧化物催化剂，主要由Cu、Mn、Co、Ni、Fe、Cr等具有氧化还原特性的过渡金属的氧化物为活性组分，以Al_2O_3、TiO_2、CeO_2、ZrO_2等为载体构成。因其价格低廉、制备方法简单等优点，受到普遍关注，有不少催化剂已投入商业应用，但此类催化剂大多存在着活性较低、在潮湿环境中易失活等缺点。另一类是负载型贵金属催化剂，主要以Au、Pt、Pd、Ag等贵金属为活性组分，以Al_2O_3、TiO_2、CeO_2等为载体构成。Au/TiO_2、Pt/CeO_2和Pd/Al_2O_3等催化剂均对低浓度CO氧化净化具有较好的催化效果，贵金属催化剂通常具有活性高、稳定性好的特点，但因其价格昂贵，发展与应用受到一定限制。

催化剂的活性不仅取决于催化剂的组成，还与催化剂的比表面积、孔结构，以及活性组分的颗粒大小等密切相关，因此，催化剂的活性与制备方法相关。浸渍法是工业应用最广泛的催化剂活性组分负载方法，将载体与金属盐溶液接触，使金属盐溶液浸渍吸附到载体的毛细孔中，通过干燥将水分蒸发使金属盐留在载体表面，再经过焙烧、活化得到活性组分高分散的负载型催化剂。浸渍法的优点有：① 选用合适的载体，能提供催化剂所需的物理结构；② 活性组分利用率高，用量少，成本低；③ 设备简单，操作相对灵活。浸渍法的缺点是浸渍及干燥过程中，活性组分在载体孔道内部容易分布不均匀。浸渍法常分为等体积浸渍法、过量浸渍法、多次浸渍法。

(2) 工艺条件设计

催化剂的工艺考评通常包括催化剂的活性和选择性。催化剂的活性常用单程转化率来描述，即原料通过催化床一次，催化剂使原料转变的百分率；催化剂的选择性则用消耗的原料转变为目的产物的百分率表示。转化率和选择性常为相互制约的两种特性，多数的催化剂在高转化率条件下，选择性往往下降。本实验主要考评催化剂的活性，即CO氧化反应单程转化率，一般会受到反应物浓度、空速、反应温度及反应器构造等多个因素的影响，在筛选催化剂时，应在相同的工艺条件下比较催化剂活性。

【预习与思考】

① CO的净化技术有哪些具体的应用？

② 催化剂有哪些分类？有哪些制备方法？

③ 浸渍法制备有哪些主要步骤？每个步骤的作用是什么？

④ 评价催化剂性能的工艺流程一般由哪几部分构成？在实验时各个部分应注意哪些问题？

【实验装置及流程】

(1) 催化剂制备

催化剂制备设备包括容量瓶、电子天平、移液枪、坩埚、烘箱、马弗炉等。

(2) 催化剂考评实验流程

催化剂活性评价在固定床反应器上进行，流程示意图如图8-23-1所示。

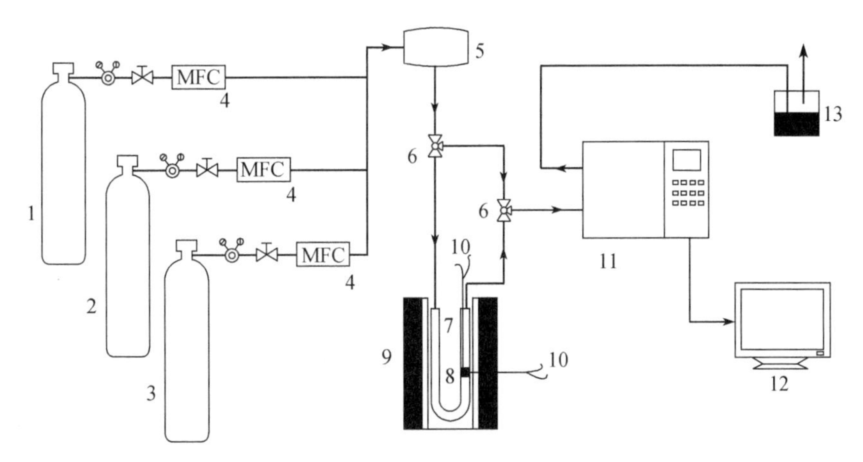

图 8-23-1　CO 催化氧化反应流程图

1—CO 钢瓶；2—O_2 钢瓶；3—N_2 钢瓶；4—流量控制器；5—气体混合器；6—三通阀；7—U 形反应管；8—催化剂；9—加热炉；10—热电偶；11—气相色谱仪；12—计算机；13—尾气吸收装置

考评装置由三部分组成，即原料进气部分、固定床反应器部分以及色谱分析部分。反应原料气体从气体钢瓶经由质量流量控制器调节后进入混合器，之后进入固定床反应器中，在一定温度下流经反应管中的催化剂床层进行反应，反应管出口气体经取样，进入气相色谱仪检测。反应管可选用 U 形石英反应管，其内径约为 6 mm，管壁厚度 1 mm，管长约 200 mm。反应管出气侧底部内置砂芯装置，外接热电偶套管伸入反应管内，套管底部与催化剂床层上表面接触。气相色谱仪用于在线分析反应尾气中 CO 和 CO_2 的摩尔含量。

【实验研究内容】

(1) 实验任务

通过查阅文献，了解低浓度 CO 催化氧化研究与应用的发展历程，围绕该催化氧化过程，自主设计负载型催化剂，并考察实验工艺条件的变化对催化反应转化率的影响。在此基础上，分析比较不同载体和活性组分所制得的催化剂在特定工艺条件下的催化剂活性数据，对实验结果进行讨论。

(2) 实验设计

① 催化剂设计任选 CeO_2、Al_2O_3、TiO_2 三种载体中的一种，颗粒度控制为 60～100 目，用等体积浸渍法负载活性组分。活性组分可选用过渡金属如 Cu、Mn、Co 的氧化物，负载量 5%～25%(质量分数)；或者贵金属如 Au、Pt、Pd 等成分，负载量可取 0.5%～5%(质量分数)。

② 工艺条件选择自主设计并计算原料气配比，考评不同 CO 浓度、不同空速条件下催化剂的活性随温度的变化情况，并以 CO 转化率达 90%时的温度作为催化剂活性高低的评价指标。CO 浓度可选区间为 500×10^{-6}～$5\,000\times10^{-6}$；空速可选区间为 5 000～30 000 h^{-1}。例如，可在 15 000 h^{-1} 的空速下做三组实验，对应的 CO 浓度分别为 500×

10^{-6}、$1\,000\times10^{-6}$和$5\,000\times10^{-6}$。

(3) 操作步骤

① 等体积浸渍法制备催化剂如下：

a. 饱和吸水量测定　预先干燥(120 ℃,4 h)载体，称取 5 g，置于 50 mL 烧杯中，逐滴加水并用玻璃棒不断翻动，直至载体颗粒表面有液滴流出，即得到该载体的饱和吸水量。等体积浸渍时所用的总液量应与该饱和吸水量相当。

b. 催化剂负载　以 1.0%(质量分数)负载量的 Pt/Al_2O_3 为例，将封装 1 g 的 $H_2PtCl_6\cdot6H_2O$ 溶于去离子水中，定容到 25 mL 棕色容量瓶，经计算该溶液浓度为 15.06 mg(Pt)/mL；称取 5 g Al_2O_3 粉末，则达到 1.0%(质量分数)负载量需要 Pt 的质量为 50 mg，用移液枪从容量瓶中取对应体积的溶液于 25 mL 小烧杯中，先加少于饱和吸水量的去离子水稀释，然后逐滴滴加，并充分搅拌，直至载体表面有液滴流出，总的加液量应当与饱和吸水量相当。

c. 老化、焙烧　负载后的催化剂先放在通风橱中老化 12 h，让水分缓慢蒸出，使活性组分分布均匀，然后移至 120 ℃烘箱中干燥 4 h，最后用马弗炉在 400 ℃下焙烧 4 h，使前驱体氧化分解为金属氧化物。对于贵金属催化剂，使用前需进行还原活化。

② 催化剂的考评如下：

a. 取适量的石英棉，塞入到反应管进气侧内，高约 2 mm，达到气体预热目的；

b. 称取催化剂置于砂芯上，装填量为 50 mg，保证催化剂床层顶部平整，催化剂床层高度约为 6 mm；

c. 将热电偶套管插入反应管，与催化剂床层接触，连接反应管两端至管路；

d. 将反应管置于立式管式炉中，并插入热电偶，反应过程中反应器加热温度由管式炉程序控温，实际温度由插入至催化剂床层中的热电偶测量；

e. 开启氮气钢瓶，置换系统约 10 min，然后切换为原料气配比；

f. 反应器开始程序升温，反应升温速率为 1 ℃/min，由室温升至 350 ℃，每隔 20 ℃进行气相色谱取样分析；

g. 记录工艺条件和实验数据，并加以初步分析，以判断是否出现异常情况。

③ 色谱分析如下：

a. 色谱柱为碳分子筛填充柱，2 m×3 mm；载气 N_2，柱温 75 ℃，柱前压约 0.12 MPa；

b. 检测器氢火焰检测器，检测器温度 150 ℃，配备甲烷化炉，温度为 360 ℃。气样中的 CO 及反应产物 CO_2 在进入检测器之前先转化为 CH_4，可提高检测灵敏度，CO 最低可检测体积浓度为 0.5×10^{-6}。

(4) 数据处理

① CO 转化率　由于色谱仪配有甲烷转化炉，反应物 CO 及反应产物 CO_2 都将全部转化为 CH_4 进入检测器检测，反应物 CO 的色谱峰面积和 CO_2 的色谱峰面积的校正因子相同。

计算公式为：

$$X_{CO}=\frac{n_{CO_2}}{n_{CO}+n_{CO_2}}=\frac{A_{CO_2}f_{CO_2}}{A_{CO_2}f_{CO_2}+A_{CO}f_{CO}}=\frac{A_{CO_2}}{A_{CO_2}+A_{CO}} \tag{8-23-2}$$

式中：X_{CO}——CO 转化率；

n_{CO_2}——反应器出口 CO_2 摩尔含量；

n_{CO}——反应器出口 CO 摩尔含量；

A_{CO_2}——CO_2 色谱峰面积；

A_{CO}——CO 色谱峰面积；

f_{CO_2}，f_{CO}——CO_2、CO 色谱峰校正因子（CO 和 CO_2 校正因子相同）。

② $T_{90\%}$　以转化率对反应温度作图，当 CO 转化率达到 90%时的温度记为 $T_{90\%}$，$T_{90\%}$越低，则催化剂活性越高。

③ 实验结果分析　分析不同工艺条件下的催化剂活性数据，对实验结果进行讨论，包括曲线趋势的合理性、误差分析、成败原因等，比较不同组成或不同类型催化剂的活性，讨论影响因素。

【结果讨论】

① 为什么可以用达到一定转化率所需的温度来表示催化剂活性？还有其他表示方法吗？

② 哪些因素会影响催化剂的活性？请加以分析。

③ 将本组的实验结果与其他组相比，是否有差异？试讨论原因。

参考文献

[1] 张纪领，尹燕华，张志梅. CO 低温氧化霍加拉特催化剂的研究工业催化[J]. 2007，15(6)：56 - 61.

[2] Xu J，White T，Li P，et al. Biphasic Pd-Au alloy catalyst for low temperature CO oxidation[J]. J Am Chem Soc，2010，132：10398 - 10406.

[3] Nu Y. Ma Q. Xu Y F. et al. CO oxidation over Pd catalysts supported on different supports，A consideration of oxygen storage capacity of catalyst[J]. Advanced Materials Research，2012，347 - 353：3298 - 3301.

实验 24　苯-乙醇烷基化制乙苯催化剂的开发研究

据统计目前有 90%以上的化工产品是借助催化剂生产出来的，没有催化剂就不可能建立近代的化学工业，因此催化剂的研究和开发，是现代化学工业的核心问题之一。

在工业催化剂的开发过程中，实验室的工作是基础。通过对催化剂制备条件的研究筛选出性能优异的催化剂，同时结合催化剂的表征探讨催化剂制备条件与催化剂性能之间的关系，为催化剂的工业应用提供依据。

本实验拟以苯-乙醇烷基化反应为探针，通过对催化剂的制备、催化剂性能的考评、比表面积与孔结构的测定，了解实验室催化剂的开发研究方法，达到综合训练的目的。

【实验目的】

① 了解和掌握分子筛催化剂开发的过程和研究方法；

② 学会查阅和分析相关文献资料，制订实验研究方案；

③ 掌握催化剂的制备、评价和表征，获取相应数据并进行分析；

④ 培养团队协作精神，通过有效沟通与合作完成实验任务；

⑤ 能够辨识苯乙醇烷基化反应过程中潜在危险因素，掌握安全防护措施，具备事故应急处置能力。

【实验原理】

苯-乙醇烷基化制乙苯的反应中，

主反应：

$$C_6H_6 + C_2H_5OH \longrightarrow C_6H_5{-}C_2H_5 + H_2O \tag{8-24-1}$$

主要副反应：

$$C_6H_5{-}C_2H_5 + C_2H_5OH \longrightarrow C_2H_5{-}C_6H_4{-}C_2H_5 + H_2O \tag{8-24-2}$$

除此之外，还会发生乙醇脱水、异构化和歧化等反应，生成乙烯、甲苯、二甲苯以及二氧化碳等副产物。因此，制备高选择性、高活性的催化剂，对于提高乙苯收率具有重要意义。

苯-乙醇烷基化可采用改性的中孔 ZSM－5 分子筛作为催化剂，ZSM－5 沸石分子筛是一种具有规则孔道的晶态硅铝材料，由于其具有较大的比表面积、强酸性和形状选择性，在苯烷基化反应中表现出优良的催化活性和选择性，但不同组成和结构的 ZSM－5 催化剂，其催化性能会有较大差异，而且会造成反应条件和产物分布的不同。

ZSM－5 分子筛是结晶型的硅铝酸盐，通常采用水热合成法制备。其合成方法是将含硅化合物(水玻璃、硅溶胶等)、含铝化合物(水合氧化铝、铝盐等)、碱(氢氧化钠、氢氧化钾等)和水按适当比例混合，一定温度下在高压釜中加热一定时间，晶化得到 NaZSM－5 分子筛晶体。为了适应分子筛催化剂的不同特性，需要将分子筛中的 Na^+ 交换成氢型或其他阳离子以制备与反应要求相适应的分子筛催化剂。

分子筛催化剂的离子交换一般使用阳离子的水溶液，在一定的温度和搅拌下通过一次或数次交换，以达到要求的交换度。其离子交换流程为：

NaZSM－5→离子交换→洗涤过滤→干燥→成型→焙烧→催化剂产品

分子筛的离子交换条件如温度、交换液浓度、交换次数、焙烧条件等都会对催化剂的性能产生影响。因此通过改变离子交换条件可以制备出各种不同的催化剂，同时也可以通过引入其他阳离子对分子筛进行改性获得各种不同性能的分子筛催化剂。

催化剂考评条件的不同，如温度、配料比、空速等都会影响催化剂的性能，因此在考评及筛选催化剂时，应在相同的工艺条件下进行，通过催化剂的考评来筛选出性能优良的催化剂并确定分子筛的最佳制备条件。

催化剂的性能主要取决于其化学组成和物理结构，催化剂的比表面积与孔结构是描述多相固体催化剂的一个重要参数。测定催化剂比表面积和孔结构的常用方法是 BET 法和色谱法，其基本原理均基于气体在催化剂表面的吸附理论。催化剂的比表面积和孔径分布可以采用麦克公司 ASAP2020 型全自动物理化学吸附仪进行测定表征。

【预习与思考】

① 查阅有关文献，了解 ZSM－5 分子筛合成及改性方法以及乙苯的合成方法。

② 苯-乙醇烷基化反应是放热还是吸热反应？如何判断？

③ 实验室反应器有哪些类型？评价苯-乙醇烷基化反应的反应器属哪种类型？有什么优缺点？

④ 分析本实验中影响催化剂活性和选择性的因素主要有哪些？

⑤ 催化剂的宏观物理性能包括哪些方面？对催化剂性能有何影响？

【实验装置及流程】

① 催化剂制备　500 mL 三口烧瓶，电热套，冷凝管，搅拌器及配套部件，真空泵，催化剂挤条成型机，烘箱，马弗炉。

② 催化剂考评　如图 8-24-1 为气固相催化反应装置，包括反应器及温度控制器、预热器及温度控制器、流量计、进料泵、冷凝器。

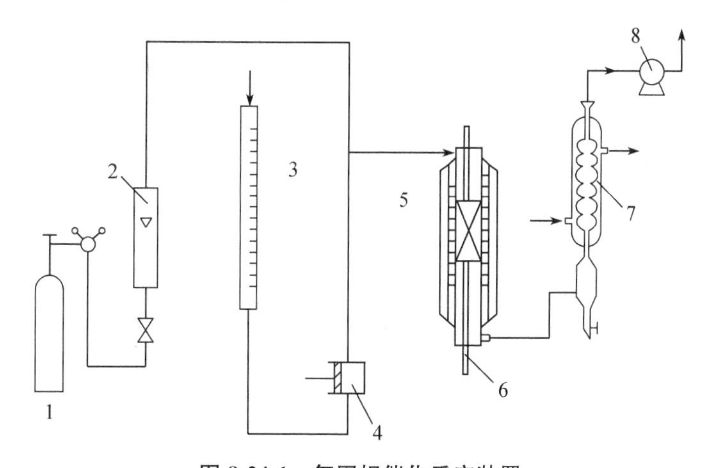

图 8-24-1　气固相催化反应装置

1—氮气钢瓶；2—转子流量计；3—计量管；4—微量泵；
5—反应器；6—热电偶；7—冷凝器；8—流量计

③ 催化剂表征　ASAP2020 型全自动物理化学吸附仪(麦克公司)。

④ 产物分析　气相色谱方法分析各组分的含量。

【实验研究内容】

（1）实验任务

根据苯与乙醇反应制备乙苯催化剂的性能要求，通过对 ZSM－5 分子筛催化剂的改性研究，制备出 2～3 种不同系列催化剂，通过对催化剂性能的考评筛选出具有优良性能的催化剂，并对该催化剂进行反应工艺条件的影响评价及结构表征。

（2）方案设计

① 结合文献资料，确定催化剂制备及表征方案。

② 结合文献资料，确定催化剂考评方案及原料、产物的分析方法。

③ 制定原始数据记录表及实验数据处理方法。

④ 列出化学品安全技术说明书，针对催化剂制备和烷基化反应，开展实验过程危险性分析，制定安全防护措施。

（3）操作步骤

① 催化剂制备称取 50 g 已合成的 NaZSM－5 分子筛装入三口烧瓶中，用量筒量取预先配制好的 1 mol/LNH_4NO_3 溶液 500 mL 倒入三口烧瓶中。然后将三口烧瓶放入电热碗中，装上回流冷凝器，搅拌器、温度计，并打开冷却水。启动搅拌器，加热升温，控制温度在 90 ℃下搅拌反应 2 h，然后停止搅拌并降温，待交换液温度降至 40～50 ℃时，进行洗涤和过滤。洗涤完毕。取出滤饼放在蒸发皿内置于烘箱中，在 120 ℃下烘干，500 ℃焙烧 4h 后按上述条件进行第二次离子交换。将经第二次离子交换、过滤、洗涤、烘干后的分子筛研细，然后以 4∶1（质量比）的比例加入黏合剂氧化铝，混合均匀后加入少量稀 HNO_3 进行捏和，捏和充分后将物料放入挤条机中进行挤条成型，成型后的催化剂经烘干、500 ℃焙烧后粉碎成 20～40 目大小的颗粒备用。可以选用不同合成条件、不同离子交换条件或引入其他阳离子、改变焙烧温度等方式制备得到各种不同系列的改性 ZSM－5 分子筛催化剂。

② 催化剂活性考评如下：

a. 装置建立　按催化剂评价要求建立好反应装置，连接好 N_2 管及加料管，配制好苯-乙醇反应液，苯醇比为 4，并校正 N_2 流量及泵的流量。

b. 催化剂装填　量取 20 mL 20～40 目 HZSM－5 分子筛催化剂，装填入反应器，装填时要注意使催化剂装填在恒温区，并保证装填均匀。反应器装好后需进行气密性检查。

c. 反应　开启加热电源升温，设定汽化温度为 200 ℃，初始反应温度为 220 ℃，并同时通入 N_2，待温度稳定后开始加入已配制好的苯-乙醇原料，反应开始后每隔 30 min 取样，将收集的冷凝液用分液漏斗分离出烃层及水层，分别称重，烃层用气相色谱分析其组成。可以通过改变反应温度、苯醇比、空速等条件，测定不同工艺条件对催化剂性能的影响，获得最佳的工艺条件。

d. 停车　实验结束后，先停止加料，继续通入 N_2 进行催化剂的吹扫，约半小时后停止加热，降温至 100 ℃以下关闭 N_2。

③ 催化剂比表面积及孔结构表征　催化剂比表面积及孔结构表征采用麦克公司 ASAP2020 型全自动物理化学吸附仪进行表征。

(4) 数据处理

① 根据催化剂考评结果计算乙醇转化率、苯转化率、乙苯选择性、乙苯收率。

② 比较不同催化剂的比表面积、孔径分布。

【结果与讨论】

分析实验数据，做出反应条件对转化率、选择性、收率影响的曲线，比较不同催化剂的催化性能，筛选出性能最好的催化剂及工艺条件，并对实验结果进行分析讨论。

参考文献

[1] 朱洪法，刘丽芝. 催化剂制备及应用技术[M]. 北京：中国石化出版社，2011.

[2] 张立东，李钒，周博. 稀土改性 ZSM－5 分子筛催化乙苯合成的研究[J]. 天津化工，2016，30(3)：30.

[3] 程志林，赵训志，邢淑建. 乙苯生产技术及催化剂研究进展[J]. 工业催化，2007，15(7)：4.

[4] Yang Weimin, Wang Zhendong. Sun Hongmin. Advances in development and industrial applications of ethylbenzene processes[J]. Chinese Journal of Catalysis, 2016, 37(1): 16.

[5] 高俊华，张立东，胡津仙. 不同 HZSM－5 催化剂上苯与乙醇的烷基化反应[J]. 石油学报：石油加工，2009，25(1)：59.

实验 25　多孔催化剂比表面积及孔径分布的测定

固体催化剂大多是多孔材料，催化反应通常发生在催化剂的孔壁上。比表面积及孔径分布是描述多孔催化剂的重要结构参数，研究与掌握多孔催化剂的比表面积及孔径分布，对于改进催化剂的织构，提高反应过程的活性和选择性具有重要的意义。

【实验目的】

① 了解物理吸附法测定比表面积及孔径分布的原理；

② 掌握静态容量法测定比表面积及孔径分布的方法；

③ 掌握全自动比表面积与孔径分析仪的操作方法；

④ 掌握比表面积及孔径分布实验数据的采集与计算方法。

【实验原理】

固体催化剂的比表面积通常指单位重量催化剂的总表面积，以符号 S_g(m^2/g)表示，其测定原理一般基于布鲁诺尔(Brunauer)、埃米特(Emmett)和泰勒(Teller)(统称为 BET)提出的多层吸附理论，认为在液氮温度下待测固体对吸附质氮气发生多层吸附，氮气的吸附量 V_d 与氮气的相对压力 p_{N_2}/p_S 有关，其关系式适用 BET 吸附等温方程：

$$\frac{p_{N_2}/p_S}{V_d(1-p_{N_2}/p_S)}=\frac{1}{V_mC}+\frac{C-1}{V_mC}\times\frac{p_{N_2}}{p_S} \tag{8-25-1}$$

式中：p_{N_2}——吸附温度下氮气吸附平衡时的压力；

p_S——吸附温度下氮气的饱和蒸气压；

V_d——吸附平衡时的氮气吸附量，mL；

V_m——氮气单分子层饱和吸附量，mL；

C——常数，与吸附质和固体表面之间作用力场的强弱有关。

在实验测定得到与各相对压力 p_{N_2}/p_S 相应的吸附量 V_d 后，根据BET吸附等温方程将$\frac{p_{N_2}/p_S}{V_d(1-p_{N_2}/p_S)}$对$\frac{p_{N_2}}{p_S}$作图得到一直线，其斜率为：$a=\frac{C-1}{V_mC}$，截距为：$b=\frac{1}{V_mC}$。

由斜率和截距求得单分子层饱和吸附量 V_m 为：

$$V_m=\frac{1}{a+b} \tag{8-25-2}$$

若知单个吸附质分子(此处为氮气)的横截面积，就可求出催化剂的比表面积，即：

$$S_g=\frac{V_mN_AA_m}{22\,400\omega}\times10^{-18} \tag{8-25-3}$$

式中：S_g——催化剂比表面积，m^2/g；

N_A——阿伏伽德罗常量，约 6.023×10^{23}；

A_m——吸附质分子的横截面积，nm^2；

ω——催化剂样品质量，g。

当吸附质为 N_2 时，液氮温度下液态六方密堆结构的氮分子的横截面积为 $0.162\ nm^2$，该式可简化为：

$$S_g=4.36\,\frac{V_m}{\omega} \tag{8-25-4}$$

BET方程的适用范围为 $p_{N_2}/p_S=0.05\sim0.35$，相对压力超过0.35可能发生毛细管凝聚现象。此外，C 值要求在50～300，否则计算结果误差较大。

孔容积随孔径变化的关系称为孔径分布。测定固体催化剂的孔径分布是基于毛细孔凝聚的原理。假设用许多半径不同的圆筒孔来代表多孔固体的孔隙，当这些孔隙处在一定温度下(例如液氮温度下)的某一吸附质气体(例如氮气)环境中，则有一部分气体在孔壁吸附，如果该气体冷凝后对孔壁可以润湿的话(例如液氮在大多数固体表面上可以润湿)，则随着气体的相对压力逐渐升高，除各孔壁对气体的吸附层厚度相应地逐渐增加外，还同时发生毛细孔凝聚现象。半径越小的孔，越先被凝聚液充满，在孔内形成弯月液面。随着气体相对压力不断升高，则半径较大一些的孔也被冷凝液充满。当相对压力达到1时，则所有的孔都被充满，并且在所有表面上都发生凝聚。

孔内凝聚液体(例如液氮)弯月面的曲率半径 ρ 与吸附质气体相对压力间的关系，可以用开尔文(Kelvin)公式表示：

$$\ln\frac{p}{p_S}=-\frac{2\delta V_M\rho}{RT} \tag{8-25-5}$$

式中：p——吸附温度下弯月液面上吸附质吸附平衡时的压力；

p_S——吸附温度下平坦液面上吸附质的饱和蒸气压；

δ——吸附质液体的表面张力，10^{-5} N/cm；

V_M——吸附质液体的摩尔体积，mL/mol；

ρ——弯月液面的曲率半径，nm；

R——气体常数；

T——热力学温度。

曲率半径与毛细孔半径 r_K 之间的关系为：

$$r_K = \rho\cos\phi \tag{8-25-6}$$

式中：r_K——发生毛细孔凝聚时的孔半径，也称开尔文半径或临界半径，nm；

ϕ——弯月液面与固体表面间的接触角。

在吸附质为 N_2 及液氮温度(77 K)下：

$$r_K = \frac{0.414}{\lg(p_{N_2}/p_S)} \tag{8-25-7}$$

当脱附时，在某一 p_{N_2} 值下毛细孔解除凝聚后，孔壁还会保留与当时相对压力相应的吸附层，所以实际孔半径 r(nm)等于临界半径 r_K 与吸附层厚度 t 之和：

$$r = r_K + t \tag{8-25-8}$$

随着相对压力逐步降低，除与之相应的临界半径的毛细孔解除凝聚外，已解除凝聚的毛细孔壁的吸附层也逐渐减薄，所以脱附出的气体量是这两部分贡献之和。以氮为吸附质时，海尔赛(Halsey)公式所描述的吸附层厚度 t(nm)为：

$$t = -\frac{0.557}{\lg(p_{N_2}/p_S)^{1/3}} \tag{8-25-9}$$

式(8-25-7)～式(8-25-9)是计算孔径分布的基本关系式。可通过改变相对压力分别测出充满各不同半径的毛细孔的凝聚液体积 V_r 值，再用开尔文公式计算相应于各相对压力的孔半径 r 值。显然，与 r 相应的凝聚液体积 V_r 就是所有小于或等于 r 的孔的总体积。V_r 对 r 作图所得的曲线即为孔大小的积分曲线，由积分曲线可求得导数 dV_r/dr，从而可得到孔径分布的微分曲线，简称孔径分布曲线。

【预习与思考】

① 单分子层吸附和多分子层吸附的主要区别是什么？

② 吸附等温线和磁滞回线的类型有哪几种？分别代表什么含义？

③ 影响本实验误差的主要因素有哪些？

【实验装置及流程】

本实验按照静态容量法，使用 ASAP2020 型全自动比表面与孔径分析仪进行测试，吸附质气体为 N_2，载气为 He。该全自动分析仪由两部分管路组成，分别用于预处理和吸/脱附测试两个阶段，吸/脱附测试阶段的管路流程见图 8-25-1。

静态容量法测试通常在液氮温度(77 K)下进行。需要测试的催化剂样品(例如活性

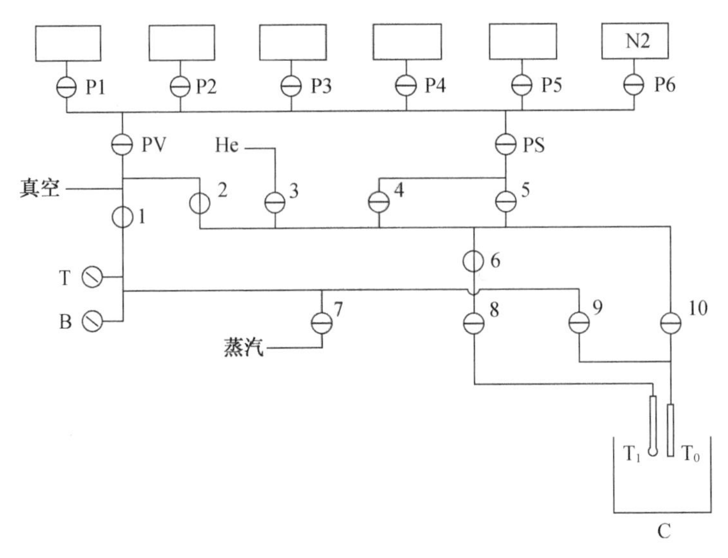

图 8-25-1　吸/脱附测试阶段管路流程示意图

P1～P6—稳压阀；1～10，PV，PS 转换阀；B—压力传感器；

T—温度传感器；C—液氮冷阱

氧化铝)，颗粒度以 40～140 目为宜，应先进行适当的前期处理，以脱除样品中吸附的大量水汽和其他杂质，确保在测试过程中不发生分解或产生腐蚀性气体。已处理的样品准确称量后放入样品管中，将样品管安装在全自动分析仪的预处理管路上，启动预处理程序，开始加热并抽真空脱气。同时，整个系统的吸/脱附测试管路也进行抽真空，以达到所需的真空度。管路抽真空完成后，将样品管移装到测试管路上，并浸入杜瓦瓶中的液氮浴中，以使样品在吸/脱附测试过程中保持恒温 77 K。随后在样品管充入已知量的吸附质气体 N_2，此时系统真空度会上升，而样品慢慢吸附气体后真空度又逐渐下降，一段时间后系统压力趋于稳定，标志着吸附基本达到平衡。测定气体的平衡压力(p_N)，并计算出该平衡压力下样品孔道中的气体吸附量(V_d)。逐次向系统增加吸附质气体量以改变压力，重复上述操作，测定并计算得到不同平衡压力下的吸附量值。

【实验步骤与方法】

(1) 实验准备

开启外围设备包括真空泵、计算机等，打开全自动分析仪主机电源，启动应用软件，并按照相应启动程序，手动设置设备抽真空，以清洁系统管路，一段时间后再检查真空度能否达到设定要求。检查 N_2、He 气瓶是否能正常使用，减压阀出口压力值是否合适(0.1～0.15 MPa)。在样品测试之前向杜瓦瓶中倒入适量的液氮，并在随后的测试过程中注意观察杜瓦瓶中液氮位置，始终保持液氮充足。

(2) 样品前期处理及脱气

① 待测样品前期处理　当待测样品暴露于空气中时，其内部丰富的孔道可能吸附有很多水分及其他无机或有机杂质，这些物质的存在不但会堵塞样品的内部孔道，影响测定结果，还会在测试过程中释放出来或发生分解，所产生的气体等物质会污染仪器管路。同

时，考虑到样品需要在液氮及真空状态下进行测试，其物质结构的稳定性也应事先得到保证。所以，样品上机分析前通常需要进行前期处理，应在 120 ℃下烘干 2 h 左右(视样品吸湿情况而定，若用真空烘箱效果更好)，同时观察样品的物理性状如颜色、形状等是否有变化。性状稳定的样品自然冷却至室温后，放入干燥器皿或样品袋中密封保存。

② 待测样品称量按如下几步操作

a. 样品管组件总重量的测定　根据样品的特性确定是否选用填充棒(注：预计样品的 $S_g < 10\ m^2$ 时推荐使用，以减少测试系统的自由空间体积，否则无须使用)，用精密电子天平测定所选用的填充棒及带塞样品管的总质量。

b. 脱气前样品和样品管组件总重量的测定　取出塞子和填充棒，利用漏斗将待测样品加入样品管底部(注：应保持样品管壁清洁)，重新放回填充棒并按上塞子，用天平测定包含样品及填充棒和塞子的样品管的总重量。在样品脱气分析前，将数据填入已建立测试程序的样品信息表中。

③ 待测样品脱气

首先从脱气管路上拧下堵头，将样品管安装到脱气管路上，样品管底部放入加热包内，用夹子夹紧。从计算机测试软件菜单栏内 Unit 选择 Star Degas，然后点击右侧浏览键 Browse，选择脱气文件，点击 Start 进行脱气。

(3) 吸、脱附等温线测试阶段

脱气结束，待样品管冷却至室温后，取下样品管，再次测定总重量，并将数据填入样品信息表中。随后将样品管安装到测试管路上，拧紧，并将 P 管移至样品管旁边，一起放入杜瓦瓶的液氮中，液面须覆盖住样品管底部。

从测试软件菜单栏 Unit 中选择 Sample Analysis，选择要分析的文件，点击 OK，确认分析参数是否需要修改，点击 Star 进行分析。

吸、脱附测试阶段主要分为三个部分，即 N_2 饱和蒸气压(p_s)的测定、自由空间体积的测定，N_2 吸、脱附等温线的测试。

① N_2 饱和蒸气压的测定　使用静态容量法进行物理吸附分析时，N_2 饱和蒸气压是通过专用的 P_0 管进行测试的。P_0 管是一根一端密封的毛细管，位于样品管附近，以保证与样品管处于同一测试环境。测试时，先抽空 P_0 管，然后注入 N_2 直至压力达到恒定，测定此时的气体压力即为饱和蒸气压(p_s)。此步骤由测试程序在测试准备阶段自动完成，并作为基准以便调节测试过程中吸附气体的填充量。

② 自由空间体积的测定　在采用静态容量法测定比表面积及孔径分布时，吸附质气体的填充空间除了样品的孔道外，还有样品管内空间以及测试管路连接处等其他内部空间，因此，计算样品对气体的吸附量时，应当从气体所有的填充体积中扣除这些内部空间中气体占据的体积。这些内部空间的体积之和，换算成标准状态下 N_2 的体积，即称之为自由空间体积，也称等效死空间。

自由空间体积的测定可通过 He 填充的方式来实现：首先在室温下向歧管内注入 He，稳定后测定压力。然后打开歧管和样品管间的隔离阀，使 He 扩散进入样品管(即上述含有样品和填充棒的样品管)，平衡后再次测定压力。保持隔离阀打开，使样品管浸入杜瓦瓶中的液氮中降温，此时系统内压力下降，重新达到平衡后记录压力值。根据上述过程，计算出冷/热自由空间体积的值，自动记录在计算机软件系统中，以便在后续 N_2 吸脱附量的计算中除折。在测定温度下采用 He 进行体积校准，是目前经典的自由空间体积测定方法，但其应用有两个前提：a. He 不被样品吸附或吸收；b. He 不能渗入吸附质（如 N_2）不能进入的区域。

③ N_2 吸脱附等温线的测试　测试时确保样品管浸入液氮浴中。测定吸附等温线时，向样品管中充入已知量的吸附气体 N_2，待系统中的真空度稳定后测定气体的平衡压力（p_{N_2}），再由气体充入量扣除自由空间体积后，计算出此平衡压力下的吸附量（V_d）。逐次向系统增加吸附质气体量以改变压力，重复上述操作，测定并计算得到不同平衡压力下的吸附量值。将一系列相对压力（p_{N_2}/p_S）对吸附量（V_d）作图，所得曲线即为吸附等温线。测定脱附等温线时，则通过抽气来逐次脱除样品中吸附的气体，计算出样品中剩余的吸附量，测定相对应的平衡压力，同样得到一组相对压力下的吸附量数据，作图后即为脱附等温线。吸/脱附等温线测试过程由测试程序自动控制，并记录相应数据。

（4）测试报告及关机程序

① 报告生成　从菜单栏 Report 中点击 Star Report 选择相应的文件名，选择需要采用的分析模型及方法，点击确定生成样品报告文件，并打印出测试报告。

② 关机程序　先关闭气瓶阀门，之后关闭应用软件和全自动分析仪主机电源，最后关闭外围设备。

【实验数据处理】

按表 8-25-1 内容做实验记录，并进行计算整理。

表 8-25-1　比表面积与孔径分布的实验记录及计算表

样品名称________；样品质量________g；室温________K。

序号							
p_{N_2}/p_S							
V_d							
$V_d(1-p_{N_2}/p_S)$							

比表面积计算时，取相对压力 p_{N_2}/p_S、在 0.05～0.35 的实验数据，对 p_{N_2}/p_S－$\dfrac{p_{N_2}/p_S}{V_d(1-p_{N_2}/p_S)}$作图，求得斜率和截距，然后按式(8-25-1)～式(8-25-3)求得比表面积。

孔径分布的计算方法较为复杂。对于孔径在中孔范围的催化剂样品（占催化剂大多数），目前最常用的计算模型是 Barret、Joyner、Halenda 三人提出的，即 BJH 方法，该方法假定：① 孔道是刚性的，且孔径分布窄；② 没有微孔或很大的大孔。计算时，不论采用的是等温线的吸附分支，还是脱附分支，数据点均按压力降低的顺序排列，相对压力取点在 0.35～1 之间。

【结果讨论题】

① 吸附质为什么常用 N_2？用其他吸附质需要注意什么？

② 测定比表面积时，相对压力为什么要控制在0.05～0.35？

③ 何谓自由空间体积？实验中应如何扣除。

④ 微孔材料和介孔材料在比表面积和孔径分布测定时有何不同？

参考文献

[1] [日]近藤精一，[日]石川达雄，[日]安部郁夫. 李国希译. 吸附科学[M]. 北京：化学工业出版社，2006.

[2] GB/T 19587—2004 气体吸附BET法测定固态物质比表面积[S]. 中华人民共和国国家质量监督检疫检验总局发布，2004.

实验26　催化剂制备实验

【实验目的】

① 熟练掌握浸渍法制备固体催化剂并了解常用催化剂制备方法；

② 掌握催化剂活性评价方法及其数据处理方法；

③ 熟悉热导气相色谱仪的使用及熟练读出谱图；

④ 能熟练使用流量计、控温仪等控制调节反应参数；

⑤ 能了解流程内各装置的相应作用并能进行如气密性检查、流量计校正等前期工作。

【实验原理】

合成氨工业，对于世界农业生产的发展，乃至对于整个人类文明的进步，都是具有重大历史意义的事件。氨是世界上最大的工业合成化学品之一，主要用作肥料。1990年，世界氮肥的消耗量是8 030万吨(以氨计)，而世界合成氨装置的生产能力已达1.2亿吨。同年，世界主要氮肥品种的尿素产量为8 980万吨。同年，世界合成氨生产能力的分布，35.4%集中在亚洲，居各洲之首。其中中国是第一大氮肥生产和消费国。

(1) 原理

在合成氨和制氢过程中，甲烷化工序的任务是除去经变换和脱碳后气体中残余的CO和CO_2，得到合格的氢氮气送入合成工序、得到高纯度氢作为加氢或其他工序用。甲烷化过程是既方便又有效、经济的气体净化方法，在现代氨厂和制氢中广泛采用这一工艺。

催化脱除CO 、CO_2涉及的反应有：

$$CO_2+4H_2 = CH_4+2H_2O \qquad \Delta H^{\ominus}(298\ K)=-165.08\ kJ/mol$$

$$CO_2+H_2 = CO+H_2O \qquad \Delta H^{\ominus}(298\ K)=-41.2\ kJ/mol$$

$$CO+3H_2 = CH_4+H_2O \qquad \Delta H^{\ominus}(298\ K)=-206.16\ kJ/mol$$

早期的甲烷化工作大部分局限在一氧化碳的甲烷化，但发现对此反应有活性的催化剂也能催化二氧化碳加氢的反应。起初实验室工作主要使用镍做催化剂。对碳的氧化物的甲烷化已经证实了镍催化剂比铁催化剂更活泼,而且有更好的活性,并消除了积碳和生成烃的问题。大多数的工业甲烷化催化剂含有作为活性相的镍,载在氧化铝等惰性物质上。某些配方含氧化镁或三氧化二铬作为促进剂或稳定剂。

我国于20世纪60年代开发了J101型甲烷化催化剂,70年代,为配合引进300 kt/a合成氨装置所用催化剂国产化,研制成功了J105型催化剂,同期,利用引进技术生产了J103H型催化剂,以后又开发了浸渍型J106低镍甲烷化催化剂。目前,J101,J105催化剂已广泛应用于国内中小型合成氨厂,J105催化剂在两个引进的300 kt/a装置上使用并取得成功,今后有望在大型合成氨装置上全面推广使用。近来,四川化工总厂开发了J106低镍催化剂,已应用于中小型氨厂。甲烷化催化剂的化学组成列于表8-26-1。

表8-26-1　甲烷化催化剂的型号及组成

型号	化学组成,重量%					主要生产单位
	Ni	Al_2O_3	MgO	Re_2O_3	烧失重	
J101	≥21.0	42.0～46.0			<30	南化催化剂厂,四川化工总厂
J103H	≥12	余量				辽河化肥厂催化剂分厂
J105	≥21.0	24.0～30.5	10.5～14.5	7.6～10.0	<28	南化催化剂厂,南化研究院

上述几种催化剂都是以镍为活性组分,氧化铝为载体,J105催化剂以MgO和Re_2O_3为促进剂,具有较高的活性和热稳定性;J103H为预还原性催化剂,含有5%以上的还原态镍,使用中可缩短升温还原时间,及早投入运转。

(2) 催化剂的制备

催化剂的制备方法很多,包括沉淀法、浸渍法、混合法、热熔法、离子交换法等,甲烷化反应使用的是浸渍型镍系催化剂。浸渍法是以浸渍为关键和特殊的一步,是制造催化剂广泛采用的一种方法。按通常的做法,浸渍法是将催化剂载体放进含有活性物质(或连同助催化剂)的液体(或气体)中浸渍(即浸泡),当浸渍平衡后,将剩余的液体除去,再进行干燥焙烧活化的后处理。示意如图8-26-1所示:

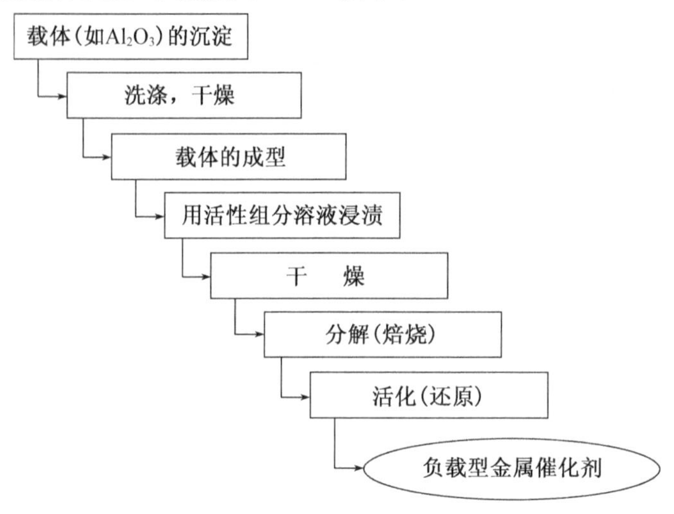

图8-26-1　浸渍法制备催化剂的原则流程

(3) 催化剂的还原

制成的甲烷化催化剂是承载在载体上的氧化镍，必须还原为镍使之具有活性，还原过程是用氢将氧化镍还原为金属镍而使其活化。还原反应为

$$NiO+H_2 \xlongequal{} Ni+H_2O(汽) \qquad \Delta H^{\ominus}(298\ K)=1.26\ kJ/mol$$

首先使用氮气冲洗催化剂容器使其无空气，然后程序升温至 200 ℃，开始通还原气体。在还原末期提高催化剂温度至 400 ℃对确保达到最大活性是很有效的。

(4) 活性评价的气固催化反应

碳氧化物加氢反应如下：

$$CO_2+4H_2 \xlongequal{} CH_4+2H_2O \qquad \Delta H^{\ominus}(298\ K)=-165.08\ kJ/mol \tag{8-26-1}$$

$$CO+3H_2 \xlongequal{} CH_4+H_2O \quad \Delta H^{\ominus}(298\ K)=-206.16\ kJ/mol \tag{8-26-2}$$

当原料气中有氧存在时，氧与氢反应生成水：

$$O_2+2H_2 \xlongequal{} 2H_2O \qquad \Delta H^{\ominus}(298\ K)=241.99\ kJ/mol \tag{8-26-3}$$

在某种条件下，还会有以下副反应发生：

$$2CO \xlongequal{} C+CO_2 \tag{8-26-4}$$

$$Ni+4CO \xlongequal{} Ni(CO) \tag{8-26-5}$$

从脱除碳氧化物角度，希望能按反应(8-26-1)(8-26-2)进行，而副反应(8-26-4)(8-26-5)应该使之不进行或进行很少。也就是说，在选择操作条件下，必须考虑只有有利于甲烷化的反应。

这几个反应都是强放热反应。

甲烷化反应的平衡常数随温度升高而减小。在 300～400 ℃的低温，有利于 CO 和 CO_2 甲烷化反应向右进行。温度提高到 600～800 ℃时，则反应向左进行，成为甲烷转化反应(生成 CO 和 H_2)。但是，在 500～600 ℃以下的甲烷化反应平衡常数已相当大。

【实验设计】

实验中用到的实验药品主要是 $Ni(NO_3)_2 \cdot 6H_2O$ 和活性 Al_2O_3。

整个实验内容是从催化剂的制备到活性评价。在制备催化剂中，除要用到常规的玻璃仪器外，还要用干燥器和马弗炉。

从实验原理可以看出，在活性评价中需要控制参数有气体的流量以及反应温度，因此需要的设备有质量流量计和智能控温仪。

反应完成后，通过评价反应物以及生成物的流量来评价催化剂的活性，在本实验中使用带有热导检测器的气相色谱仪。

按照实验原理，设计的催化剂评价装置如图 8-26-2 所示。

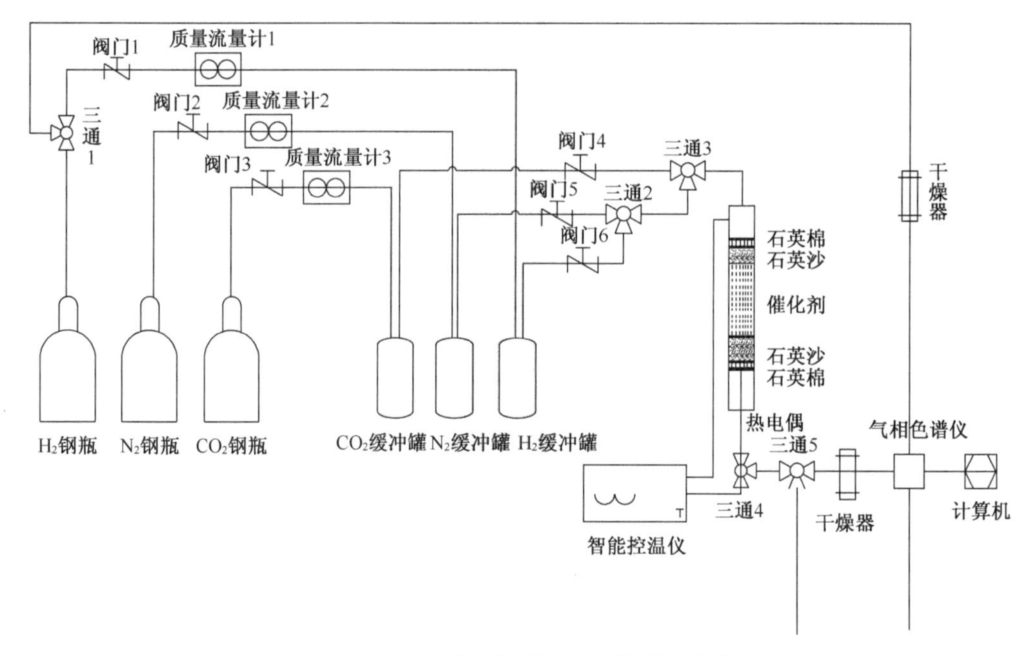

图 8-26-2　加压微型反应器催化剂活性评价装置

在整个系统中，管路使用 Φ6×1 mm 的不锈钢管，可以承受 10 MPa 压力。

气体的流向从左到右为，气体经过减压阀流出钢瓶，通过质量流量计计量气体的流量，在质量流量计前各安装一截止阀，以保护质量流量计；在其后安装缓冲罐和截止阀，目的是稳定系统压力以及保护质量流量计。三股混合气体进入反应器进行反应。气体流出反应器后大部分放空，小部分经过干燥器后进行色谱分析。反应器的温度通过智能控温仪进行控制。

【实验步骤】

本实验内容分为甲烷化镍催化剂的制备以及催化剂活性评价两大部分。催化剂制备部分预期需时 2 个工作日；催化剂活性评价部分预期需时 1 个工作日。

（1）催化剂的制备

实验选用预烧结的活性氧化铝载体，不需进行如成型、干燥、煅烧等载体制备的前期工作。该氧化铝载体预制为白色颗粒，表面光洁。

甲烷化镍催化剂制备流程主要分作五个步骤，即载体准备、溶液配置、浸渍、干燥和焙烧，详细操作过程如后所述。

① 载体准备

进行活性组分浸渍前，氧化铝载体必须进行粉碎和干燥。取 5～10 克氧化铝载体，置于研钵中碾压，使条状颗粒破碎成粒状；碾压力道不宜过大以免载体完全粉碎。

将破碎后的载体颗粒转移至分样筛中进行筛分。取 20 及 40 目分样筛各一，纸张一张；将分样筛重叠后置于纸上；使用纸张的目的是防止粉尘污染实验室。破碎的载体颗粒转移至 20 目分样筛，轻轻抖动分样筛使载体颗粒在筛上分布均匀。连续震动 5 分钟，停止筛分，取出 20 与 40 目之间的载体颗粒，转移入烧杯中备用。筛分过程中动作幅度不宜太大以免粉尘飞扬；为防止吸入粉尘，应佩戴口罩作为防护。

筛分完毕的催化剂载体需进行干燥以脱除其中可能含有的水分，干燥后的载体因为空隙中不含有水分，更利于浸渍的完成。将氧化铝载体置于烧杯中放入干燥箱。干燥温度为100 ℃，干燥时间为1小时。

② 硝酸镍溶液配置

硝酸镍为甲烷化镍催化剂的前驱体，蓝绿色晶体；实验所用硝酸镍为其六水合物[$Ni(NO_3)_2 \cdot 6H_2O$]。

称取11.93 g六水合硝酸镍晶体，置于500 mL烧杯中；加入250 mL蒸馏水溶解，用玻棒将溶液及未溶固相均转移入500 mL容量瓶。反复冲洗烧杯三至四次，并将洗液同样转移入容量瓶内。往容量瓶内添加蒸馏水直至溶液液面凹底与刻度平齐。盖好容量瓶，反复来回震荡直至无固相残留且溶液呈均匀绿色。将溶液转移入500 mL烧杯，静置待用。

③ 浸渍

将干燥后的氧化铝载体从干燥箱内取出，直接浸没入配置好的硝酸镍溶液内。可用玻棒轻度搅拌溶液1～2分钟，使载体在溶液内悬浮；同时分离可能粘连的氧化铝载体。将浸渍了氧化铝载体的硝酸镍溶液静置2小时，使载体充分吸附硝酸镍溶液。

2小时后，将溶液上层清液转移，使用滤纸及漏斗将已充分吸附硝酸镍溶液的下层氧化铝载体从溶液中滤出，置于表面皿中自然风干1小时或使用电吹风吹去表面水分。干燥时可采用玻棒翻动颗粒以辅助干燥避免结块。

④ 干燥

已除去表面水分的催化剂连同表面皿放入电烘箱内。烘箱内温度设置为80 ℃，干燥时间4小时，以完全除去催化剂载体内残留的溶液水分，使催化剂活性组分完全负载于载体之上。

电烘箱不能通宵开启。离开时必须关闭烘箱电源。

⑤ 焙烧

将干燥后的催化剂从干燥箱内取出，冷却后用玻棒辅助转移入瓷坩埚内。将坩埚放入马弗炉，关闭炉门。调节旋钮设定炉内温度为500 ℃；打开马弗炉开关进行预热。待马弗炉温度表指针稳定在500 ℃后开始计时，焙烧时间为8小时。焙烧完毕，待炉膛内温度降低至室温，方能开启。将焙烧完毕的催化剂连同瓷坩埚取出，置于干燥器内，以防吸潮。

使用马弗炉时，因为其在高温区域使用，必须注意安全。在焙烧期间实验人员必须佩戴手套，不能擅自离岗。若马弗炉内出现异味或火花，必须立即关闭电源以防事故。马弗炉使用完毕需立即关闭电源。马弗炉使用期间及使用完毕但温度仍为高温时，不要随意开启炉门，谨防烧伤。

(2) 催化剂的还原和活性评价

该部分主要包括两个内容，即催化剂的装填和还原，及催化剂的活性评价。经过浸渍、干燥和焙烧的镍催化剂只能算是半成品，其主要成分为氧化镍，必须经过还原活化得到金属镍才真正具有催化作用。本实验中首先将半成品催化剂装填入反应器内，通入氢气还原得到具有活性的镍催化剂。

① 催化剂装填

实验所用反应器为 Φ6×1 mm 的 Cr18Ni9Ti 不锈钢管，长度为 400 mm。该反应器被组装在反应气路之中；反应气流从反应器上部通入，依次经过反应器内的上层石英棉层、上层石英沙层、催化剂层、下层石英沙层、下层石英棉层共五层填充层（如图 8-26-3 所示）后，从反应器下部经过侧管流出。反应器下部还安装有热电偶用于测控反应器内部温度，设定预热温度及防止反应器内部过热。

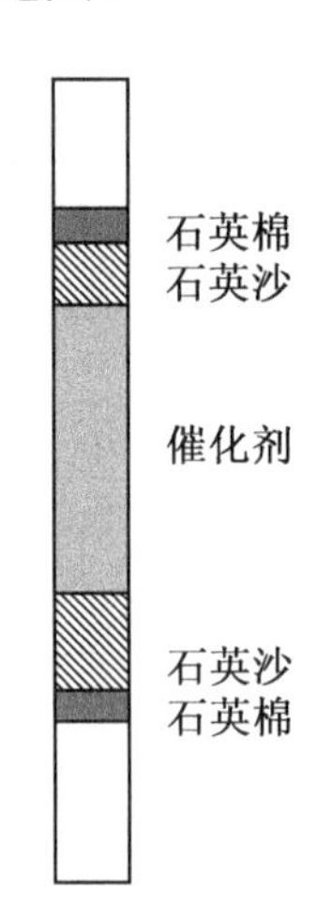

图 8-26-3　催化剂装填方式

在进行催化剂装填之前，首先需将反应器从气路中拆卸出来。逆时针旋动反应器顶部螺母，使反应器与上部气路分离。抬起三角支架，将反应器从加热套内小心抽出。逆时针转动反应器底部螺母，使反应器与底部气路及热电偶分离。将热电偶小心从反应器内部抽出。整个拆卸过程中需注意不要损坏卡套、接头、螺母、硅胶圈等连接件；抽出过程中注意防止反应器、热电偶等细长物件受力变形扭曲。

反应器取出后首先需进行清洗。先后使用丙酮和蒸馏水对不锈钢管内部以及热电偶表面进行反复冲洗。冲洗中勿使用金属丝等尖锐物体伸入反应器内部以免划伤反应器壁。待清洗完毕后，用空气将反应器吹干或置于烘箱内烘干。热电偶需自然干燥。

干燥后的反应器冷却后，将热电偶从底部小心探入反应器内部。顺时针扭动螺母将热电偶固定在反应器内。

撕取少量石英棉，填充入反应器内部，用竹签或铁丝慢慢推至反应器底部。填充过程中要保证石英棉完全充满反应器横断面没有空洞；同时不能过于压缩石英棉导致其板结。

称取 0.7 g 催化剂，用漏斗依次填充入反应器内。填充过程中勿抖动或颠转反应器以免不同物料层混合。再撕取少许石英棉，小心填入反应器内，以与上层石英沙层密切接触即可。

填充完毕的反应器需小心穿过加热套。在反应器顶端依次套入硅胶圈、螺母。顺时针转动螺母，将反应器与上部气路固定。连接过程中需防止反应器不锈钢管从硅胶圈内脱落或者移位导致气路密封不严。

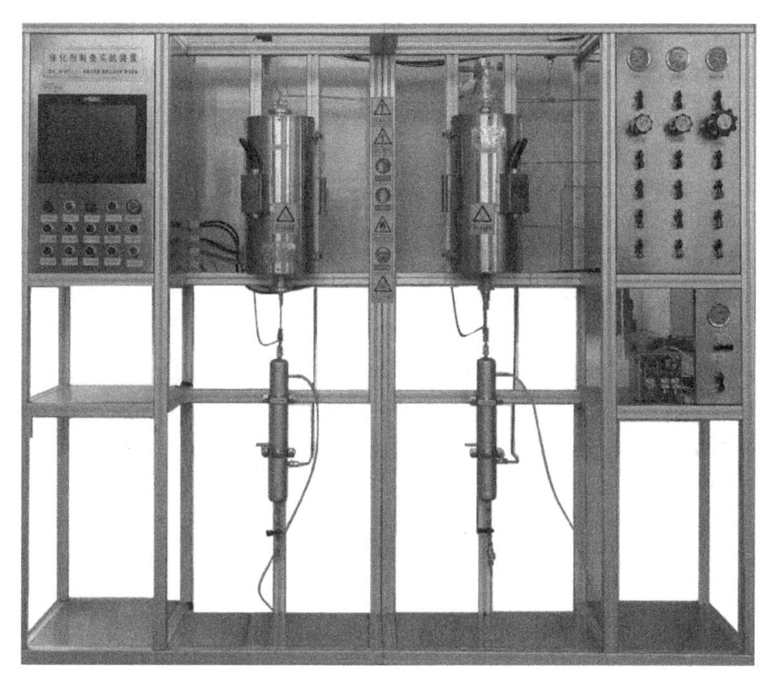

图 8-26-4(1)　催化剂制备实验装置图

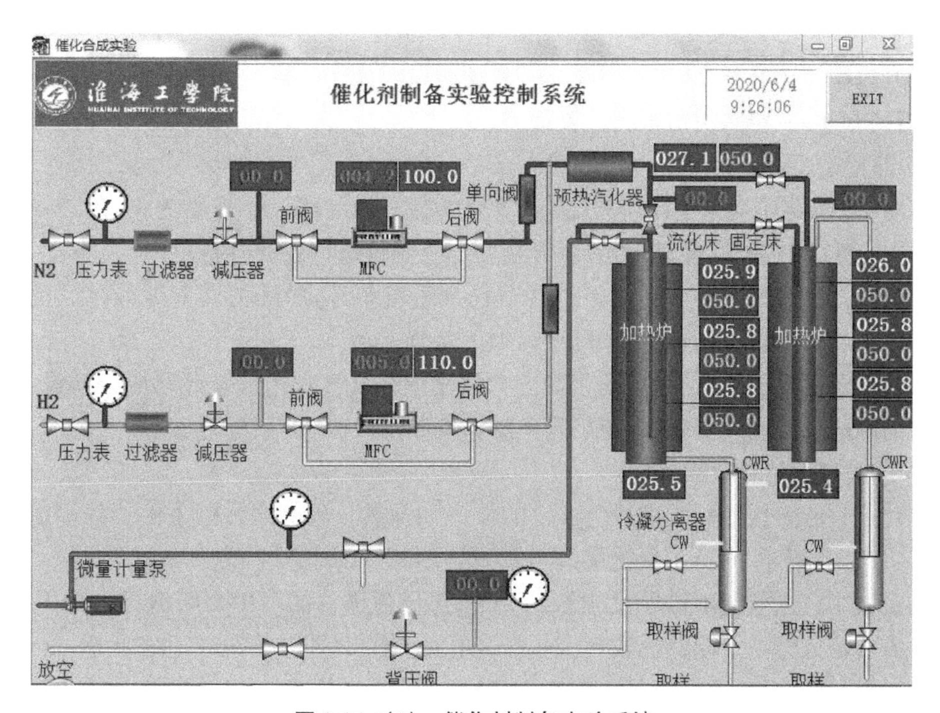

图 8-26-4(2)　催化剂制备实验系统

② 气密性检查

反应器安装完毕后，必须对整个反应体系进行气密性检查，以免气体泄漏导致危险。气密性检查方法采用皂膜法，肥皂液需预先进行配置。

进行气密性检查前，首先确定整个气路没有堵塞。质量流量计阀门需调节至“清洗”位；装置紧急截止阀 4～6（见图 8-26-2）需处在打开位置；放空阀需打开；气路控制阀门 1～3 则需关闭。接着将质量流量计开关调节至“关闭”位，通电开机预热 15 min，调零。调零完成后，打开 N_2 气路质量流量计，将开关调节至“阀控”位，设定 N_2 流量为 200 mL/min。

慢慢打开 N_2 阀门 2，待流量稳定后，取预先配置好的肥皂液，用滴管依序滴在各接口处。若出现气泡则说明此处存在气体泄漏，需重新连接。反复检查直至无气泡出现，则说明整个系统处于气密状态，关闭 N_2 钢瓶阀门，将质量流量计开关调至“关闭”位。

滴下的多余肥皂液需及时擦拭以免进入反应器或加热套内。

③ 设定升温程序

实验采用智能控温仪对反应器温度进行控制。升温程序已被预先设置，具体程序如下：

升温段：从室温升至 200 ℃，反应器耗时 30 min，在该温度下稳定 15 min；再从 200 ℃升温至 390 ℃，耗时 120 min。

还原恒温段：系统在 390 ℃温度下保持恒温 60 min，目的是使催化剂得以充分还原。

降温段：还原完成后设定降温段参数为 360 ℃，系统温度降低至 360 ℃后，保持温度恒定直至实验完成。

因升温程序已经预设，实验中只需开启智能控温仪进行温度控制即可；若发生参数归零，则需通知实验老师，切勿自己设置程序。

④ 催化剂还原

打开 N_2 气路质量流量计，将开关调节至“阀控”位，设定 N_2 流量为 75 mL/min。慢慢打开 N_2 阀门 2，待 N_2 流量稳定后，开启智能控温仪进行温度控制。

待反应器温度升至 200 ℃，打开 H_2 气路质量流量计，将开关调节至“阀控”位，设定 H_2 流量为 60 mL/min。开启 H_2 阀门 1，通入氢气。

反应器温度升至 390 ℃后，催化剂上的氧化镍在氢气作用下被还原成金属镍。还原过程中需随时监控温度变化，以免出现大的温度波动。

⑤ 色谱仪设定和预热

催化剂还原阶段的同时进行色谱仪的设定和预热。色谱的分析条件参数设定如下：检测器：100 ℃；柱箱：95 ℃；汽化室：100 ℃；桥流：120 mA；载气 H_2：50 mL/min。

本实验中色谱仪使用热导检测器（TCD），热导色谱仪的简单介绍请见附录 7。色谱通电前需先通入经过干燥器的载气 H_2，开总电源前使 TCD 电源处于“关”状态，桥流旋钮则需反时针旋转到底，即处于最小状态。开机时，按下上部“实时”—“桥流”键，该单元灯亮，桥流显示“0”左右；慢慢调大桥流，观看显示值；当显示值达到所需值后，热导池即接该值供电，此时开始调零，使信号输出为零。观察此时基线应该基本正常，然后按分析所需温度进行升温，待仪器稳定后，即可进样。

⑥ 甲烷化反应

60 min后催化剂还原活化完成后，调节智能控温仪使反应器温度降至360 ℃。等待反应器温度降低至设定温度且在360 ℃保持稳定后，通过质量流量计分别将CO_2，H_2，N_2的显示流量缓慢调节为60 mL/min，200 mL/min，10 mL/min。调节过程中随时观察控温仪上所显示的反应器温度，以防温度因流量变化及反应而过高，导致催化剂烧坏失活。反应完成后的气体通过三通5(图8-26-2)后直接放空。

待各反应物流量稳定30 min且反应器温度基本没有波动后，即开始取样分析。缓慢旋动三通5，让部分气流通过三通5及干燥器后分流进入色谱仪再排空。此刻色谱仪旋钮应当处于“分析”位。稳定10分钟后等待气流稳定后，旋动旋钮至“取样”位。每次取样时间为10 s，10 s后将关闭旋钮至“分析”位停止进样。每次取样结束后，需等待相应色谱峰图显示完毕后5分钟再进行第二次取样。

实验中一共需取样三次。取三次结果的平均值作为催化剂活性的评价。

取样及测定完成后，关闭进样气路，将色谱仪的桥流调零，关闭电源；15 min后方能停止载气输入。

【实验数据处理】

浸渍：称取$Ni(NO_3)_2 \cdot 6H_2O$ 11.93 g，加入蒸馏水250.16g，称取Al_2O_3 8.34g，浸渍时间120 min。

干燥：温度80 ℃，时间4 h。

焙烧：焙烧温度500 ℃，焙烧时间8 h。

催化剂的还原：升温程序①开启升温程序；② 30 min升温至200 ℃；③ 稳定15 min；然后升温至390 ℃；④ 恒温60 min后，降温至360 ℃。(气体流量N_2：75 mL/min H_2：60 mL/min)

活性评价：反应温度360 ℃，气体流量CO_2：62.0 mL/min；H_2：199 mL/min；N_2：10 mL/min。

谱图

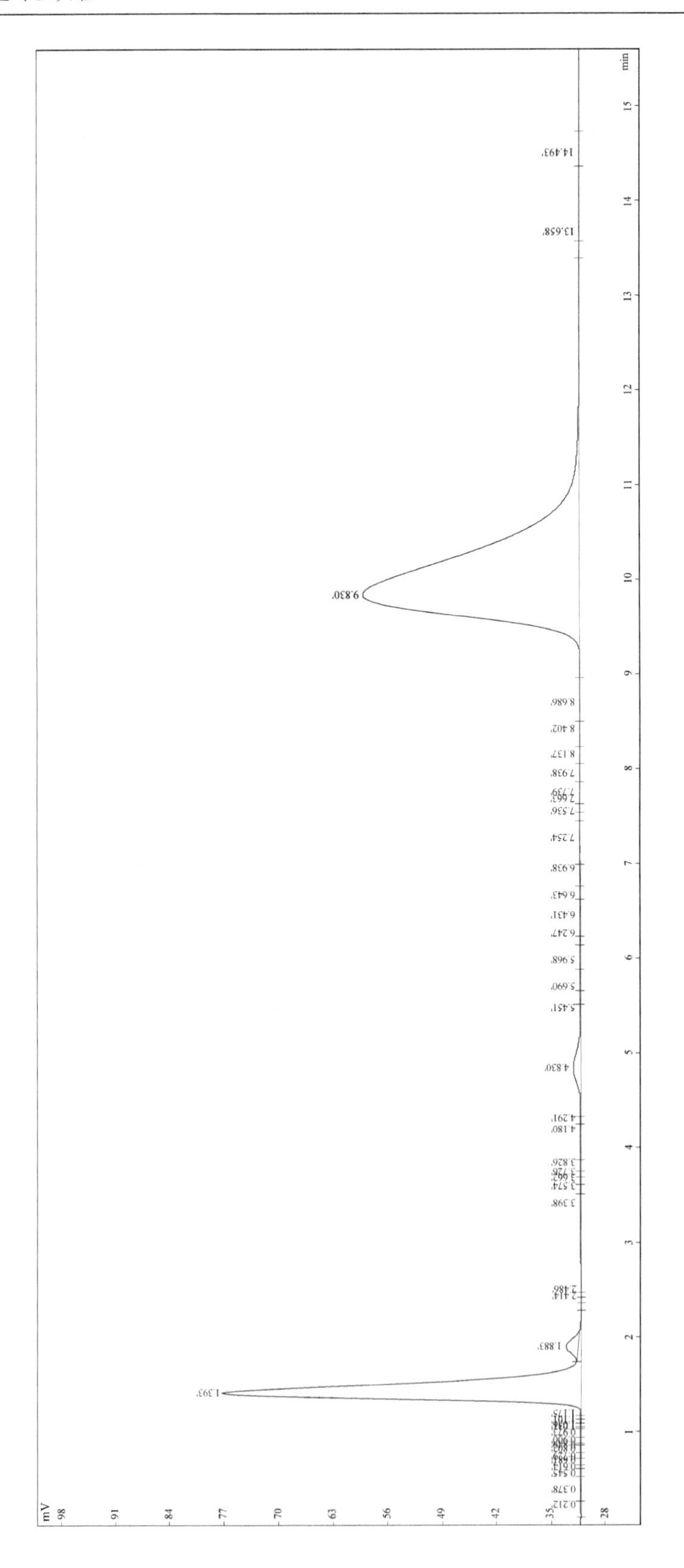

mV
98
91
84
77
70
63
56
49
42
35
28
min
1
2
3
4
5
6
7
8
9
10
11
12
13
14
15
14.493
13.658
9.830
8.686
8.402
8.137
7.938
7.536
7.254
6.938
6.643
6.431
6.247
5.968
5.690
5.451
4.830
4.291
4.180
3.826
3.574
3.398
2.486
2.414
1.883
1.393
0.378
0.212

转化率的计算

谱图中的色谱峰对应的物质从左到右分别为：N_2，CO，CH_4，CO_2。

对应峰面积分别为 512 757，15 869，30 356，1 279 884

二氧化碳转化系数 0.737

反应后 CO、CH_4、CO_2 的流量分别记为 V_2-CO，V_2-CH_4，V_2-CO_2。根据 CO、CH_4、CO_2 的峰面积和各自的相对校正因子可以得到反应后

$$V_2-CO : V_2-CH_4 : V_2-CO_2=a : b : c$$

进而得到反应后

$$V_2-CO=V_1-CO_2*a/(a+b+c)$$
$$V_2-CH_4=V_1-CO_2*b/(a+b+c)$$
$$V_2-CO_2=V_1-CO_2*c/(a+b+c)$$

CO_2 转化率为：

$$(V_2-CO+V_2-CH_4)/V_1-CO_2=(a+b)/(a+b+c)$$

CH_4 收率为：

$$V_2-CH_4/(V_2-CO+V_2-CH_4)=b/(a+b)$$

进而得到反应后

$$V_2-CO=V_1-CO_2*a/(a+b+c)=0.529\ \text{mL/min}$$
$$V_2-CH_4=V_1-CO_2*b/(a+b+c)=1.012\ \text{mL/min}$$
$$V_2-CO_2=V_1-CO_2*c/(a+b+c)=42.679\ \text{mL/min}$$

CO_2 转化率为　$1-V_2-CO_2/V_1-CO_2=3.49\%$

CH_4 收率为　$V_2-CH_4/V_1-CO_2=2.29\%$　选择性 $s=0.66$

副产品 CO 产率 $=V_2-CO/V_1-CO_2=1.20\%$

【结果与讨论】

（1）提高 CH_4 收率的方法：

① 严格控制反应温度，温度过高，导致转化率降低，但温度过低，反应速率会变慢，因此要控制在最佳反应温度；

② 控制 CO_2、H_2、N_2 的流量，空速过高，导致反应不完全，空速过低，外扩散影响变大；

③ 适当增加反应压力；

④ 提高催化剂活性。

（2）影响因素：催化剂颗粒粒度、载体制备时干燥时间、浸渍时间、焙烧温度和时间等；反应温度、压力、气速、装填密度；

（3）催化剂的粒度对活性测试有影响，即内扩散的影响；

消除内扩散的方法：保持反应温度、气体空速不变，在确定已消除外扩散影响的情况下，减小催化剂粒度，反应器的出口转化率会相应增大，当粒度减小到某一粒度 dp^* 时，继续减小粒度，出口转化率不再增加，说明 $dp \leqslant dp^*$ 时已消除了内扩散影响。

小尺寸反应器的活性测试结果不能直接应用于工业，实际生产中，由于各种原因，导

致气体流过反应器时是不均匀的，因此必须注意各种工程放大效应。

（4）测试时反应必须处于稳态，因为反应处于稳态时，体系的各种参数不随时间变化，出口转化率变化不大，测量误差小。可以通过观察温度是否变化判断反应是否处于稳态。

CO_2、H_2、N_2 的流量的变化、温度变化均会导致反应状态发生波动，不稳定状态下的数据不可用。

（5）进口气速增大，反应放热增加较大，温度升高较大；进口气体中 CO_2 的流量突然增大，每增加 1%的 CO_2，会使反应器床层温度升高 60 ℃。严格控制进口气体流量。

（6）流量计出厂用氮气（N_2）标定。用氮气标定的流量计用户使用其他气体时，要通过转换系数进行换算，算出被使用气体的实际流量。

（7）支撑催化剂层；整流，使气流以均匀分布的方式通过催化剂层。

（8）避免反应逆向进行的方法：严格控制在最佳反应温度。避免体系出现高温的方法：严格控制 CO_2、H_2、N_2 的流量。

实验 27　流化床反应器的特性测定

【实验目的】

流化床反应器的重要特征是细颗粒催化剂在上升气流作用下作悬浮运动，固体颗粒剧烈地上下翻动。这种运动形式使床层内流体与颗粒充分搅动混合，避免了固定床反应器中的“热点”现象，床层温度分布均匀。流化床反应器中床层流化状态与气泡现象对反应结果影响显著，尽管已用各种数学模型对流化床进行了描述，但设计中仍以经验方法为主。本实验旨在观察、测定和分析流化床的操作特性，达到如下目的：

① 观察流态化过程，掌握流化床反应器特性；

② 掌握流化床反应器的操作方法和床层压降测定方法；

③ 通过作图分析压降与气速的关系，确定临界流化速率及最大流化速率，并与计算结果比较，分析实际流化过程偏离计算模型的原因。

【实验原理】

（1）流态化现象

气体通过颗粒床层的压降与气速的关系如图 8-27-1 所示。当流体流速很小时，固体颗粒在床层中固定不动。在双对数坐标纸上床层压降与流速成正比，如图 AB 段所示。此时为固定床阶段。当气速略大于 B 点之后，因为颗粒变为疏松状态排列而使压降略有下降。

该点以后，流体速率继续增加，床层压降保持不变，床层高度逐渐增加，固体颗粒悬浮在流体中，并随气体运动而上下翻滚，此为流化床阶段，称为流态化现象。开始流化的最小气速称为临界流化速率 u_{mf}；

当流体速率更高时，如超过图中的 E 点时，整个床层将被流体所带走，颗粒在流体中形成悬浮状态的稀相，并与流体一起从床层吹出，床层处于气流输送阶段。E 点之后正常的流化状态被破坏，压降迅速降低，与 E 点相应的流速称为最大流化速率 u_t。

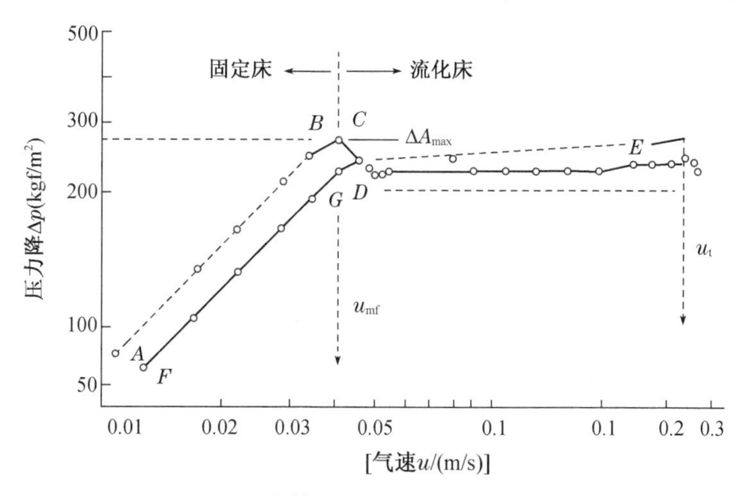

图 8-27-1　气体流化床的实际 Δp－u 关系图

（2）临界流化速率 u_{mf}

临界流化速率可以通过 Δp 与 u 的关系进行测定，也可以用公式计算。常用的经验计算式有：

$$u_{mf}=0.695\frac{d_P^{1.82}(\rho_s-\rho_g)^{0.94}}{\mu^{0.88}\rho_g^{0.06}} \tag{8-27-1}$$

由于通过经验式计算常有一定偏差，因此在条件具备的情况下，常通过实验直接测定颗粒的临界流化速率。

（3）最大流化速率 u_t

最大流化速率 u_t 亦称颗粒带出速率，理论上应等于颗粒的沉降速率。按不同情况可用下式计算：

$$u_t=0.695\frac{d_P^2(\rho_s-\rho_g)g}{18\mu} \qquad Re_p<0.4$$

$$u_t=\left[\frac{4}{225}\frac{(\rho_s-\rho_g)^2g}{\mu\rho_g}\right]_{dp}^{1/3}d_p \qquad 0.4<Re_p<500$$

$$u_t=\left[\frac{3.1d_p(\rho_s-\rho_g)g}{\rho_g}\right]^{1/2} \qquad 500<Re_p$$

其中，$Re_p=\frac{d_p u_t \rho_g}{\mu}$。

【预习与思考】

① 气体通过颗粒床层有哪几种操作状态？如何划分？

② 流化床中有哪些不正常流化现象？各与什么因素有关？

③ 流化床反应器对固体颗粒有什么要求？为什么？

【实验装置与流程】

流化床特性测试实验示意流程见图 8-27-2。

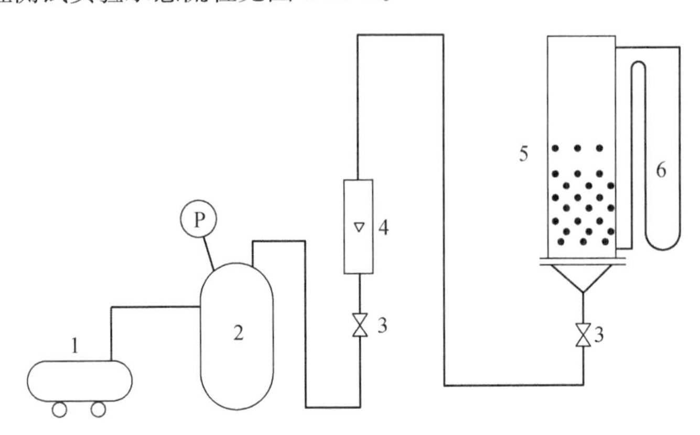

图 8-27-2　流化床特性测试流程图

1—空压机；2—缓冲罐；3—调节阀；4—流量计；
5—流化床反应器；6—U 形压差计

实验用的固体物料是不同粒度的石英砂，气体用空气。

由空气压缩机来的空气经稳压阀稳压后，由转子流量计调节计量，随后通入装有石英砂固体颗粒的有机玻璃流化床反应器。气体经分布板吹入床层，从反应器上部引出后放空。床层压力降可通过 U 形压差计测得。

【实验步骤与方法】

① 启动空压机后，调节流量计至所需流量，测定空管时压力降与流速关系，以作比较。

② 关闭气源，小心打开反应器，装入已筛分的一定粒度的石英砂，检漏。

③ 通入气体，在不同气速下观察反应器中流化现象，测定不同气速下床层高度与压降值。

④ 改变石英砂粒度，重复实验。

⑤ 在某一实验点，去掉气体分布板，观察流化状态有何变化。

⑥ 实验结束，关闭空压机。

【实验数据处理】

① 记录不同条件下的压降 Δp 与气体流量的变化值，在双对数坐标纸上进行标绘；

② 确定相应的临界流化速率与最大流化速率；

③ 按实验条件计算临界流化速率与最大流化速率；注意：最大流化速率 u_t 不能直接算出，需假定 Re_p 范围后试算，再校核 Re_p 是否适用。

【结果及讨论】

① 分析讨论流态化过程所观察的现象，与理论分析做比较。

② 分析影响临界流化速率与最大流化速率的因素有哪些？归纳实验得到的结论。

③ 比较理论计算值与实验值，并做误差分析。

④ 列举各种不正常流化现象及产生的原因。

【主要符号说明】

d_p——颗粒当量直径，m；

Re_p——雷诺数，$Re_p=\dfrac{d_p u \rho_g}{\mu}$；

u_{mf}——临界流化速率，m/s；

u_t——最大流化速率，m/s；

ρ_g——流体密度，kg/m^3；

ρ_s——颗粒密度，kg/m^3；

μ——流体黏度，kg/(m・s)。

参考文献

[1] 郭宜祜，王喜忠. 流化床基本原理及其工业应用[M]. 北京：化学工业出版社，1980.
[2] 丁百全，孙杏元. 无机化工专业实验[M]. 上海：华东化工学院出版社，1992.

附　录

附录1　常用正交设计表

(1) $L_4(2^3)$

试验号＼列号	1	2	3
1	1	1	1
2	2	2	2
3	2	1	2
4	2	2	1

(2) $L_8(2^7)$

试验号＼列号	1	2	3	4	5	6	7
1	1	1	1	1	1	1	1
2	1	1	1	2	2	2	2
3	1	2	2	1	1	2	2
4	1	2	2	2	2	1	1
5	2	1	2	1	2	1	2
6	2	1	2	2	1	2	1
7	2	2	1	1	2	2	1
8	2	2	1	2	1	1	2

$L_8(2^7)$表头设计

因素数＼列号	1	2	3	4	5	6	7
3	A	B	A×B	C	A×C	B×C	
4	A	B	A×B C×D	C	A×C B×D	B×C A×D	D
4	A	B C×D	A×B	C B×D	A×C	D B×C	A×D
5	A D×E	B C×D	A×B C×E	C B×D	A×C B×E	D A×E B×C	E A×D

$L_8(2^7)$二列间的交互作用

列号	1	2	3	4	5	6	7
(1)	(1)	3	2	5	4	7	6
(2)		(2)	1	6	7	4	5
(3)			(3)	7	6	5	4
(4)				(4)	1	2	3
(5)					(5)	3	2
(6)						(6)	1
(7)							(7)

(3) $L_8(4\times2^4)$

试验号＼列号	1	2	3	4	5
1	1	1	1	1	1
2	1	2	1	2	2
3	2	1	2	2	2
4	2	2	2	1	1
5	3	1	2	1	2
6	3	2	2	2	1
7	4	1	1	2	1
8	4	2	1	1	2

$L_8(4\times2^4)$表头设计

试验号＼列号	1	2	3	4	5
2	A	B	$(A\times B)_1$	$(A\times B)_2$	$(A\times B)_3$
3	A	B	C		
4	A	B	C	D	
5	A	B	C	D	E

注:任意二列间的交互作用为另外二列。

(4) $L_9(3^4)$

试验号＼列号	1	2	3	4
1	1	1	1	1
2	1	2	2	2
3	1	3	3	3
4	2	1	2	3
5	2	2	1	1
6	2	3	3	2
7	3	1	3	2
8	3	2	1	3
9	3	3	2	1

注:任意二列间的交互作用为另外二列。

(5) $L_{12}(2^{11})$

试验号＼列号	1	2	3	4	5	6	7	8	9	10	11
1	1	1	1	1	1	1	1	1	1	1	1
2	1	1	1	1	1	2	2	2	2	2	2
3	1	1	2	2	2	1	1	1	2	2	2
4	1	2	1	2	2	1	2	2	1	1	2
5	1	2	2	1	2	2	1	2	1	2	1
6	1	2	2	2	1	2	2	1	2	1	1
7	2	1	2	2	1	1	2	2	1	2	1
8	2	1	2	1	2	2	2	1	1	1	2
9	2	1	1	2	2	2	1	2	2	1	1
10	2	2	2	1	1	1	1	2	2	1	2
11	2	2	1	2	1	2	1	1	1	2	2
12	2	2	1	1	2	1	2	1	2	2	1

(6) $L_{16}(2^{15})$

试验号 \ 列号	1	2	3	4	5	6	7	8	9	10	11	12	13	14	15
1	1	1	1	1	1	1	1	1	1	1	1	1	1	1	1
2	1	1	1	1	1	1	1	2	2	2	2	2	2	2	2
3	1	1	1	2	2	2	2	1	1	1	1	2	2	2	2
4	1	1	1	2	2	2	3	2	2	2	2	1	1	1	1
5	1	2	2	1	1	2	2	1	1	2	2	1	1	2	2
6	1	2	2	1	1	2	2	2	2	1	1	2	2	1	1
7	1	2	2	2	2	1	1	1	1	2	2	2	2	1	1
8	1	2	2	2	2	1	1	2	2	1	1	1	1	2	2
9	2	1	2	1	2	1	2	1	2	1	2	1	2	1	2
10	2	1	2	1	2	1	2	2	1	2	1	2	1	2	1
11	2	1	2	2	1	2	1	1	2	1	2	2	1	2	1
12	2	1	2	2	1	2	1	2	1	2	1	1	2	1	2
13	2	2	1	1	2	2	1	1	2	2	1	1	2	2	1
14	2	2	1	1	2	2	1	2	1	1	2	2	1	1	2
15	2	2	1	2	1	1	2	1	2	2	1	2	1	1	2
16	2	2	1	2	1	1	2	2	1	1	2	1	2	2	1

$L_{16}(2^{15})$二列间的交互作用

列号	1	2	3	4	5	6	7	8	9	10	11	12	13	14	15
(1)	(1)	3	2	5	4	7	5	9	8	11	10	13	12	15	14
(2)		(2)	1	6	7	4	5	10	11	8	9	14	15	12	13
(3)			(3)	7	6	5	4	11	10	9	8	15	14	13	12
(4)				(4)	1	2	3	12	13	14	15	8	9	10	11
(5)					(5)	8	2	13	12	15	14	9	8	11	10
(6)						(6)	1	14	15	12	13	10	11	8	9
(7)							(7)	15	14	13	12	11	10	9	8
(8)								(8)	1	2	8	4	5	6	7
(9)									(9)	8	2	5	4	7	6
(10)										(10)	1	6	7	4	5
(11)											(11)	7	6	5	4
(12)												(12)	1	2	3
(13)													(13)	3	2
(14)														(14)	1

附录2　常用均匀设计表

(1) $U_5(5^4)$

试验号＼列号	1	2	3	4
1	1	2	3	4
2	2	4	1	3
3	3	1	4	2
4	4	3	2	1
5	5	5	5	5

$U_5(5^4)$表的使用

因素数	列　号			
2	1	2		
3	1	2	4	
4	1	2	3	4

(2) $U_7(7^6)$

试验号＼列号	1	2	3	4	5	6
1	1	2	3	4	5	6
2	2	4	6	1	3	5
3	3	6	2	5	1	4
4	4	1	5	2	6	3
5	5	3	1	6	4	2
6	6	5	4	3	2	1
7	7	7	7	7	7	7

$U_7(7^6)$表的使用

因素数	列　号					
2	1	3				
3	1	2	3			
4	1	2	3	6		
5	1	2	33	4	6	
6	1	2	3	4	5	6

(3) $U_9(9^6)$

试验号＼列号	1	2	3	4	5	6
1	1	2	4	5	7	8
2	2	4	8	1	5	7
3	3	6	3	6	3	6
4	4	8	7	2	1	5
5	5	1	2	7	8	4
6	6	3	6	3	6	3
7	7	5	1	8	4	2
8	8	7	5	4	2	1
9	9	9	9	9	9	9

$U_9(9^6)$表的使用

因素数	列　号					
2	1	3				
3	1	3	5			
4	1	2	3	5		
5	1	2	3	4	5	
6	1	2	3	4	5	6

(4) $U_{11}(11^{10})$

列号 试验号	1	2	3	4	5	6	7	8	9	10
1	1	2	3	4	5	6	7	8	9	10
2	2	4	6	8	10	1	3	S	7	9
3	3	6	9	1	4	7	10	2	5	8
4	4	8	1	5	9	2	6	10	3	7
5	5	10	4	9	3	8	2	7	1	6
6	6	1	7	2	8	3	9	4	10	5
7	7	3	10	6	2	9	5	1	8	4
8	8	5	2	10	7	4	1	9	6	3
9	9	7	5	3	1	10	8	6	4	2
10	10	9	8	7	6	5	4	3	2	1
11	11	11	11	11	11	11	11	11	11	11

$U_{11}(11^{10})$表的使用

因素数	列 号									
2	1	7								
3	1	5	7							
4	1	2	5	7						
5	1	2	3	5	7					
6	1	2	3	5	7	10				
7	1	2	3	4	5	7	10			
8	1	2	3	4	5	6	7	10		
9	1	2	3	4	5	6	7	9	10	
10	1	2	3	4	5	6	7	8	9	10

(5) $U_{13}(13^{12})$

列号 试验号	1	2	3	4	5	6	7	8	9	10	11	12
1	1	2	3	4	5	6	7	8	9	10	11	12
2	2	4	6	8	10	12	1	3	5	7	9	11
3	3	6	9	12	2	5	8	11	1	4	7	10
4	4	8	12	3	7	11	2	6	10	1	5	9
5	5	10	2	7	12	4	9	1	6	11	3	8
6	6	12	5	11	4	10	3	9	2	8	1	7
7	7	1	8	2	9	3	10	4	11	5	12	6

(续表)

试验号＼列号	1	2	3	4	5	6	7	8	9	10	11	12
8	8	3	11	6	1	9	4	12	7	2	10	5
9	9	5	1	10	6	2	11	7	3	12	8	4
10	10	7	4	1	11	8	5	2	12	9	6	3
11	11	9	7	5	3	1	12	10	8	6	4	2
12	12	11	10	9	8	7	6	5	4	3	2	1
13	13	13	13	13	13	13	13	13	13	13	13	13

$U_{13}(13^{12})$表的使用

因素数	列号											
2	1	5										
3	1	3	4									
4	1	6	8	10								
5	1	6	8	9	10							
6	1	2	6	8	9	10						
7	1	2	6	8	9	10	12					
8	1	2	6	7	8	9	10	12				
9	1	2	3	6	7	8	9	10	12			
10	1	2	3	5	6	7	8	9	10	12		
11	1	2	3	4	5	6	7	8	9	10	12	
12	1	2	3	4	5	6	7	8	9	10	11	12

(6) $U_{15}(15^8)$

试验号＼列号	1	2	3	4	5	6	7	8
1	1	2	4	7	8	11	13	14
2	2	4	8	14	1	7	11	13
3	3	6	12	6	9	3	9	12
4	4	8	1	13	2	14	7	11
5	5	10	5	5	0	10	5	10
6	6	12	9	12	3	6	3	9
7	7	14	13	i	11	2	1	8
8	8	1	2	11	4	13	14	7

（续表）

试验号＼列号	1	2	3	4	5	6	7	8
9	9	3	6	3	12	9	12	6
10	10	5	10	10	5	5	10	5
11	11	7	14	2	13	1	8	4
12	12	9	3	9	6	12	6	3
13	13	11	7	1	14	8	4	2
14	14	13	11	8	7	4	2	1
15	15	15	15	15	15	15	15	15

$U_{15}(15^8)$表的使用

因素数	列号							
2	1	6						
3	1	3	4					
4	1	3	4	7				
5	1	2	3	4	7			
6	1	2	3	4	6	8		
7	1	2	3	4	6	7	8	
8	1	2	3	4	5	6	7	8

(7) $U_{17}(17^{16})$

试验号＼列号	1	2	3	4	5	6	7	8	9	10	11	12	13	14	15	16
1	1	2	3	4	5	6	7	8	9	10	11	12	13	14	15	16
2	2	4	6	8	10	12	14	16	1	3	5	7	9	11	13	15
3	3	6	9	12	15	1	4	7	10	13	16	2	5	8	11	14
4	4	8	12	16	3	7	11	15	2	6	10	14	1	5	9	13
5	5	10	15	3	8	13	1	6	11	16	4	9	14	2	7	12
6	6	12	1	7	13	2	8	14	3	9	15	4	10	16	5	11
7	7	14	4	11	1	8	15	5	12	2	9	16	6	13	3	10
8	8	16	7	15	6	14	5	13	4	12	3	11	2	10	1	9
9	9	1	10	2	11	3	12	4	13	5	14	6	15	7	16	8
10	10	3	13	6	16	9	2	12	5	15	8	1	11	4	14	7
11	11	5	16	10	4	15	9	3	14	8	2	13	7	1	12	6
12	12	7	2	14	9	4	16	11	6	1	13	8	8	15	10	5
13	13	9	5	1	14	10	6	2	15	11	7	3	16	12	8	4
14	14	11	8	5	2	16	13	10	7	4	1	15	12	9	6	3
15	15	13	11	9	7	5	3	1	16	14	12	10	8	6	4	2
16	16	15	14	13	12	11	10	9	8	7	6	5	4	3	2	1
17	17	17	17	17	17	17	17	17	17	17	17	17	17	17	17	17

$U_{17}(17^{16})$表的使用

因素数	列号															
2	1	10														
3	1	10	15													
4	1	10	14	15												
5	1	4	10	14	15											
6	1	4	6	10	14	15										
7	1	4	6	9	10	14	15									
8	1	4	5	9	9	10	14	15								
9	1	4	5	7	9	10	10	15	16							
10	1	4	5	6	7	9	9	14	15	16						
11	1	2	4	5	6	7	7	10	14	15	16					
12	1	2	3	4	5	6	7	9	13	14	15	16				
13	1	2	3	4	5	6	7	9	11	13	14	15	16			
14	1	2	3	4	5	6	7	9	10	11	13	14	15	16		
15	1	2	3	4	5	6	7	9	9	10	11	13	14	15	16	
16	1	2	3	4	5	6	7	9	9	10	11	12	13	14	15	16

附录3 我国高压气体钢瓶标记

序号	气体	钢瓶颜色	瓶上所标字样	瓶上所标字样颜色
1	H_2	深绿	氢	红
2	O_2	天蓝	氧	黑
3	N_2	黑	氮	黄
4	Ar	灰	氩	绿
5	Cl_2	草绿	氯	白黄
6	NH_3	黄	氨	黑
7	CO_2	黑	CO_2	黄
8	C_2H_2	白	C_2H_2	红
9	压缩气体瓶(冷气)	黑	冷气	白
10	氟利昂	银灰	氟利昂	黑
11	其他可燃气体	红	—	白
12	其他不可燃气体	黑	—	黄

附录 4　水的蒸气压

T/℃	mmHg	Pa	T/℃	mmHg	Pa	T/℃	mmHg	Pa
0	4.579	610.5	29	30.043	4 005.4	58	136.08	18 142
1	4.926	656.7	30	31.824	4 242.8	59	142.60	19 012
2	5.294	705.8	31	33.695	4 492.3	60	149.38	19 916
3	5.685	757.9	32	35.663	4 754.7	61	156.43	20 856
4	6.101	813.4	33	37.729	5 030.1	62	163.77	21 834
5	6.543	827.3	34	39.898	5 319.3	63	171.38	22 849
6	7.013	935.0	35	41.1G7	5 489.5	64	179.31	23 906
7	7.513	1 001.6	36	44.563	5 941.2	65	187.54	25 003
8	8.045	1 072.6	37	47.067	6 275.1	66	196.09	26 143
9	8 609	1 147.8	38	49.692	6 625.0	67	204.96	27 326
10	9.209	1 227.8	39	52.442	6 991.7	68	214.17	28 554
11	9.844	1 312.4	40	55.324	7 375.9	69	223.73	29 828
12	7.513	1 001.6	41	58.34	7 778.0	70	233.7	31 157
13	11.231	1 497.3	42	61.50	8 199.3	71	243.9	32 517
14	11.987	1 598.1	43	64.80	8 639.3	72	254.6	33 944
15	12.788	1 704.9	44	68.26	9 100.6	73	265.7	35 424
16	13.634	1 817.7	45	71.88	9 583.2	74	277.2	36 957
17	14.530	1 937.2	46	75.65	10 086	75	289.1	38 544
18	15.477	2 063.4	47	79.60	10 612	76	301.4	40 183
19	16.477	2 196.8	48	83.71	11 160	77	314.1	41 876
20	17.535	2 337.8	49	88.02	11 735	78	327.3	43 636
21	18.650	2 486.5	50	92.51	12 334	79	341.0	45 463
22	19.827	2 643.4	51	97.20	12 959	80	355.1	47 343
23	21.068	2 808.8	52	102.09	13 611	81	369.7	49 289
24	22.377	2 983.4	53	107.20	14 292	82	384.9	51 316
25	23.756	3 167.2	54	112.51	15 000	83	400.6	53 409
26	25.209	3 360.9	55	118.04	15 737	84	416.8	55 569
27	26.739	3 564.9	56	123.80	16 505	85	433.6	57 808
28	28.349	3 779.6	57	129.82	17 308	86	450.9	60 115

（续表）

T/℃	mmHg	Pa	T/℃	mmHg	Pa	T/℃	mmHg	Pa
87	468.7	62 488	92	566.99	75 592	97	682.07	90 935
88	487.1	64 941	93	588.60	78 474	98	707.27	94 295
89	506.1	67 474	94	610.90	81 447	99	733.24	97 757
90	525.96	70 096	95	633.90	84 513	100	760.00	101 325
91	546.05	72 801	96	657.62	87 675			

附录 5　阿贝折光仪

阿贝折光仪（也称阿贝折射仪）是在教学和科研工作中常见的、根据光的全反射原理设计的光学仪器。它可以直接用来测定液体的折射率，定量地分析溶液的组成，确定液体的纯度和浓度，判断物质的品质等。

（1）阿贝折光仪的结构

附图 5－1 是一种典型的阿贝折光仪的结构示意图（辅助棱镜呈开启状态）。该仪器由望远系统和读数系统两部分组成，分别由测量镜筒 1 和读数镜筒 10 进行观察，属于双镜筒折光仪。在测量系统中，主要部件是两块直角棱镜，上面一块表面光滑，为测量棱镜 5，下面一块是磨砂面的，为辅助棱镜 7（进光棱镜）。两块棱镜可以自由启闭。当两棱镜平面叠合时，两镜之间有一条细缝，将待测溶液注入细缝中，便形成一薄层液。当光由反射镜 9 入射而透过表面粗糙的棱镜时，光在此毛玻璃面产生漫射，以不同的入射角进入液体层，然后，到达表面光滑的棱镜，光线在液体与棱镜界面上则发生折射。

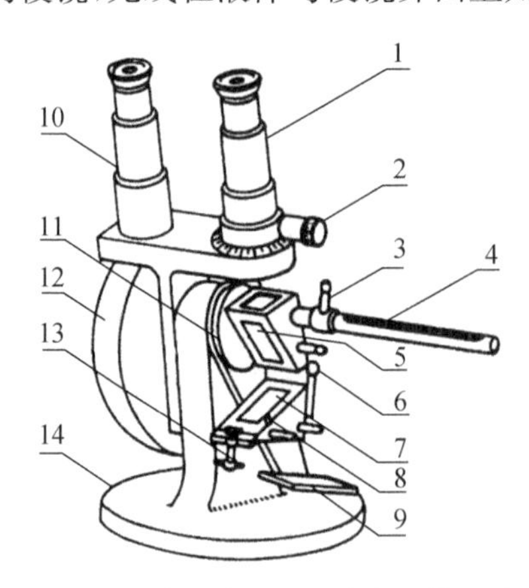

附图 5－1　典型的阿贝折光仪结构示意图

1—测量镜筒；2—消色散旋钮；3—恒温水入口；4—温度计；5—测量棱镜；6—铰链；7—辅助棱镜；8—加样品孔；9—反射镜；10—读数镜筒；11—转轴；12—刻度盘罩；13—棱镜锁紧扳手；14—底座

转动刻度盘(内有刻度板)12上的转轴旋钮，调节棱镜组的角度，视野内明暗分界线通过正好落在测量镜筒视野的"X"形线的交点上，表示光线从棱镜入射角达到了临界角。由于刻度盘与棱镜组的转轴11是同轴的，因此，与试样折光率相对应的临界角位置能通过刻度盘反映出来。刻度盘上的示值有两行，右边一行为折射率；左边一行为工业上用来测量固体物质在水中浓度的标准，如蔗糖的浓度(0～95%)。

阿贝折光仪光源采用的日光通过棱镜时，由于其不同波长的光的折射率不同，因而产生色散，使临界线模糊。为此在测量镜筒下面设计了一套消色散棱镜，旋转消色散旋钮2，以消除色散现象。

另一类折光仪是将望远系统与读数系统合并在同一个镜筒之内，通过同一目镜进行观察，属于单镜筒折光仪。其结构如附图5-2所示，工作原理与上述折光仪类似。

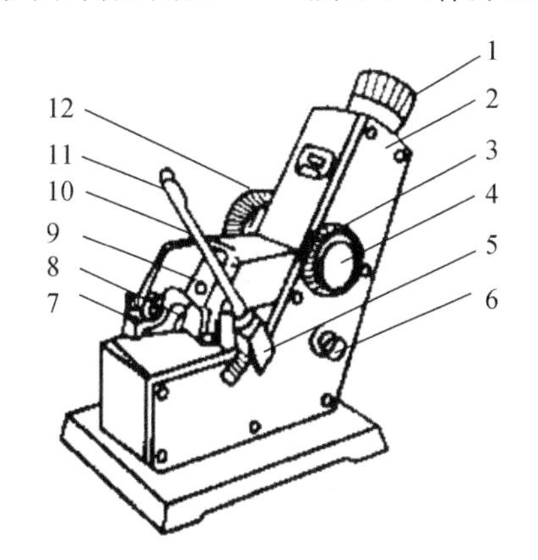

附图5-2　单镜筒阿贝折光仪结构示意图

1—目镜；2—盖板；3—折射棱镜座；4—棱镜锁紧手轮；5—温度计座；6—照明刻度盘聚光镜；7—转轴折光棱镜；8—反射镜；9—遮光板；10—进光棱镜；11—温度计；12—色散调节手轮

(2) 阿贝折光仪的使用

① 准备工作　本实验使用典型阿贝折光仪，如附图5-1。将折光仪与恒温水浴连接，调节所需要的温度，同时检查保温套的温度计是否准确。将棱镜4和6打开(附图5-1)，让磨砂的斜面处于水平位置，用滴定管加少量丙酮清洗镜面，促使难挥发的玷污物逸走。注意用滴定管时勿使管尖碰着镜面，必要时可用擦镜纸轻轻吸干镜面。

② 仪器校准　使用之前应用已知折射率的重蒸馏水($n_D^{20}=1.332\ 5$)，亦可用每台折光仪中附有已知折射率的"玻块"来校正。如果使用标准折光玻璃块来校正，先拉开下面棱镜，用一滴1-溴代萘把标准玻璃块贴在折光棱镜4下，转动圆盘组(内有刻度板)10上的转轴旋钮，调节棱镜组的角度，视野内明暗分界线落在测量镜筒视野的"×"上，为使读数镜筒内的刻度值等于标准玻璃块上标注的折光率，可用附件方孔调节扳手转动示值调节螺钉(该螺钉处于测量镜筒中部)，使明暗界线刚好和"×"型线交点相交(附图5-3)；如果使用重蒸馏水作为标准液，只要把水滴在下面棱镜的毛玻璃面上，并合上两棱镜，旋转棱镜转轴旋钮，使读数镜内刻度值等于水的折射率，然后同上方法操作，使明暗界线和"×"型线交点相交。

③ 测试样品

在镜面上滴少量待测液体，并使其铺满整个镜面，关上棱镜，锁紧锁钮 8(附图 5 - 1)。若试样为易挥发物质，则可在两棱镜接近闭合时从加液槽 7 将待测液加入。调节反光镜 9 使入射光线达到最强，然后，转动棱镜使测量镜筒(目镜)出现半明半暗，分界线位于"×"型线的交叉点上[附图 5 - 3(c)]，这时从读数镜筒 12 即可在标尺上读出液体的折射率。

如出现彩色光带[附图 5 - 3(a)]，调节消色散旋钮 2，使彩色光带消失，阴暗界面清晰[附图 5 - 3(b)]，转动圆盘组(内有刻度板)10 上的转轴旋钮，调节棱镜组的角度，使明暗界面恰如[附图 5 - 3(c)]所示。测完之后，打开棱镜并用丙酮洗净镜面，也可用吸耳球吹干镜面，实验结束后，除必须使镜面清洁外，尚需夹上两层擦镜纸才能扭紧两棱镜的闭合螺丝，以防镜面受损。

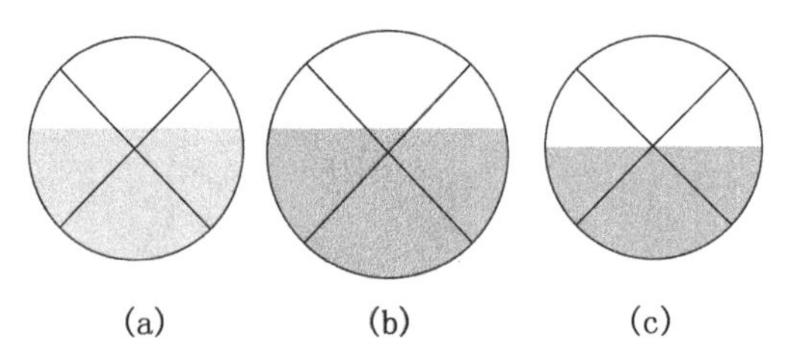

附图 5 - 3 测量镜筒中看到的图像变化示意图

(3) 注意事项

① 应注意保护折光棱镜，不能在镜面上造成划痕。不能用来测定强酸、强碱及有腐蚀性的液体。

② 测量时应注意恒温温度是否控制正确。如欲测准至±0.000 1 ℃，则温度变化应控制在±0.01 ℃的范围内。若测量精度不要求很高，则可以放宽温度范围或不使用恒温水。

③ 每次使用前和使用后，都应洗净镜面；清洁时应用丙酮或 95%乙醇洗净镜面，待晾干后再夹上两层擦镜纸才能扭紧两棱镜的旋转锁钮，以防镜面受损。

④ 仪器在使用或贮藏时均不得暴露在日光下。不用时应将仪器金属夹套内的水倒干净，管口封起来后放入木箱之内，存放在干燥的地方。

目前，为了能快速、稳定、精确地测量透明、半透明液体的折射率 n_D，广泛采用具有友好的全彩色操作界面、自动测量、重复性好、有温度修正功能，并且体积小巧、具有数据存储和打印功能的自动阿贝折射仪。

自动阿贝折光仪是一种精密的光学仪器，测试时对样品测试槽及棱镜表面清洁度要求比较高，温度对液体折射率的影响比较大。

附录 6 DDS - 11A 型电导率仪

DDS - 11A 型电导率仪是实验室用电导率测量仪器，它广泛应用于石油化工、生物医药、污水处理、环境监测、矿山冶炼等行业及大专院校和科研单位。若配用适当常数的电导电极，除了能够测量一般液体的电导率外，还可用于测量纯水或超纯水的电导率。仪器有 0～10 mV 信号输出，可接长图自动平衡记录仪进行连续记录。

(1) 工作原理

在电解质溶液中，带电的离子在电场影响下产生移动而传递电子，因此，具有导电性。因为电导是电阻的倒数，因此，测量溶液的电导，可以用两个电极插入溶液中，测出两极间的电阻，根据欧姆定理，温度一定时，其电阻值 R 与两极的间距 L 成正比，与电极的截面积 A 成反比，即 κ 正比于 L/A。保持两电极间的距离和位置不变，电导电极的两个测量电极板平等地固定在一个玻璃罩内，这样电极的有效截面积 A 及其间距 L 均为定值。

因为电导 $S=1/R$，所以 S 正比于 A/L。写成等式：

$$S=\kappa\left(\frac{A}{L}\right) \qquad \kappa=S\left(\frac{L}{A}\right)$$

式中：A/L——电极常数；

κ——电导率。

对于溶液来说，电导率 κ 表示相距 1 cm，截面积 1 cm^2 的两个平行电极之间溶液的电导，单位是 $S \cdot cm^{-1}$（西/厘米）。由于单位太大，故采用其 10^{-6} 或 10^{-3} 作为单位，即 $\mu S \cdot cm^{-1}$ 或 $mS \cdot cm^{-1}$。

电导率仪的工作原理如附图 6 - 1 所示。

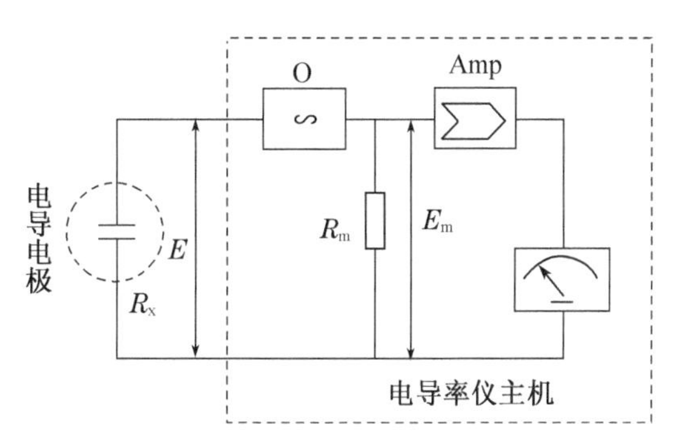

附图 6 - 1　测量仪器电路原理图

把振荡器产生的一个交流电源 E 送到电导池 R_x 与量程电阻（分压电阻）R_m 的串联回路里，电导池里的溶液电导愈大，R_x 获得的电压 E_m 也就愈大。将 E_m 送至交流放大器(amplifier)放大，再经过信号整流，以获得推动表头的直流信号输出，故可从表头直接读电导率。由此可知：

$$\frac{E_m}{R_m}=\frac{E}{R_m+R_x}\Rightarrow E_m=\frac{ER_m}{R_m+\dfrac{L}{A_\kappa}}$$

式中，R_x 为液体电阻；R_m 为分压电阻。

由上式可知，当 E、R_m、A、L 均为常数时，电导率 κ 的变化必将引起 E_m 作相应的变化，所以通过测试 E_m 的大小也就测得液体电导率的数值。

(2) 测量范围

① 测量范围 0～10^5 $\mu S \cdot cm^{-1}$，分 12 个量程。

② 配套电极 DJS - 1 型光亮电极、DJS - 1 型铂黑电极和 DJS - 10 型铂黑电极。光亮电极用于测量较小的电导率（0～10 $\mu S \cdot cm^{-1}$），而铂黑电极用于测量较大的电导率（10～10^5 $\mu S \cdot cm^{-1}$）。通常用铂黑电极，因为它的表面比较大，这样降低了电流密度，减少或消除极化，但在测量低电导率溶液时，铂黑对电解质有强烈的吸附作用，出现不稳定

的现象，这时宜用光亮铂电极。具体选择时可参照下表。

附表 6-1　电导率、测量频率与配套电极

量程	电导率/(10^5 μS·cm^{-1})	测量频率	配套电极
1	0～0.1	低周	DJS-1 型光亮电极
2	0～0.3	低周	DJS-4 型光亮电极
3	0～1	低周	DJS-1 型光亮电极
4	0～3	低周	DJS-1 型光亮电极
5	0～10	低周	DJS-1 型光亮电极
6	0～30	低周	DJS-1 型铂黑电扱
7	0～10^2	低周	DJS-1 型铂黑电极
8	0～3×10^2	低周	DJS-1 型铂黑电极
9	0～10^3	高周	DJS-1 型铂黑电极
10	0～3×10^3	高周	DJS-1 型铂黑电极
11	0～10^4	高周	DJS-1 型铂黑电极
12	0～10^5	高周	DJS-10 型铂黑电极

(3) 仪器结构

DDS-11A 型电导率仪的仪器面板如附图 6-2 所示。

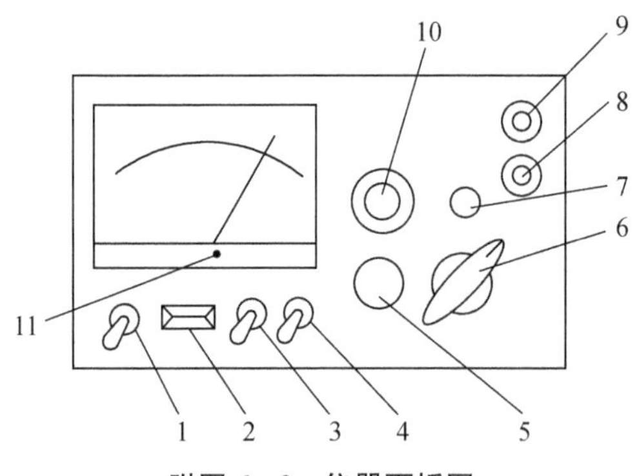

附图 6-2　仪器面板图

1—电源开关；2—指示灯；3—高、低周开关；4—校正、测域开关；5—校正调节旋；6—量程选择开关；7—电容补偿调节器，8—电极插口；9—10 mV 输出插口；10—电极常数调节旋钮；11—校正螺丝

(4) 使用方法

① 未开电源开关前，应先检验电表指针是否指零。若不指零，则可调节表头上的校正螺丝 11 使之指零。

② 将校正、测量开关 4 拨到“校正”位置。

③ 接通电源，打开电源开关 1 预热 5～10 min，调节校正调节旋钮 5，使表针在满刻度上。

④ 将高、低周开关 3 拨到所在位置。测量电导率低于 300 μS·cm^{-1}的溶液，用高周；

测量电导率高于 300 $\mu S \cdot cm^{-1}$的溶液,用低周。

⑤ 将量程选择开关拨到所需的范围内。如预先不知待测溶液电导率大小,防表针打弯,可先将量程选择开关 6 拨到最大量程挡,然后逐挡下调。

⑥ 将电极常数调节旋钮 10 调到所用电导电极标注的常数值的相应位置。

⑦ 将电极夹夹紧电导电极的胶木帽,电极插头插入电极插口 8,上紧螺丝,用少量待测溶液冲洗电极 2～3 次。将电极插入待测溶液时,电极上的钮片应全部浸入待测溶液中。当待测溶液的电导率低于 10 $\mu S \cdot cm^{-1}$时,使用 DJS－1 型铂光亮电极;当待测溶液的电导率在 10～10^4 $\mu S \cdot cm^{-1}$范围时,使用 DJS－1 型铂黑电极。

⑧ 再次调节校正调节旋钮 5,使指针满刻度,将校正、测量开关 4 拨到"测量"位置,读得表针的指示值,再乘以量程选择开关 6 所指示的倍数,即得待测溶液的电导率。

测量过程中要随时检查指针是否在满刻度上。如有变动,立即调节校正调节旋钮 5,使指针指在满刻度位置。量程选择开关用 1、3、5、7、9 档时,读表头黑色刻度;量程选择开关用 2、4、6、8、10 档时,读表头红色刻度。

⑨ 测量完毕,速将校正、测量开关 4 扳回到"校正"位置。关闭电源开关 1,将电极用蒸馏水冲洗数次后,放入专备的盒内。

附录 7　气相色谱在化工专业实验中的应用

气液色谱法(Gas chromatography),又称气相层析,是一种在有机化学中对易于挥发而不发生分解的化合物进行分离与分析的色谱技术。气相色谱的典型用途包括测试某一特定化合物的纯度与对混合物中的各组分进行分离(同时还可以测定各组分的相对含量)。在某些情况下,气相色谱还可能对化合物的表征有所帮助。在微型化学实验中,气相色谱可以用于从混合物中制备纯品。

【概述】

气相色谱仪是用于分离复杂样品中的化合物的化学分析仪器。气相色谱仪中有一根流通型的狭长管道,这就是色谱柱。在色谱柱中,不同的样品因为具有不同的物理和化学性质,与特定的柱填充物(固定相)有着不同的相互作用而被气流(载气,流动相)以不同的速率带动。当化合物从柱的末端流出时,它们被检测器检测到,产生相应的信号,并被转化为电信号输出。在色谱柱中固定相的作用是分离不同的组分,使得不同的组分在不同的时间(保留时间)从柱的末端流出。其他影响物质流出柱的顺序及保留时间的因素包括载气的流速、温度等。

在气相色谱分析法中,一定量(已知量)的气体或液体分析物被注入柱一端的进样口中[通常使用微量进样器,也可以使用固相微萃取纤维(Solid Phase Microextraction Fibres)或气源切换装置]。当分析物在载气带动下通过色谱柱时,分析物的分子会受到柱壁或柱中填料的吸附,使通过柱的速度降低。分子通过色谱柱的速率取决于吸附的强度,它由被分析物分子的种类与固定相的类型决定。由于每一种类型的分子都有自己的通过速率，分析物中的各种不同组分就会在不同的时间（保留时间）到达柱的末端，从而得到分离。检测器用于检测柱的流出流，从而确定每一个组分到达色谱柱末端的时间以及每一个组分的含量。通常来说，人们通过物质流出柱（被洗脱）的顺序和它们在柱中的保留时间来表征不同的物质。

【色谱柱】

气相色谱法中常用的色谱柱有两种：

(1) 填充柱

长 1.5～10 m，内直径为 2～4 mm。柱身通常由不锈钢或玻璃制成，内部有填充物，由一薄层液态或固态的固定相覆盖在磨碎的化学惰性固体表面（如硅藻土）构成。覆盖物的性质决定了哪些物质受到的吸附作用最强。因此，填充柱有很多种，每一种填充柱被设计成用于某一类或几类混合物的分离。例如，Porapak 系列填料是气相色谱填充柱最常用的填料之一，有极性和非极性之分，其中 Porapak Q 是极性填料，常用来分析乙烯、乙炔、烷烃、芳烃、含氧有机物、卤代烷等物质。常见型号为 Porapak Q(2 m、Φ3 mm、60 目～80 目)。注意，Porapak Q 对氨气是有吸附的，如果检测微量氨，不建议使用 Porapak Q 柱。

(2) 毛细管柱

内直径很小，通常为十分之一毫米的数量级，长度一般在 25～60 m 之间。在壁涂开管柱（WCOT）中，柱的内壁被一层活性材料所覆盖，而在多孔层开管柱（PLOT）中管壁为准固态、充满微孔。大部分的毛细管柱由石英玻璃组成，表面覆盖有一层聚亚酰胺。这些色谱柱都很柔软，因此一根很长的柱可以绕成一小卷。

常见的毛细管柱 SE-30 的参数如下：

毛细管柱型号：SE-30

固定相：100%甲基聚硅氧烷（胶体），键合型。

类型：非极性柱。

使用范围：SE-30 毛细管柱适用于碳氢化合物、芳香类化合物、农药、酚类、除草剂、胺、脂肪酸甲酯等。

使用温度：-60～320 ℃。

(3) 新发展

当人们发现一根柱难以满足需要时，人们开始尝试将多根色谱柱以特定的几何方式整合在一根柱内。这些新发展包括：

① 内加热 microFAST 柱，在一个通用的柱壁内部整合了两根柱，一根内部加热丝和一个温度传感器。

② 微填充柱（1/16″OD）是一种柱中套柱的填充柱。这种柱中外层柱的填料和内层柱的填料不同，因而可以同时表现出两根柱的分离行为，它们很容易与毛细管柱气相色谱仪的进样口及检测器相连接。

分子吸附与分子通过色谱谱柱的速率具有强烈的温度依赖性，因此色谱柱必须严格控温到十分之一摄氏度，以保证分析的精确性。降低柱温可以提供最大限度的分离，但是会令洗脱时间变得非常长。某些情况下，色谱柱的温度以连续或阶跃的方式上升，以达到某种特定分析方法的要求。这一整套过程称为控温程序。电子压力控制则可以调整分析过程中的流速，使得运行时间得以提升同时分离度不下降。

【检测器】

气相色谱法中可以使用的检测器有很多种，最常用的有火焰电离检测器(FID)与热导检测器(TCD)。这两种检测器都对很多种分析成分有灵敏的响应，同时可以测定一个很大的范围内的浓度。TCD 从本质上来说是通用性的，可以用于检测除了载气之外的任何物质(只要它们的热导性能在检测器检测的温度下与载气不同)，而 FID 则主要对烃类响应灵敏。

FID 对烃类的检测比 TCD 更灵敏，但不能用来检测水。两种检测器都很强大。由于 TCD 的检测是非破坏性的，它可以与破坏性的 FID 串联使用(连接在 FID 之前)，从面对同一分析物给出两个相互补充的分析信息。其他的检测器要么只能检测出个别的被测物，要么可以测定的浓度范围很窄。

有一些气相色谱仪与质谱仪相连接而以质谱仪作为它的检测器，这种组合的仪器称为气相色谱-质谱联用(GC-MS，简称气质联用)，有一些气质联用仪还与核磁共振波谱仪相连接，后者作为辅助的检测器，这种仪器称为气相色谱-质谱-核磁共振联用(GC-MS-NMR)。有一些 GC-MS-NMR 仪器还与红外光谱仪相连接，后者作为辅助的检测器，这种组合叫作气相色谱-质谱-核磁共振-红外联用(GC-MS-NMR-IR)。但是必须指出，这种情况是很少见的，大部分的分析物用单纯的气质联用仪就可以解决问题。

(1) 氢火焰离子化检测器(FID)。

① 工作原理。

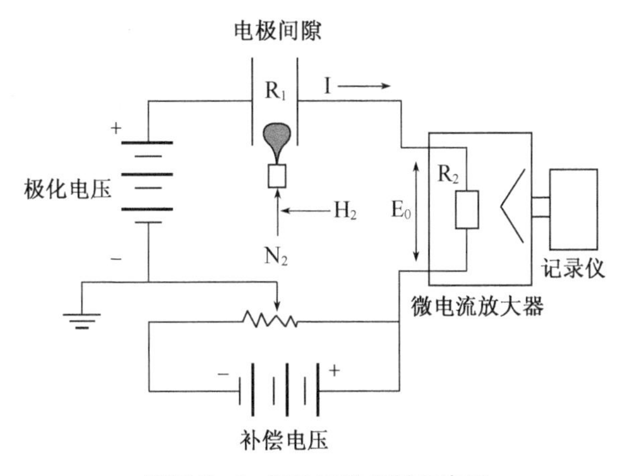

附图 7-1　FID 工作原理示意图

氢火焰离子化检测器是将被分析的样品在氢火焰中燃烧，产生离子流。其离子化机理是化学电离。电离产生的离子流在外电场的作用下，离子被检测。其讯号的大小就是被分析样品含量的多少。附图 7-1 是一个氢火焰检测器的工作原理示意图。载气携带样品组分从色谱柱流出，经过电极间隙，气体中的一些分子被氢火焰电离成带电粒子，在电场作用下，产生电流 I，电流流过间隙和测量电阻 R_2，在 R_2 两端产生电压降 E_0，通过微电流放大器放大后，输给记录仪。其电极间隙如同一个可变电阻 R_1，电阻值的大小取决于间隙内带电粒子的数量。当只有纯载气(实际工作中，载气中存有有机物质和色谱柱流失的固定液等物质)经过电极间隙时，产生一个对流恒定电流 I，这个恒定电流称为基流或称本底电流，氢火焰离子化检测器应用时，对基流的要求是越小越好，只有在小的基流情况下，才能使电流的微小变化检测出来。检测器在只有载气通过时，为了能够抵消基流的影响使放大器输入(出)为零，所以在输入端给定了一个与 I 乘上 R_2 相等且极性相反的补偿电压。此时正负抵消，放大器输出信号等于零，在记录仪上绘出一条直线。当载气中含有被测样品通过电极间隙时，组分分子被电离，电荷粒子数目急剧增加，使气体导电的这个可变电阻 R_1 减小，引起一个增加量 R_2，于是在记录仪上绘出一个信号谱图。

氢火焰离子化检测器正常工作需要三种气，氢气、空气、载气。检测器的性能依赖于三种气体流速的恰当选择。要取得好的稳定性和灵敏度，其气体纯度和压力范围的选择应符合附表 7-1 的要求。

附表 7-1　不同检测器气源压力和纯度参考

检测器	气源	入口压力	纯度
TCD	H_2 或 He	0.3 MPa	99.999%
FID	H_2	0.3 MPa	99.995%
	N_2 或 He	0.4 MPa～0.5 MPa	99.998%
	Air	0.3 MPa	无灰尘、油雾、水分

② 基本特点。

仪器检测器采用整体封闭式结构，以减少外界气流变化对检测器工作的影响。采用非金属喷嘴结构，其化学惰性好。喷嘴直径 0.5 mm，在喷嘴上端的喷口处，以特殊材料与非金属封接，极化电压夹在喷口处。这样的设计不仅使离子流可以良好地传导，又避免了分析样品热分解现象的产生。

检测器筒体容积的设计保证了气体燃烧的高效率。载气和氢气是在喷嘴的内部混合，而助燃气体是从喷嘴的周围进入燃烧室。这样就有利于气体的充分混合，为高效率的燃烧和不易灭火创造了充分的条件。检测后的气体经放空口放空，气体放空的同时对检测器筒体又可起到清洗的作用，加强了检测器抵抗污染的能力。

检测器的设计保证了色谱柱的垂直安装。喷嘴与色谱柱之间的连接只有 1.5 m×2 mm的不锈钢裸露面，在与玻璃填充柱组成分析系统时，可有效地降低金属表面对样品的吸附作用。

③ 应用范围。

氢火焰离子化检测器除对 H_2、He、Ar、Kr、Ne、Xe、O_2、N_2、CS_2、COS、H_2S、SO_2、NO、N_2O、NO_2、NH_3、CO、CO_2、H_2O、$SiHCl_3$、SiF_4、HCHO、HCOOH 等响应很小或没有响应外，对于大多数有机化合物都有响应。

由于检测器对水、空气没有什么响应，故特别适合于含生物物质的水相样品和空气污染物的测定。又因对 CS_2 的灵敏度低，使得 CS_2 成为 FID 检测器被测样品的极好溶剂。

在定量分析中，检测器对不同烃类灵敏度非常接近，因此在进行石油组分等烃类分析时，可以不用定量校正因子而直接按峰面积归一化计算。

氢火焰离子化检测器属于质量型检测器，不但具有灵敏度高、线性范围宽的优点，而且对操作条件变化相对不敏感，稳定性好。特别适合于做微量或常量的常规分析。因为响应速度快，所以和毛细管分析技术配合使用可完成痕量的快速分析，是气相色谱仪中应用最广泛的检测器之一。

(2) 热导检测器(TCD)

热导检测器(TCD)是气相色谱仪上应用最广泛的一种检测器之一，它结构简单、性能稳定、灵敏度适宜，对各种物质都有响应，尤其适应常规分析、气体分析。

① 工作原理。

TCD 检测器基本原理(附表 7-2)，是基于不同物质与载气之间有不同的热传导率，当不同物质流经池体时，由于热丝温度受到响应，阻值发生变化，使桥路失去平衡，由之输出信号。信号大小与被测物质浓度成函数关系，输出信号被记录或送入数据处理机进行计算得出被测组分含量。

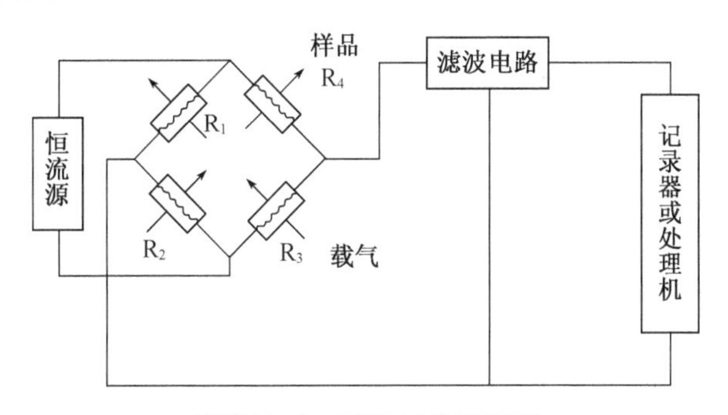

附表 7-2　TCD 工作原理图

$\frac{R_1}{R_2}=\frac{R_3}{R_4}$→静态电阻值之比要求比例相等，$R_1R_3$ 池和 R_2R_4 池互为参比。

② 主要特性

由于热导检测器属于浓度型检测器，所以检测器灵敏度与池体的几何结构、池体温度、稳定性、热丝的稳定性能、所用载气的热传导率，以及其气体流量的稳定性、纯度、流速等因素有关。检测器响应与桥流使用关系密切，桥流大，灵敏度高，但是噪声随之增大，寿命也会缩短，不易稳定走好基线。

【载气选择与载气流速】

典型的载气包括氦气、氮气、氩气、氢气。通常，选用何种载气取决于检测器的类型。例如，放电离子化检测器(DID)需要氦气作为载气。不过，当对气体样品进行分析的时候，载气有时是根据样品的母体选择的。例如，当对氩气中的混合物进行分析时，最好用氩气作载气，因为这样做可以避免色谱图中出现氩的峰。载气的选择(流动相)是很关键的。氢气用作载气时分离效率最高，分离效果最好。安全性与可获得性也会影响载气的选择,比如说,氢气可燃,而高纯度的氮气某些地区难以获得。

载气流速对分析的影响在方式上与温度类似。载气流速越高,分析速度越快,但是分离度越差。因此,最佳载气流速的选择与柱温的选择一样,都需要在分析速度与分离度之间取得平衡。

【分析方法】

分析方法实际上是在某一特定的气相色谱分析中使用的一系列条件。建立分析方法实际上是确定对于某一分析的最佳条件的过程。

为了满足某一特定的分析要求,可以改变的条件包括进样口温度、检测器温度、色谱柱温度及其控温程序、载气种类及载气流速、固定相、柱径、柱长、进样口类型及进样口流速、样品量、进样方式等。检测器还可能有其他可供调节的参数,这取决于所使用的检测器类型。有一些气相色谱仪还有可以控制样品与载气流向的阀门,这些阀门开启与关闭的时间也可能对分析的效果有重要影响。

(1) 定性分析方法

一般来说,色谱分析的结果用色谱图来表示。在色谱图中,横坐标为保留时间,纵坐标为检测器的信号强度。色谱图中有一系列的峰,代表着被分析物中在不同的时间被洗脱出来的各种物质。在分析条件相同的前提下,保留时间可以用于表征化合物。同时,在分析条件相同时,同一化合物的峰的形态也是相同的,这对于表征复杂混合物很有帮助。然而,现代的气相色谱分析很多时候采用联用技术,即气相色谱仪与质谱仪或其他能够表征各峰对应化合物的简单检测器相连。

(2) 定量分析方法

① 外标法

当能够精确进样量的时候,通常采用外标法进行定量。这种方法要求标准物质单独进样分析,从而确定待测组分的校正因子,实际样品进样分析后依据此校正因子对待测组分色谱峰进行计算得出含量。其特点是标准物质和未知样品分开进样,虽然看上去是二次进样但实际上未知样品只需要一次进样分析就能得到结果。外标法的优点是操作简单,不需要前处理。缺点是要求精确进样,进样量的差异直接导致分析误差的产生。外标法是最常用的定量方法。

② 归一化法

归一化法有时候也被称为百分法(percent),不需要标准物质来帮助进行定量。它直接通过峰面积或者峰高进行归一化计算从而得到待测组分的含量。其特点是不需要标准物,只需要一次进样即可完成分析。

归一化法兼具内标和外标两种方法的优点,不需要精确控制进样量,也不需要样品的前处理;缺点在于要求样品中所有组分都出峰,并且在检测器的响应程度相同,即各组分的绝对校正因子都相等。归一化法的计算公式如(附 7-1)

$$\omega_i = \frac{A_i}{\sum_{i=1}^{n} A_i} \times 100\% \qquad (附\ 7-1)$$

式中：ω_i——待测组分的含量；

A_i——待测组分峰相对面积。

当各个组分的绝对校正因子不同时，可以采用带校正因子的面积归一化法来计算。事实上，很多时候样品中各组分的绝对校正因子并不相同。为了消除检测器对不同组分响应程度的差异，通过用校正因子对不同组分峰面积进行修正后，再进行归一化计算。其计算公式如(附 7-2)：

$$\omega_i = \frac{A_i f_i}{\sum_{i=1}^{n} A_i f_i} \times 100\% \quad \text{(附 7-2)}$$

式中：ω_i——待测组分的含量；

A_i——待测组分峰相对面积；

X——待测样品中不出峰的部分的总量；

f_i——校正因子。

与面积归一化法的区别在于用绝对校正因子修正了每一个组分的面积，然后再进行归一化。注意，由于分子分母同时都有校正因子，因此这里也可以使用统一标准下的相对校正因子，这些数据很容易从文献得到。

当样品中不出峰的部分的总量 X 通过其他方法已经被测定时，可以采用部分归一化来测定剩余组分。计算公式如(附 7-3)：

$$\omega_i = \frac{A_i f_i}{\sum_{i=1}^{n} A_i f_i} \times (100 - X)\% \quad \text{(附 7-3)}$$

式中：ω_i——待测组分的含量；

A_i——待测组分峰相对面积；

X——待测样品中不出峰的部分的总量；

f_i——校正因子。

③ 内标法

选择适宜的物质作为预测组分的参比物，定量加到样品中去，依据欲测定组分和参比物在检测器上的响应值(峰面积或峰高)之比和参比物加入量进行定量分析的方法叫内标法。特点是标准物质和未知样品同时进样，一次进样。内标法的优点在于不需要精确控制进样量，由进样量不同造成的误差不会带到结果中。缺点在于内标物很难寻找，而且分析操作前需要较多的处理过程，操作复杂，并可能带来误差。

一个合适的内标物应该满足以下要求：能够和待测样品互溶；出峰位置不和样品中的组分重叠；易于做到加入浓度与待测组分浓度接近；谱图上内标物的峰和待测组分的峰接近。

④ 内加法

在无法找到样品中没有的合适的组分作为内标物时，可以采用内加法；在分析溶液类型的样品时，如果无法找到空白溶剂，也可以采用内加法。内加法也经常被称为标准加入法。内加法需要除了和内标法一样进行添加样品的处理和分析外，还需要对原始样品进行分析，并根据两次分析结果计算得到待测组分含量。和内标法一样，内加法对进样量并不敏感，不同之处在于至少需要两次分析。

【气相色谱的应用示例】

【实验目的】

1. 掌握 GC 5890 气相色谱仪的操作方法。
2. 了解校正因子的测定方法，掌握用校正因子修正测试结果。
3. 了解乙苯脱氢、恒沸精馏和反应精馏样品的色谱分析条件设置。

【仪器工作原理】

仪器以气体为流动相。当某一种被分析的多组分混合样品被注入注样器且瞬间汽化以后，样品由流动相气体载气所携带，经过装有固定相的色谱柱时，由于组分分子与色谱柱内部固定相分子间要发生吸附、脱附溶解等过程，那些性能结构相近的组分，因各自的分子在两相间反复多次分配，发生很大的分离效果，且由于每种样品组分吸附、脱附的作用力不同，所反应的时间也不同，最终结果使混合样品中的组分得到完全地分离。被分离的组分按顺序进入检测器系统，由检测器转换为电信号送至记录仪或积分仪绘出色谱图，其流程图如附图 7 - 3 所示。

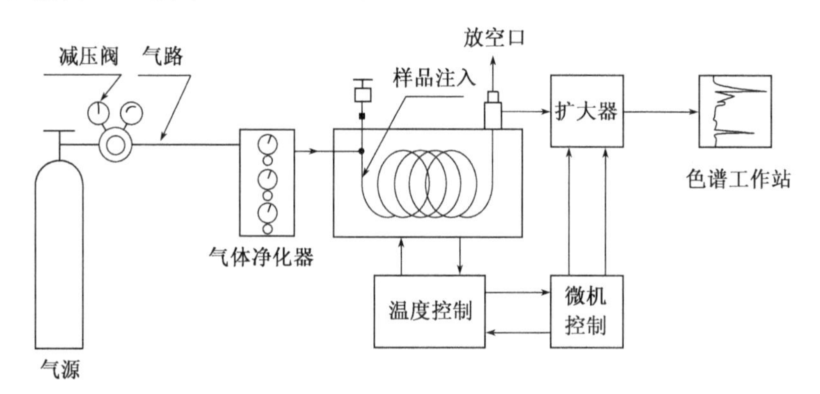

附图 7 - 3　气相色谱仪流程图

【试剂和材料】

微量进样器(1 μL)；苯-甲苯-乙苯-苯乙烯混合样；水-乙醇-正己烷混合样；水-乙醇-乙酸-乙酸乙酯混合样；2 mL 带盖样品瓶；吸水纸。

GC - 5890 型气相色谱仪(基本结构如附图 7 - 3 所示)是一种普及型、多用途、高性能的单检测器系列化仪器。其基型仪器采用双气路分析系统，配有氢火焰检测器(FID)，仪器可进行恒温或程序升温操作方式；可安装填充柱或毛细管色谱柱；可作柱头进样或快速汽化注样方式；并可选择配置各种不同性能的检测器(FID、TCD、ECD、FPD)等以组成不同的仪器，满足不同样品的分析需求。

【仪器装置】

GC－5890气相色谱仪采用微机控制，键盘式操作，液晶屏幕显示。具有电子线路集成度高，可靠性好、操作简单、适应长时间的运行等优点。

注样器恒温箱内可同时容纳两个填充柱注样器或快速注样器。毛细管注样器箱内可装配一个毛细管注样器。为适合特殊用户的需要，仪器可同时装配两个检测器箱。一个标准检测器箱和一个导热池检测器箱。其中标准检测器箱为双机座安装方式，能够同时安装两个检测器。

【色谱测试条件】

乙苯脱氢、恒沸精馏和反应精馏的测试条件分别见附表7－2和附表7－3。

附表7－2　乙苯脱氢制苯乙烯产品分析色谱操作条件

检测器类型	氢火焰检测器(FID)
载气	氮气(纯度不低于99.99%)
色谱柱类型	毛细管柱型号：SE－30(100%甲基聚硅氧烷)；温度范围：－60～320 ℃
色谱柱规格	30 m×0.32 mm×0.33 μm
柱箱温度	120 ℃
气化室温度	160 ℃
检测器温度	200 ℃
氢氧比	30 mL/min∶300 mL/min(1∶10)
分流流量	75 mL/min
尾吹流量	30 mL/min
进样量	0.2 μL

附表7－3　恒沸精馏和反应精馏产品分析色谱操作条件

检测器类型	热导池检测器(TCD)
载气	氢气(纯度不低于99%)
色谱柱类型	填充柱Porapak Q(乙基苯乙烯、二乙烯苯共聚)；温度范围：≤250 ℃；参比柱：OV－101(0.5 m、3 mm)；固相性：100%甲基聚硅氧烷；类型：非极性固定相
色谱柱规格	2 m×3 mm，60目～80目
柱箱温度	180 ℃
气化室温度	200 ℃
检测器温度	220 ℃
载气流量	25 mL/min
进样量	0.3 μL

【操作步骤】

(1) 氢火焰(FID)检测的使用步骤

开机:

① 打开气源总阀(N_2,H_2,空气),分阀不动,设定为 0.4 MPa。观察色谱仪左侧面压力分别为 0.3 MPa,0.15 MPa,0.15 MPa。观察柱前压力是否正常(0.3 MPa)。

(注意:一定要先开 N_2,保护柱子,然后才能开色谱器,因为色谱仪是强极性柱。)

② 打开色谱仪电源开关,板面显示通过检测信号出现,可设柱温、检测器、进样器温度。

③ 等检测器升到设定温度后(板面显示"就绪"即可),加大 H_2 流量点火(6~7 圈),观察检测器上端是否有水雾,(信号)里有数字显示,表示已点火。点着火后将 H_2 调回到原来的圈数(4~5 圈)。

④ 如果程序升温设定好,点启动;如果不想程序升温,点停止。然后进样。

⑤ 打开工作站,观察基线噪声和飘移,待稳定后进样分析。(注意:如果样品浓度高,载气量调大,信号 1 不变,量程范围调大(灵敏度),一般设 2。低浓度样品反之。)

关机:

① 关闭仪器外部:空气和 H_2 气源(熄火)。

(注意:两个机器同时开机,不能关闭气源,将 H_2 压力降低 1~2,查看信号是不是为零,即熄火。)

② 停止控温:降低柱箱、进样品和检测器温度(也可以关闭进样器、检测器,但要记住下次开机一定打开)。

③ 待柱温箱温度降低至 50 ℃以下,关闭仪器,同时关闭载气气源。

(2) 热导池(TCD)检测的使用步骤

① 检查热导池(TCD)检测时气路的接法:载气为氢气。如原先为氢火焰(FID)检测,此时,需要卸下外气路连接口的 N_2 和 H_2 接管,把 H_2 接到载气的接口上;检查更换橡胶塞;净化器只打开 H_2,其他两个开关关闭。

② 打开氮氢空一体机,需要等待约半小时后,检查气相色谱仪进气总压(于气路控制面板看)有压力后才可以打开气相色谱仪电源。如长时间没有使用,开机后气相色谱仪进气会很慢,此时,可以用小扳手旋松气相色谱仪右后部位的外气路连接口,放出管路中的气体,加快进气。

③ 检查检测信号是否接在热导池(TCD)检测上。

④ 用带有"堵头"的六角螺母堵住氢火焰流量调解部位的分流尾气的出气口,同时应卸下热导池检测器尾部的尾气排气口的铜制六角螺帽(左边 1 号仪器已换成软管尾气排气管,使用前应打开止水夹)。

⑤ 等到气相色谱仪进气总压有压力后,检查仪器的所有压力表,压力正常后,打开仪器电源及加热开关,设定温度,热导池(TCD)检测时,通过仪器控制面板,设定"柱箱""热导""注样器"的温度及升温程序。

⑥ 到达温度后,打开桥流开关,按下过载保护复位键,TCD 信号灯的黄灯亮。

⑦ 等基线走稳后(时间约开桥流后半小时)进样,进行实验。

⑧ 实验结束关机时，需要把所有温度设定到 50 ℃，在继续通气条件下冷却到 70 ℃以下，再关氮氢空一体机和色谱电源；关电源时，把热导池检测器尾部的尾气排气口铜制六角螺帽及时旋上（或夹上止水夹），对热导检测器进行密封保护。

【数据记录】

乙苯脱硫的样品可以认为其各组分的校正因子约等于 1，因此不需要校正。而恒沸精馏和反应精馏需要根据公式（附 7－2）对测定结果进行校正，以计算出各组分的含量。

附表 7－4　色谱测试结果记录

乙苯脱氢样品	色谱机/通道		进样量	
	苯	甲苯	乙苯	苯乙烯
保留时间/min				
质量百分数/%				
保留时间/min				
质量百分数/%				
反应精馏样品	色谱机/通道		进样量	
	水	乙醇	乙酸	乙酸乙酯
保留时间/min				
面积百分含量/%				
校正因子				
校正后质量百分数/%				
恒沸精馏样品	色谱机/通道		进样量	
	水	乙醇	正己烷	
保留时间/min				
面积百分含量/%				
校正因子				
校正后质量百分数/%				

附录 8　Aspen plus 在化工热力学实验中的应用

本章简单介绍 Aspen Plus 提供的数据库和多种物性方法，同时实例说明 Aspen Plus 在化工热力学实验方面的应用。Aspen Plus 可以计算热力学性质（逸度系数或 K 值、焓、熵、Gibbs 自由能、体积）和传递性质[黏度、热导率（导热系数）、扩散系数、表面张力]，其中物性方法很关键，因此，进行过程模拟计算必须选择合适的物性方法。

Aspen Plus 提供了含有常用的热力学模型的物性方法。物性方法与模型选择不同，模拟结果大相径庭。如以精馏塔模拟为例，相同的条件计算理论塔板数，用理想方法得到 11 块，用状态方程得到 7 块，用活度系数法得到 42 块。显然物性方法和模型选择是否合适，也直接影响模拟结果是否有意义。

【Aspen plus 数据库】

Aspen plus 物性系统有三种类型数据库：系统数据库(System databanks)、内置数据库(Inhouse databanks)、用户数据库(User databanks)。采用 Aspen plus 数据库查询物质的物性数据。以纯组分 H_2O 为例说明查询物性的步骤。

启动 Aspen Plus，选择模板 General with Metric Units。进入组分|规定|选择页面，输入组分 H_2O，如附图 8-1 所示。

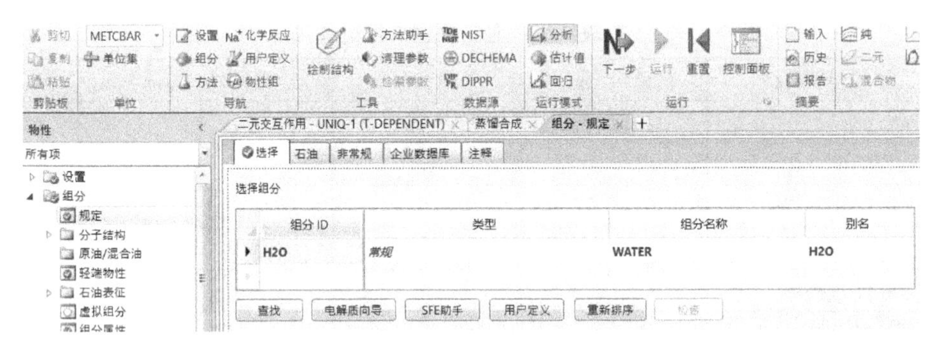

附图 8-1　输入 H_2O 组分

选中组分 H_2O 点击检查，查看 H_2O 的物性结果，如附图 8-2 所示。

纯组分标量参数

参数	单位	数据集合	组分 H2O	组分
API		1	10	
DCPLS	cal/mol-K	1	9.08288	
DGFORM	cal/mol	1	-54593.5	
DGSFRM	cal/mol	1	-56549.2	
DHFORM	cal/mol	1	-57757.2	
DHSFRM	cal/mol	1	-69962.7	
DHVLB	cal/mol	1	9719.52	
FREEZEPT	C	1	0	
GMUQQ		1	1.4	
GMUQR		1	0.92	
HFUS	cal/mol	1	1433.49	
MUP	debye	1	1.84972	
MW		1	18.0153	
OMEGA		1	0.344861	
OMGPRS		1	0.348	
PC	bar	1	220.64	
PCPRS	bar	1	221.19	
RKTZRA		1	0.243172	
SG		1	1	
TB	C	1	100	
TC	C	1	373.946	
TCPRS	C	1	374.2	
TPT	C	1	0.01	
VB	cc/mol	1	18.8311	
VC	cc/mol	1	55.9472	
VLSTD	cc/mol	1	18.05	
ZC		1	0.229	

附图 8-2　查看 H_2O 物性参数

纯组分物性参数含义如附表 8－1 所示。

附表 8－1 纯组分物性参数

参数	描述	参数	描述
API	标准 API 重度	PC	临界压力
CHARGE	离子电荷数	RKTZRA	Rackett 液体摩尔体积模型参数
DGFORM	25 ℃时的标准生成 Gibbs 自由能	S025E	25 ℃时的元素熵的总和
DHAQFM	25℃时的无限稀释条件下液相生成热	SG	60 ℉时的标准相对密度
DHFORM	25 ℃时的标准生成热	TB	正常沸点
DHVLB	TB 时的汽化热	TC	临界温度
FREEZEPT	冰点	VB	在 TB 时的液体摩尔体积
HCOM	25℃时的标准燃烧焓	VC	临界体积
MUP	偶极矩	VLSTD	标准液体体积
MW	分子量	ZC	临界压缩因子
OMEGA	Pitzer 偏心因子		

进入组分设定里，可以看企业数据库，就能查到所有纯组分数据库，如附图 8－3 所示。

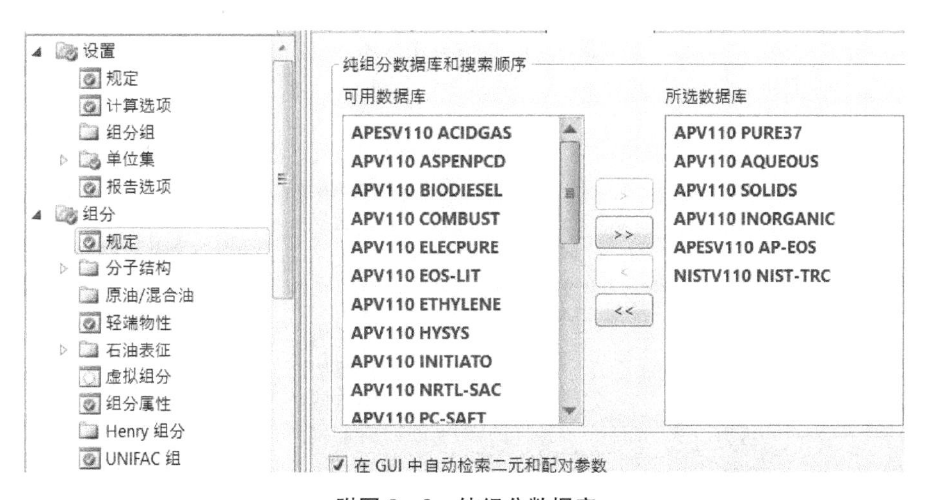

附图 8－3 纯组分数据库

【物性方法】

过程分析、计算、模拟必须选择合适的热力学模型。在使用模拟软件进行流程模拟时，用户定义了一个流程以后，模拟软件一般会自行处理流程结构分析和模拟算法方面的问题，而热力学模型的选择则需要用户作决定。流程模拟中几乎所有的单元操作模型都需要热力学性质的计算，迄今为止，还没有任何一个热力学模型能适用于所有的物系和所有的过程。流程模拟中要用到多个热力学模型，热力学模型的恰当选择和正确使用决定着计算结果的准确性、可靠性和模拟成功与否。

选取方法大致有两种：一种是由物系特点及操作温度、压力经验选取；另外一种是由帮助系统进行选择。

(1) 经验选取

由物系特点及其操作条件进行选择。附图 8-4～8-6 给出了根据经验选择物性方法的过程。

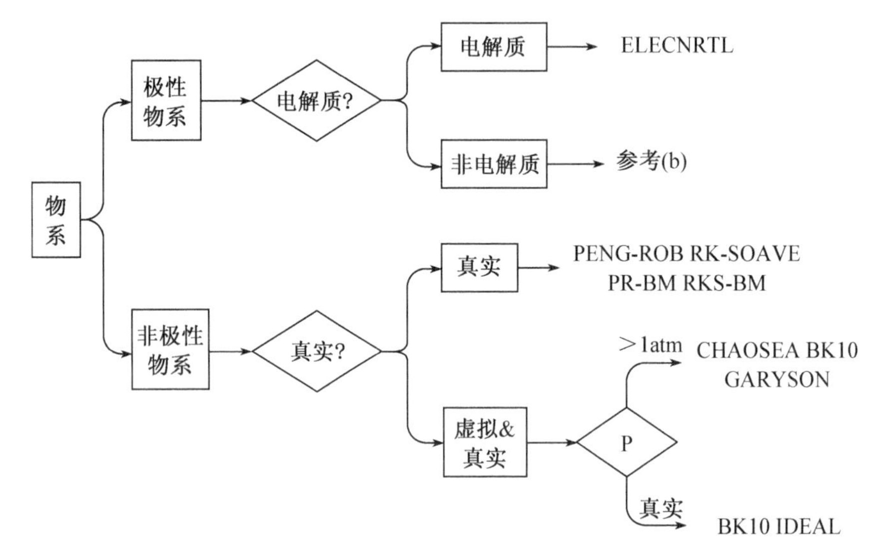

附图 8-4　物性方法选择(一)

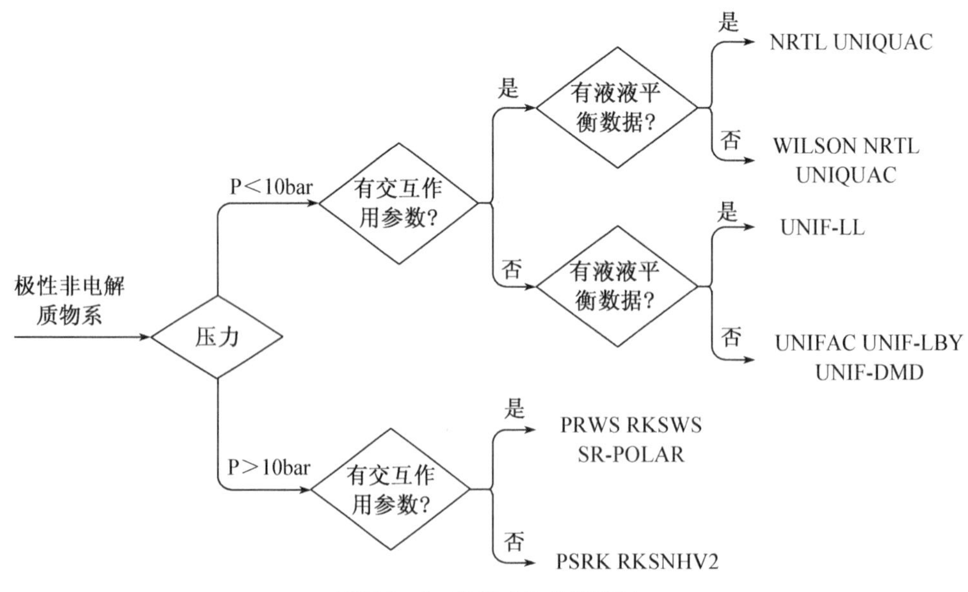

附图 8-5　物性方法选择(二)

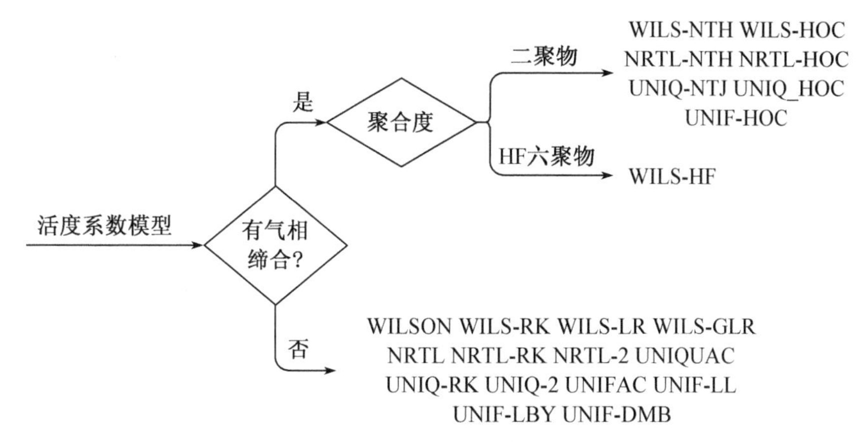

附图 8-6　物性方法选择(三)

(2) 系统物性助手

Aspen Plus 为用户提供了选择物性方法的帮助系统，系统会根据组分的性质或者化工处理过程的特点为用户推荐不同类型的物性方法。以丙烯、苯以及异丙苯体系为例，根据物质体系可以选择物性方法，如下步骤，点击主页里面方法助手，启动物性选择帮助系统。

系统提供了两种方法，可以通过组分类型或工业过程的类型进行选择。以指定组分类型(Specify component type)为例，选择第一项，如附图 8-7 所示。

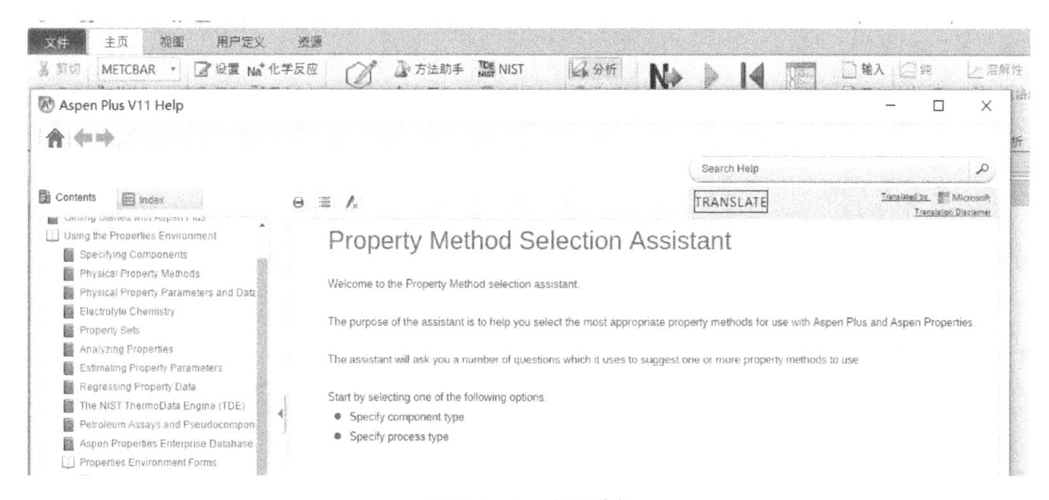

附图 8-7　方法选择

系统提供了四种组分类型，化学系统(Chemical system)、烃类系统(Hydrocarbon system)、特殊系统(Special(water only, amines, Sour water, carboxylic acid, HF, electrolyte)以及制冷剂(Refrigerant)，这里选择烃类系统(Hydrocarbon system)，如附图 8-8 所示。

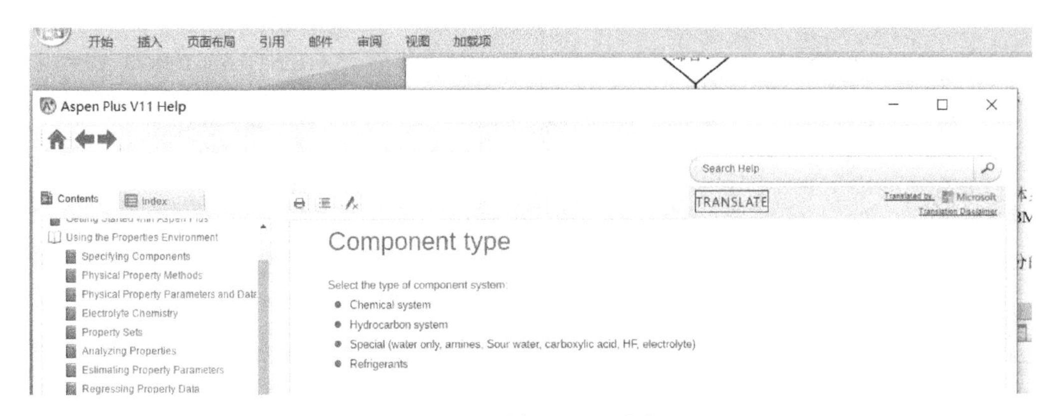

附图 8－8　选择组分系统类型

选择完成，系统会给用户提供几种物性方法作为参考，如附图 8－9 所示。点击每种方法的链接，就会得到对应物性方法的详细介绍。

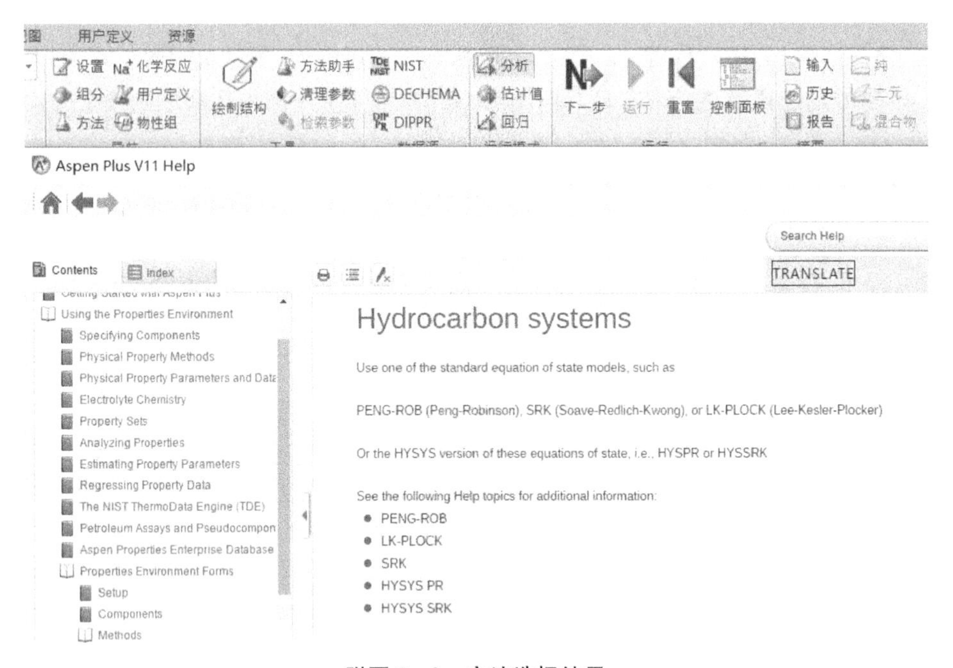

附图 8－9　方法选择结果

(3) 常用物性方法及模型

在化工热力学中，状态方程(Equation of State, EOS)具有非常重要的价值，它不仅表示在较广的范围内 P、V、T 之间的函数关系，而且可用于计算不能直接从实验测得的其他热力学性质。状态方程用于相平衡计算时，气相和液相的参考状态均为理想气体，通过计算气液两相的逸度系数，可以确定其对理想气体的偏差，立方型状态方程(Cubic Equation of State, CEOS)也称 van der Waals(vdW)型状态方程，其特征是方程可展开为体积(或密度)的三次方形式，可以准确预测临界和超临界状态，通过选用合适的温度函数 $a(T)$ 和混合规则，立方型状态方程也可以准确预测非理想体系的气液平衡。

虽然大多数状态方程对烃类溶液(属正规溶液，与理想溶液偏离较小)可同时应用于气、液相逸度计算，但对另一类生产中常见的极性溶液和电解质溶液，则由于其液相的非理想性较强，一般状态方程并不适用，该类溶液中各组分的逸度常通过活度系数模型来计算。

一般而言，van Laar 模型对于较简单的系统能获得较理想的结果，在关联二元数据方面是有用的，但在预测多元气液平衡方面显得不足。Wilson 模型是基于局部组成概念提出来的，能用较少的特征参数关联和推算混合物的相平衡，特别是很好地关联非理想性较高系统的气液平衡。Wilson 模型的精确度较 van Laar 模型高，在气液平衡的研究领域中得到了广泛的研究和应用，对含烃、醇、酮、醚、氰、酯类以及含水、硫、卤类的互溶溶液均能获得良好结果，但不能用于部分互溶体系。

NRTL 模型具有与 Wilson 模型大致相同的拟合和预测精度，并且克服了 Wilson 模型的不足，能够用于描述部分互溶体系的液液平衡。

UNIQUAC 模型相比 Wilson、NRTL 模型要复杂一点，但是精确度更高，通用性更好，适用于含非极性和极性组分（如烃类、醇酮、醛、有机酸等）以及各种非电解质溶液（包括部分互溶体系）。UNIFAC 模型是将基团贡献法应用于 UNIQUAC 模型而建立起来的，并且得到越来越广泛的应用。

状态方程法和活度系数法的特点如附表 8－2 所示。

附表 8－2　状态方程法和活度系数法的特点

方法	状态方程法	活度系数法
优点	① 不需要标准态 ② 可将 pVT 数据用于相平衡的计算 ③ 易采用对比态原理 ④ 可用于临界区和近临界区	① 活度系数方程和相应的系数较全 ② 温度的影响主要反映在 f^{L_i} 上，对 γ_i，影响不大 ③ 适用于多种类型的化合物. 包括聚合物、电解质体系
缺点	① 状态方程需要同时适用于气、液两相，难度大 ② 需要搭配使用混合规则，且其影响较大 ③ 对极性物质、大分子化合物和电解质体系难以应用	① 需要其他方法求取偏摩尔体积，进而求算摩尔体积 ② 需要确定标准态 ③ 对含有超临界组分的体系应用不便，在临界区使用困难
适用范围	原则上可适用于各种压力下的气液平衡，但更常用于中、高压气液平衡	中、低压（$p<10$ atm）下的气液平衡，当缺乏中压气液平衡数据时，中压下使用很困难。

对于常见的体系，推荐附表 8－3～8－6 的物性方法。

附表 8－3　理想体系及方法

理想物性方法	K 值计算方法
IDEAL	Ideal Gas/Raoult's law/Henry's law
SYSOPO	Release/version of Ideal Gas/Raoult's law

附表 8-4　状态方程模型及方法

方法	状态方程
基于 Lee 方程的物性方法	
BWR-LS	BWR Lee-Starling
LK-PLOCK	Lee-Kesler-Plöcker
基于 PR 方程的物性方法	
PENG-ROB	Peng-Robinson
PR-BM	Peng-Robinson with Boston-Mathias alpha function
PRWS	Peng-Robinson with Wong-Sandler mixing rules
PRMHV2	Peng-Robinson with modified Huron-Vidal mixing rules
基于 RK 方程的物性方法	
PSRK	Predictive Redlich-Kwong-Soave
RKSWS	Redlich-Kwong-Soave with Wong-Sandler mixing rules
RKSMHV2	Redlich-Kwong-Soave with modified Huron-Vidal mixing rules
RK-ASPEN	Redlich-Kwong-ASPEN
RK-SOAVE	Redlich-Kwong-Soave
RKS-BM	Redlich-Kwong-Soave with Boston-Mathias alpha function
其他物性方法	
SR-POLAR	Schwartzentruber-Renon

附表 8-5　活度系数模型及方法

方法	液相活度系数	汽相逸度系数
基于 Pitzer 的物性方法		
PITZER	Pitzer	Redlich-Kwong-Soave
PITZ-HG	Pitzer	Redlich-Kwong-Soave
B-PITZER	BromLey-Pitzer	Redlich-Kwong-Soave
基于 NRTL 的物性方法		
ELECNRTL	Electrolyte NRTL	Redlich-Kwong
ENRTL-HF	Electrolyte NRTL	HF Hexamerization model
ENRTL-HG	Electrolyte NRTL	Redlich-Kwong
NRTL	NRTL	Ideal gas
NRTL-HOC	NRTL	Hayden-O'Connell
NRTL-NTH	NRTL	Nothnagel
NRTL-RK	NRTL	Redlich-Kwong

（续表）

方法	液相活度系数	汽相逸度系数
NRTL－2	NRTL（using dataset 2）	Ideal gas
基于 UNIFAC 的物性方法		
UNIFAC	UNIFAC	Redlich-Kwong
UNIF-DMD	Dortmund-modified UNIFAC	Redlich-Kwong-Soave
UNIF-HOC	UNIFAC	Hayden-O'Connell
UNIF-LBY	Lyngby-modified UNIFAC	Ideal gas
UNIF-LL	UNIFAC for liquid-liquid systems	Redlich-Kwong
基于 UNIQUAC 的物性方法		
UNIQUAC	UNIQUAC	Ideal gas
UNIQ-HOC	UNIQUAC	Hayden-O'Connell
UNIQ-NTH	UNIQUAC	Nothnagel
UNIQ-RK	UNIQUAC	Redlich-Kwong
UNIQ－2	UNIQUAC（using dataset 2）	Ideal gas
基于 VANLAAR 的物性方法		
VANLAAR	Van Laar	Ideal gas
VANL-HOC	Van Laar	Hayden-O'Connell
VANL-NTH	Van Laar	Nothnagel
VANL-RK	Van Laar	Redlich-Kwong
VANL－2	Van Laar（using dataset 2）	Ideal gas
基于 WILSON 的物性方法		
WILSON	Wilson	Ideal gas
WILS-HOC	Wilson	Hayden-O'Connell
WILS-NTH	Wilson	Nothnagel
WILS-RK	Wilson	Redlich-Kwong
WILS－2	Wilson（using dataset 2）	Ideal gas
WILS-HF	Wilson	HF Hexamerization model
WILS-GLR	Wilson（ideal gas and liquid enthalpy reference state）	Ideal gas
WILS-LR	Wilson（liquid enthalpy reference state）	Ideal gas
WILS-VOL	Wilson with volume term	Redlich-Kwong

附表 8-6　特殊模型及方法

方法	K 值计算方法	应用
AMINES	Kent-Eisenberg amines model	MEA、DEA、DIPA、DGA 中 H_2S、CO_2 的处理
APISOUR	API sour water model	带有 NH_3、H_2S、CO_2 的废水处理
BK-10	Braun K-10	石油
SOLIDS	Ideal Gas/Raoult's law/Henry's law/solid activity coefficients	冶金
CHAO-SEA	Chao-Seader corresponding states model	石油
GRAYSON	Grayson-Streed corresponding states model	石油
STEAM-TA	ASME steam table correlations	水或蒸汽
STEAMNBS	NBS/NRC steam table equation of state	水或蒸汽

【物性分析】

Aspen Plus 为用户提供了物性分析功能，主要是用来生成简单的物性图表，验证物性模型和数据的准确性。用户可以通过下列途径在 Aspen Plus 中使用物性分析功能：

① 单独运行：在物性（Properties）环境下主页功能区选项卡中选择运行类型（Run Mode）为分析（Analysis）；

② 在数据回归中使用：在物性环境下主页功能区选项卡中选择运行类型为回归（Regrssion）；

③ 在流程模拟中使用在模拟（Simulation）环境下运行。

物性环境下可以生成以下几种类型的物性分析：

① 纯组分（Pure）计算随温度和压力变化的关系图等；

② 二元（Binary）生成二元体系相图，如 $T-x-y$、$p-x-y$ 和混合 Gibbs 能曲线等；

③ 混合物（Mixture）计算，来自闪蒸计算的多相混合物或没有闪蒸计算的单相混合物的物性；

④ $p-T$ 相包络线（PT-Envelope）生成汽化分率为常数时的温度-压力相包络线和物性；

⑤ 剩余曲线（Residue）生成全回流精馏下三元混合物的组成变化曲线；

⑥ 三元（Ternary）生成三元相图，包括相平衡曲线、连接线和三元混合物的共沸点。

（1）纯组分温度和压力变化的关系图

常温常压下乙醇的蒸汽压相对于温度变化的关系图。启动 Aspen Plus，选择模板 General with Metric Units，运行类型（Run Type）选择物性分析（Property Analysis），进入组分|规定|选择页面，输入乙醇组分，如附图 8-10 所示，选择物性方法 PENG-ROB 进行物性分析。

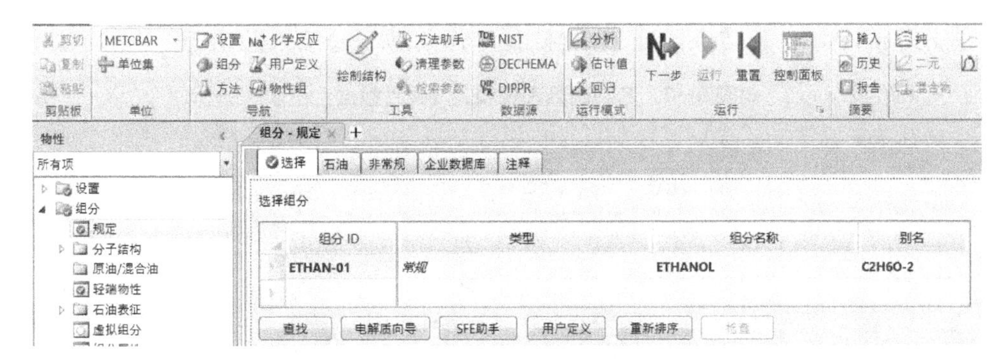

附图 8 - 10　输入乙醇组分

点击主页功能区选项卡中的纯组分，进入分析|Pure - 1|输入|纯分析页面，物性中选择 PL(蒸气压)，在压力单位中选择 bar，温度单位℃。在组分界面将“乙醇”从可用组分添加到所选组分，如附图 8 - 11 所示。然后点击运行，可以得到乙醇的蒸汽压和温度变化图，如附图 8 - 12 所示。

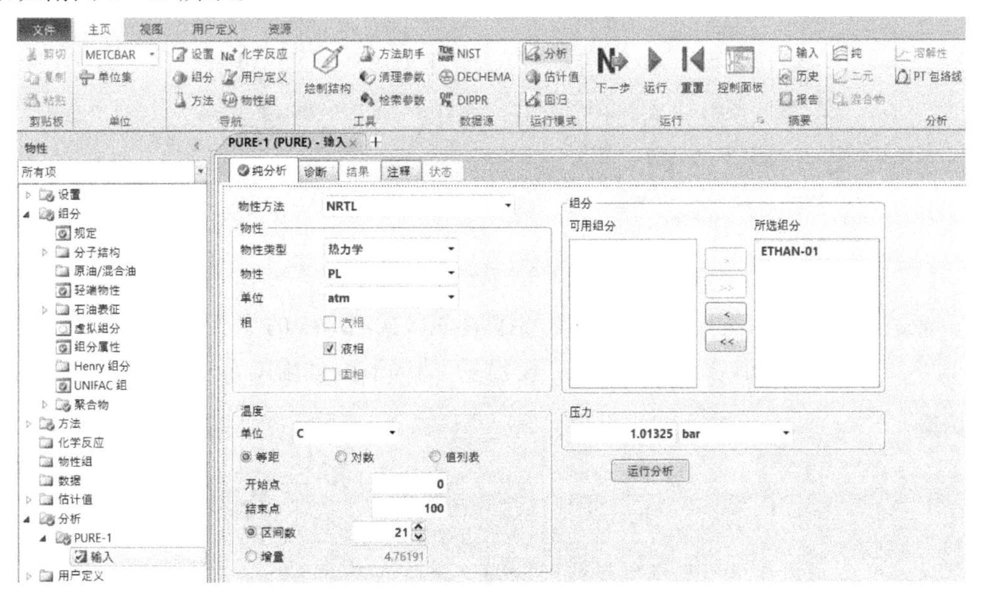

附图 8 - 11　设置组分物性分析界面

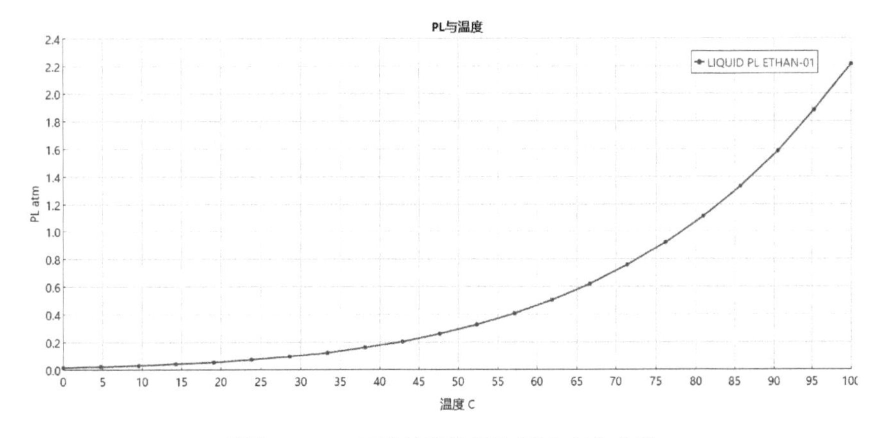

附图 8 - 12　乙醇的蒸汽压和温度变化曲线

进入分析|Pure－1|结果页面，查看纯组分物性数据汇总结果，见附表 8－7 所示。

附表 8－7　乙醇的蒸汽压和温度关系数据汇总表

纯组分物性分析结果

TEMP	PRES	LIQUID PL ETHAN-01
C	bar	atm
0	1.01325	0.0157563
4.76191	1.01325	0.0219364
9.52381	1.01325	0.0301514
14.2857	1.01325	0.0409425
19.0476	1.01325	0.0549592
23.8095	1.01325	0.0729731
28.5714	1.01325	0.0958918
33.3333	1.01325	0.124773
38.0952	1.01325	0.16084
42.8571	1.01325	0.205492
47.6191	1.01325	0.260321
52.381	1.01325	0.327126
57.1429	1.01325	0.407919
61.9048	1.01325	0.50494
66.6667	1.01325	0.620668
71.4286	1.01325	0.757826
76.1905	1.01325	0.919388
80.9524	1.01325	1.10859
85.7143	1.01325	1.32893
90.4762	1.01325	1.58416

下面进行 PT 相包络线的绘制。点击主页功能区选项卡中的 PT Envelope，进入分析|PTENV－1|输入页面，在流量中输入乙醇流量 1 kmol/h，如附图 8－13 所示。

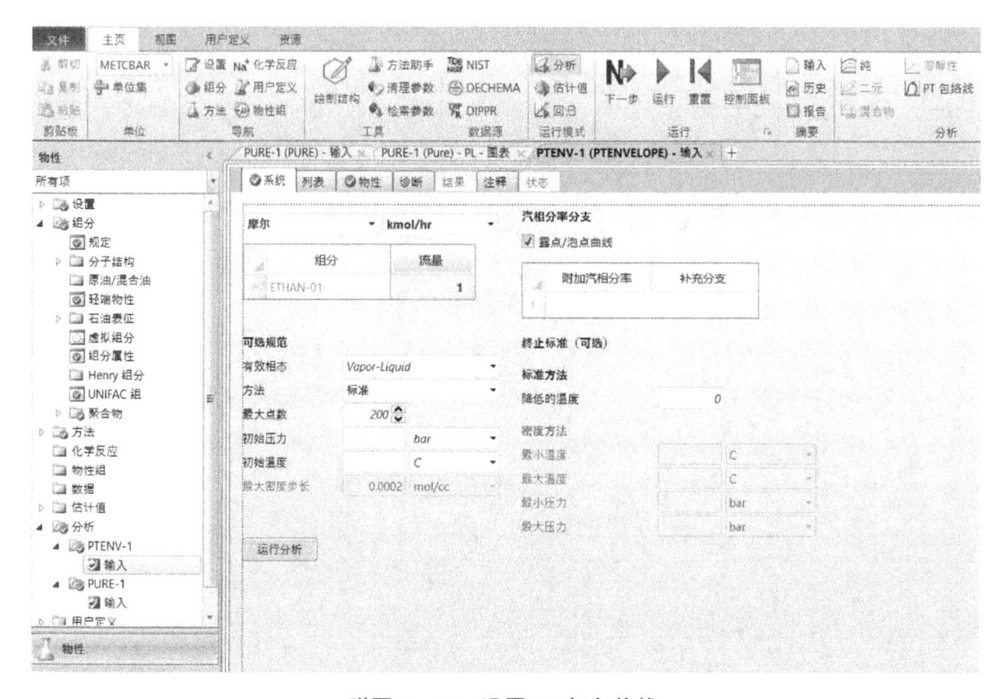

附图 8－13　设置 PT 相包络线

点击运行分析,得到乙醇的 PT 相包络线,如附图 8－14 所示。

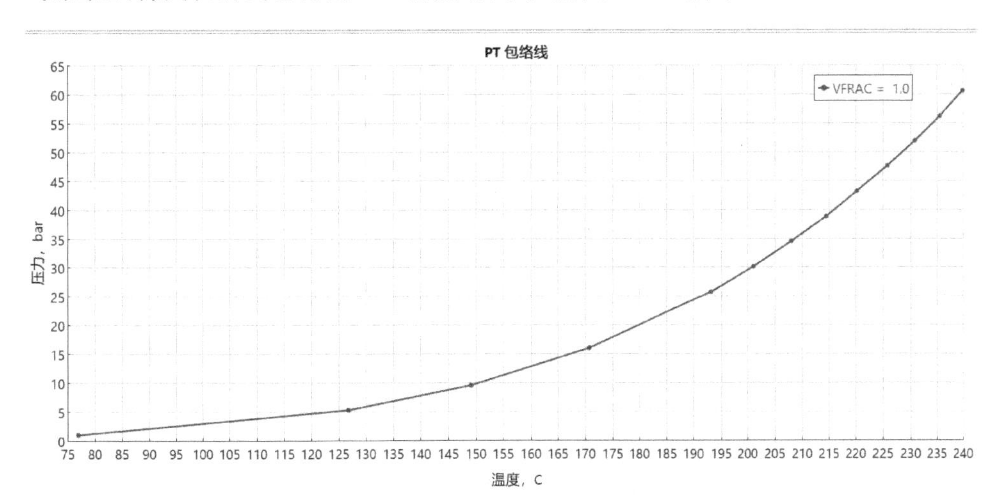

附图 8－14　乙醇的 PT 相包络线

进入分析|PTENV－1|结果页面,查看 PT 相包络线分析结果,如附表 8－8 所示。

附表 8－8　PT 相包络线分析结果

VFRAC	TEMP	PRES
	C	bar
1	76.9817	1.01325
1	126.738	5.32445
1	149.032	9.63564
1	170.796	16.1024
1	193.089	25.8026
1	200.988	30.1539
1	208.045	34.5051
1	214.438	38.8563
1	220.295	43.2076
1	225.707	47.5588
1	230.743	51.91
1	235.457	56.2613
1	239.892	60.6125

(2) 二元物系 $T-x-y$ 和 $x-y$ 相图

运用物性分析功能做出乙醇-水体系在 0.1 MPa 下的 $T-x-y$,$x-y$ 相图。已知乙醇、水的流率均为 50 kmol/hr。

启动 Aspen Plus,选择模板 General with Metric Units,运行类型(Run Type)选择物性分析(Property Analysis),进入组分|规定|选择页面,输入组分 CH_3CH_2OH 和 H_2O,如附图 8－15 所示。

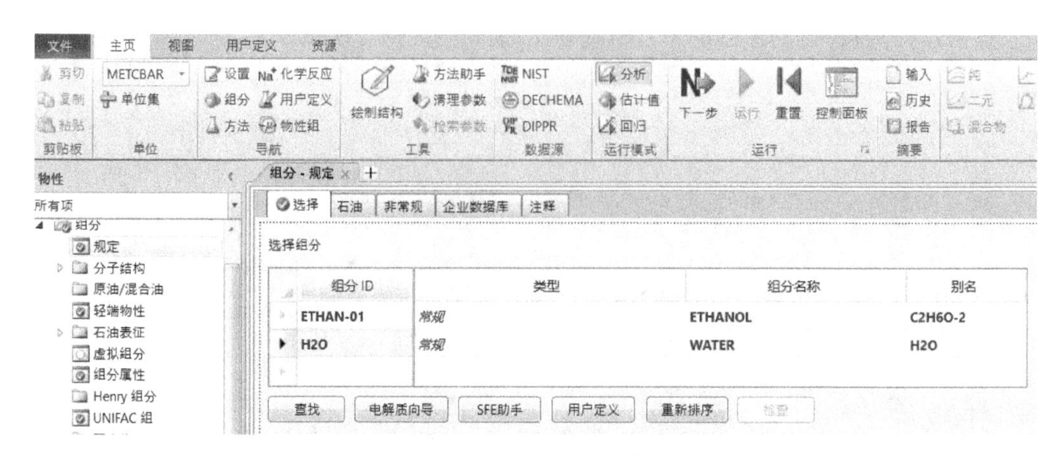

附图 8-15 输入组分

不考虑分子之间的缔合，进入组分|参数|全局设定页面，选择 NRTL 物性方法，如附图 8-16 所示。

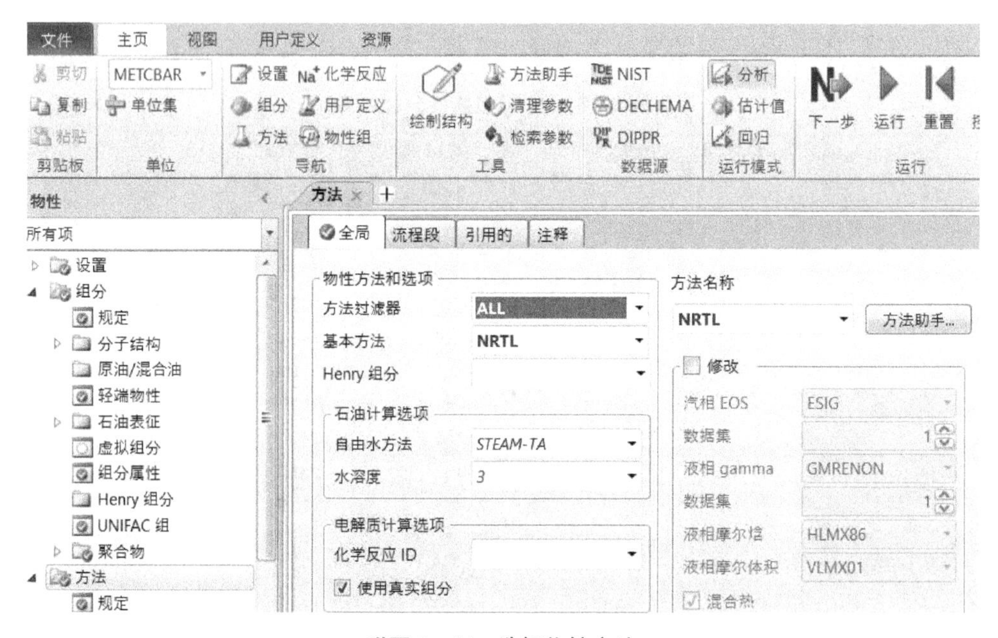

附图 8-16 选择物性方法

点击主页功能区选项卡中的物性分析，进入分析|二元分析页面，分析类型选择 Txy，组分里有两个组分分别选择 CH_3CH_2OH 和 H_2O，在压力选项中输入 101.325 kPa，在区间数中输入 50，如附图 8-17 所示。点击附图 8-17 中的绿色运行分析按钮，得到 CH_3CH_2OH 和 H_2O 体系的 $T-x-y$ 相图，如附图 8-17 所示。分析类型改为 xy，点击运行即可得到 CH_3CH_2OH 和 H_2O 体系的 $x-y$ 相图，如附图 8-18 所示。

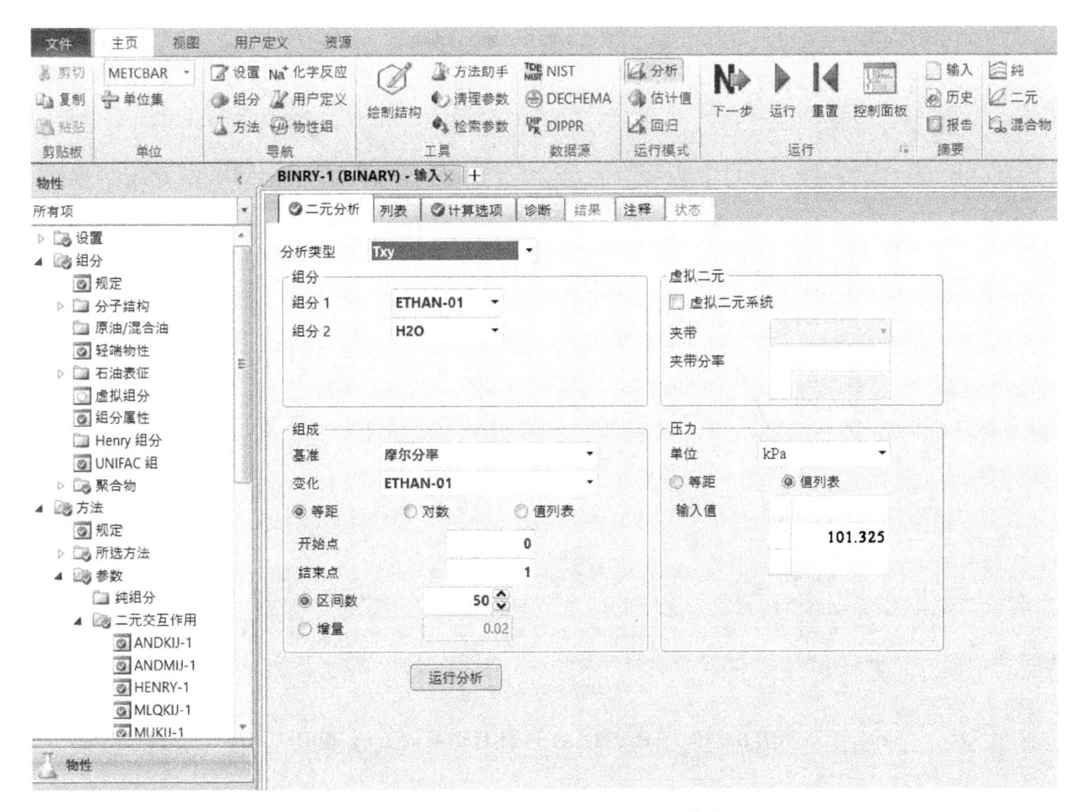

附图 8－17　设置物性分析界面参数

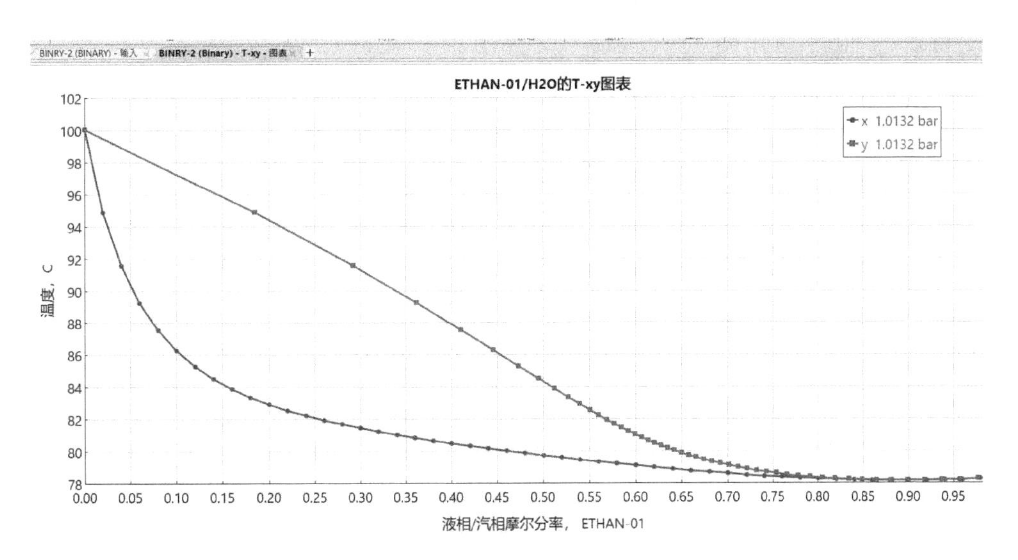

附图 8－18　CH_3CH_2OH 和 H_2O 体系的 $T-x-y$ 相图

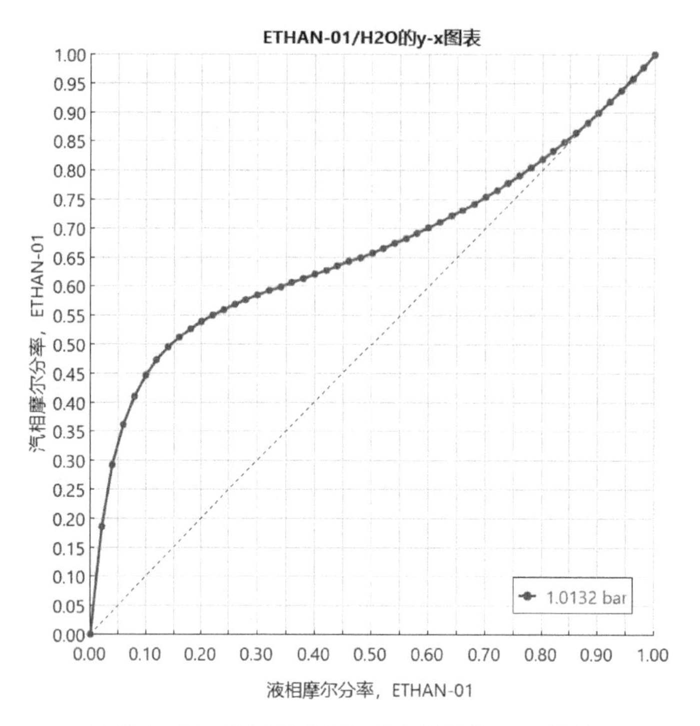

附图 8-19 CH_3CH_2OH 和 H_2O 体系的 $x-y$ 相图

在分析|二元分析页面，分析类型选择 $T-x-y$ 或者 $x-y$，组分里有两个组分分别选择 CH_3CH_2OH 和 H_2O，在压力选项中输入不同的压力，即可得到不同压力条件下的 $T-x-y$ 和 $x-y$ 相图，如附图 8-20 和 8-21 所示。

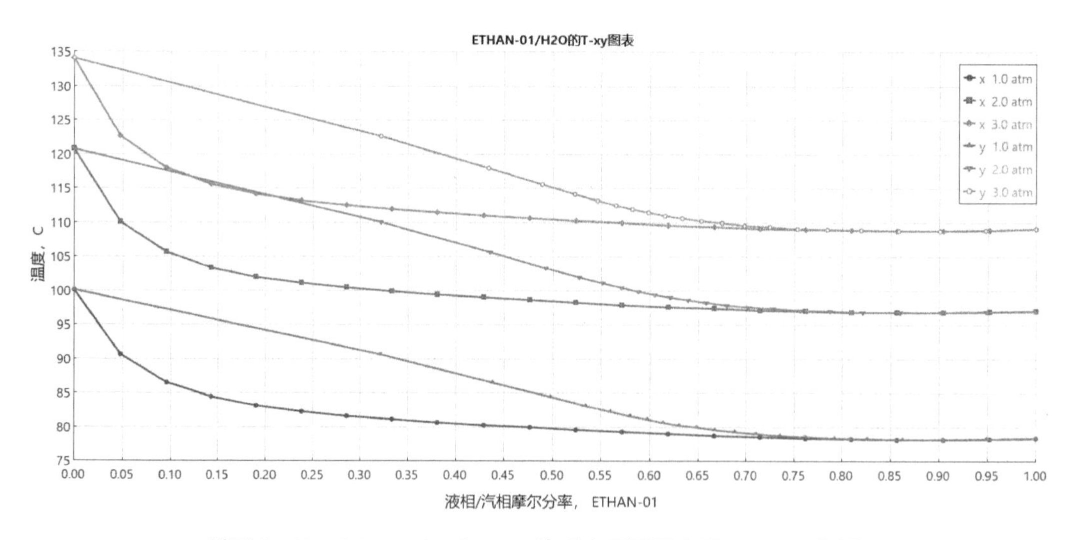

附图 8-20 CH_3CH_2OH 和 H_2O 体系在不同压力下 $T-x-y$ 相图

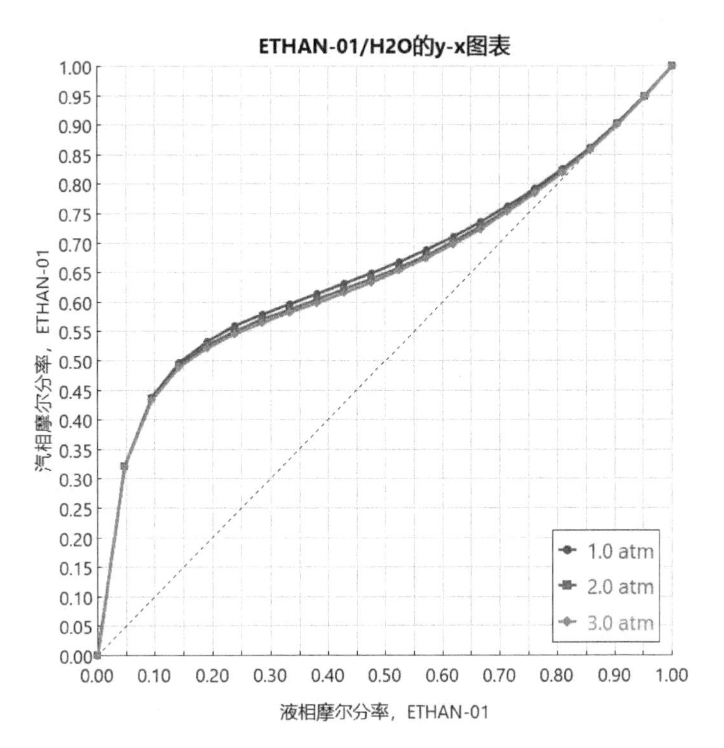

附图 8-21 CH_3CH_2OH 和 H_2O 体系在不同压力下 $x-y$ 相图

(3) 三元相图

运用物性分析功能做出环己烷-乙醇-水体系在 1 atm 下的三元相图。启动 Aspen Plus，选择模板 General with Metric Units。进入组分|规定|选择页面，输入组分 C_6H_{12}-1、CH_3CH_2OH 和 H_2O，如附图 8-21 所示。

附图 8-22 输入组分

由于该体系存在乙醇、水等极性组分，且涉及液液平衡，可以选择 UNIQUAC 或者 NRTL 方法。点击下一步(N)，进入组分|参数|全局设定页面，选择 UNIQUAC 或者 NRTL 物性方法。点击进入方法|参数|二元交互|UNIQ-1 输入页面，查看方程的二元

交互作用参数，如附图 8－23 所示。由于环己烷和水不互溶，其二元交互作用参数的来源是液液平衡数据库。

附图 8－23　二元交互作用参数

点击主页功能区选项卡中的三元图表，弹出蒸馏合成(Distillation Synthesis)对话框，如附图 8－24 所示，点击使用 Distillation Synthesis 三元图(Use Distillation Synthesis ternary maps)。进入蒸馏合成资源管理器页面，如附图 8－25 所示，设置三元绘制图选项，也可以默认设置。

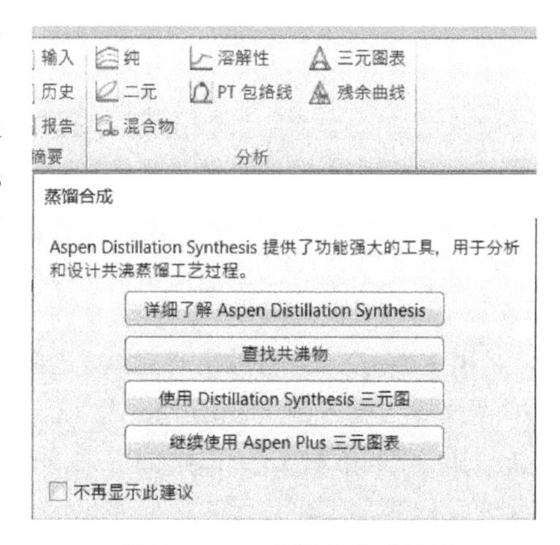

附图 8－24　蒸馏合成功能图

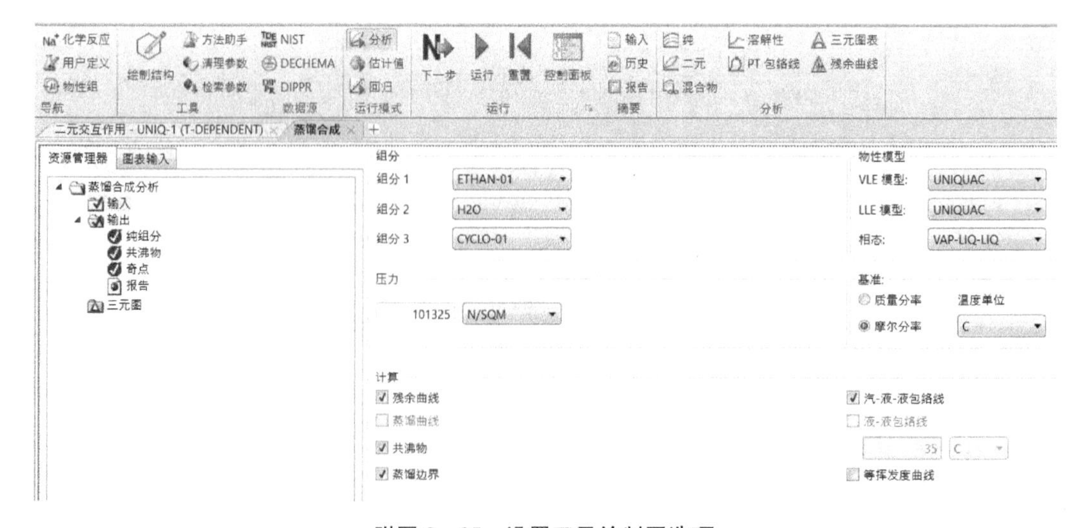

附图 8－25　设置三元绘制图选项

点击附图 8－24 中的三元图，得到环己烷-乙醇-水体系蒸馏合成三元相图，如附图 8－26 所示。用户可以在计算选项工具栏下勾选需要出现在相图中的信息，如共沸物、蒸馏边界、残余曲线等。

CYCLO-01/ETHAN-01/H2O的三元图表
相包络线1 (PRES = 1.01325 bar)
连结线1 (PRES = 1.01325 bar)
连结线2 (PRES = 1.01325 bar)
连结线3 (PRES = 1.01325 bar)
连结线4 (PRES = 1.01325 bar)
连结线5 (PRES = 1.01325 bar)
共沸物1 (PRES = 1.01325 bar)
共沸物2 (PRES = 1.01325 bar)
共沸物3 (PRES = 1.01325 bar)
共沸物4 (PRES = 1.01325 bar)
Molefrac H2O
Molefrac ETHAN-01
Molefrac CYCLO-01
0.10 0.20 0.30 0.40 0.50 0.60 0.70 0.80 0.90

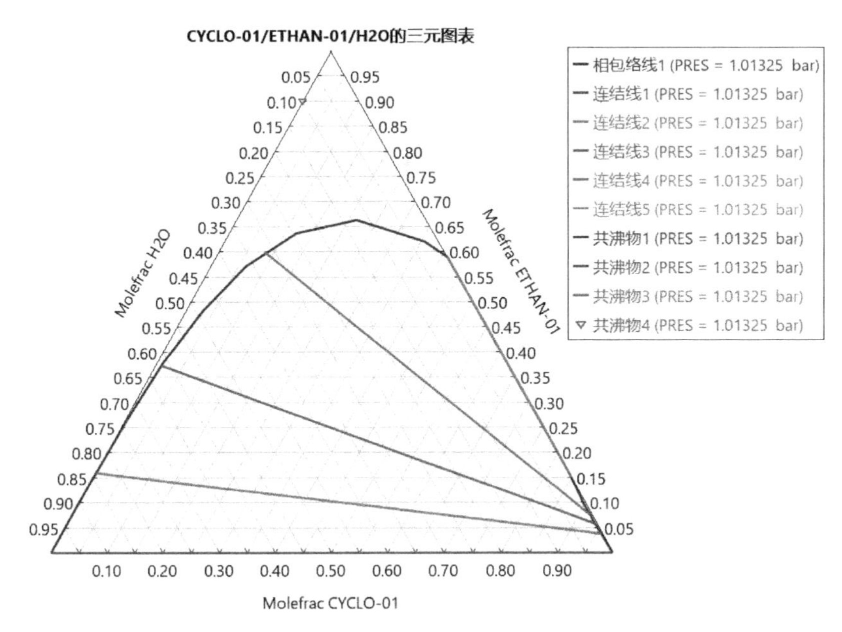

附图 8－26　环己烷-乙醇-水体系三元相图

用户也可以直接得到三元体系的共沸数据，选择附图 8－25 中的共沸物，勾选三种组分，如附图 8－27 所示。

共沸物搜索
输入
输出
纯组分
共沸物
奇点
报告
组分列表
名称　描述
ETHAN-01　ETHANOL
H2O　WATER
CYCLO-01　CYCLOHEXANE
压力
101325　N/SQM
物性模型
模型:　UNIQUAC
相态:　VAP-LIQ

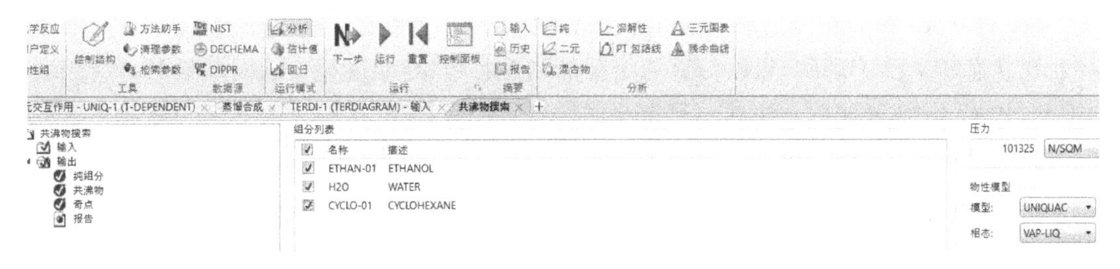

附图 8－27　设置共沸选项

点击附图 8－25 中的共沸物即可看到三元体系的共沸数据，如附图 8－28 所示。点击报告得到共沸报告，如附图 8－29 所示。

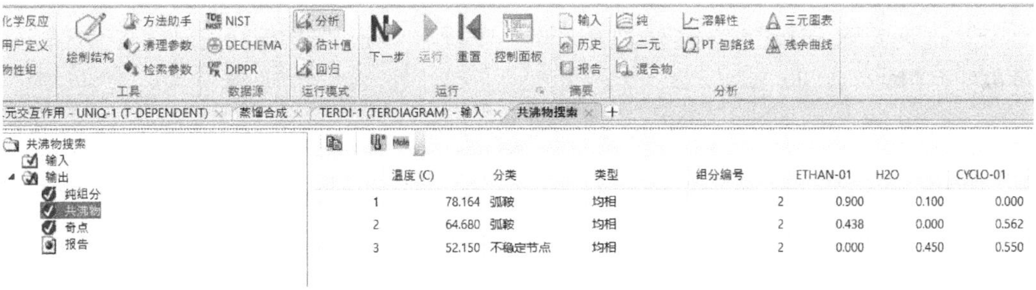

共沸物搜索
输入
输出
纯组分
共沸物
奇点
报告
温度 (C)　分类　类型　组分编号　ETHAN-01　H2O　CYCLO-01
1　78.164　弧鞍　均相　2　0.900　0.100　0.000
2　64.680　弧鞍　均相　2　0.438　0.000　0.562
3　52.150　不稳定节点　均相　2　0.000　0.450　0.550

附图 8－28　查看共沸数据

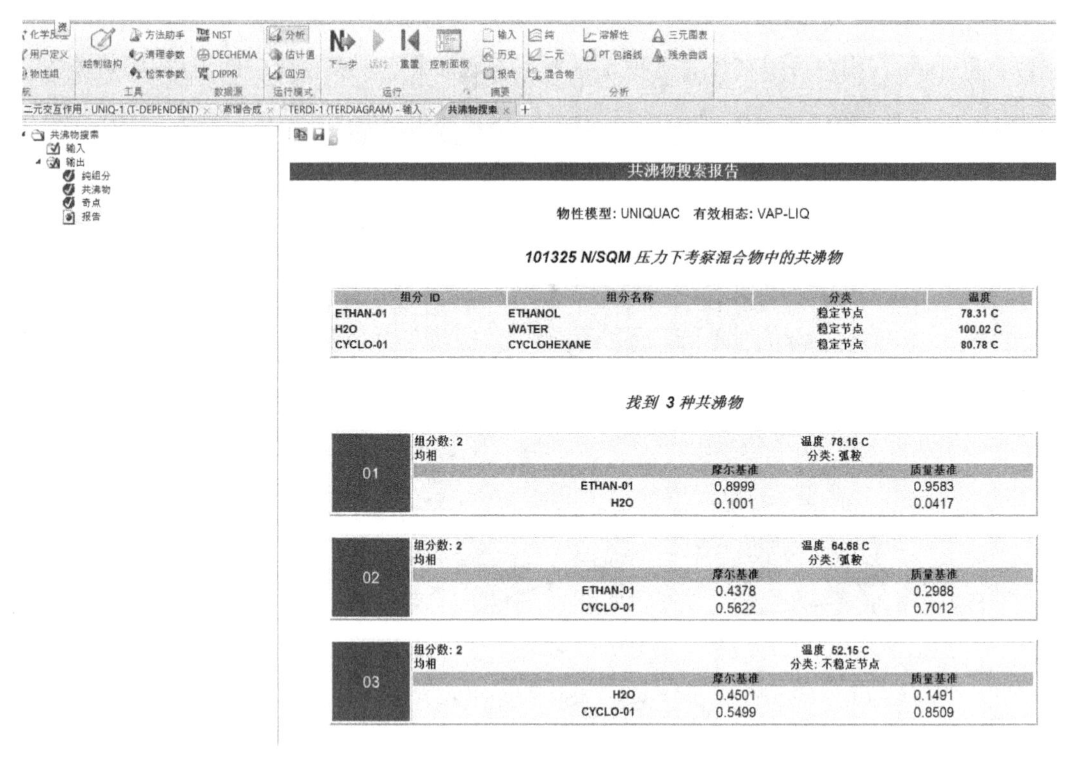

组分 ID	组分名称	分类	温度
ETHAN-01	ETHANOL	稳定节点	78.31 C
H2O	WATER	稳定节点	100.02 C
CYCLO-01	CYCLOHEXANE	稳定节点	80.78 C

01 组分数: 2 均相 温度 78.16 C 分类: 弧鞍

	摩尔基准	质量基准
ETHAN-01	0.8999	0.9583
H2O	0.1001	0.0417

02 组分数: 2 均相 温度 64.68 C 分类: 弧鞍

	摩尔基准	质量基准
ETHAN-01	0.4378	0.2988
CYCLO-01	0.5622	0.7012

03 组分数: 2 均相 温度 52.15 C 分类: 不稳定节点

	摩尔基准	质量基准
H2O	0.4501	0.1491
CYCLO-01	0.5499	0.8509

附图 8-29 查看共沸报告

【物性估算】

Aspen Plus 中的物性估算系统可以估算物质的许多参数。物性估算以基团贡献法和对比状态相关性为基础，可以估算纯组分的物性常数，与温度相关的模型参数，Wilson、NRTL 以及 UNIQUAC 方法的二元交互作用参数以及 UNIFAC 方法的基团参数。

例如估算非库组分噻唑(C_3H_3NS)的物性。由文献查到噻唑的分子式 C_3H_3NS，分子量 85，噻唑的正常沸点(TB) 116.8 ℃。蒸气压关联式 $\ln p = 16.445 - 3\ 281.0/(T + 216.255)$ (69 ℃ $\leqslant T \leqslant$ 188 ℃)。

启动 Aspen Plus，选择模板 General with Metric Units，运行类型(Run Type)选择物性估算(Property Estimation)。在组分里，点击用户自定义，然后自定义组分 ID，如附图 8-30 所示。

自定义组分 ID 后，点击下一步，输入物性数据，如分子量和沸点，见附图 8-31 所示。点击下一步，进入分子结构的编写，如附图 8-32 所示。分子结构编写完以后，点击保存，可以保存在文件夹里。

所有项
设置
组分
规定
分子结构
Henry 组分
UNIFAC 组
聚合物
方法
数据
估计值
输入
比较
结果
比较结果
用户定义
结果
选择
石油
非常规
企业数据库
注释
选择组分
组分 ID
类型
组分名称
查找
电解质向导
SFE助手
用户定义
重新排序
检查
用户定义组分向导
用户定义组分向导
欢迎使用用户定义组分向导，这可以最快速地输入用户定义组分的物性。此向导将引导您完成所需的步骤，以便根据类型为用户定义的组分输入必要的物性。
组分 ID:
WW
类型：
常规
别名
常规组分的必要物性包括
分子量、常规沸点、分子结构、蒸汽压和理想气体热容

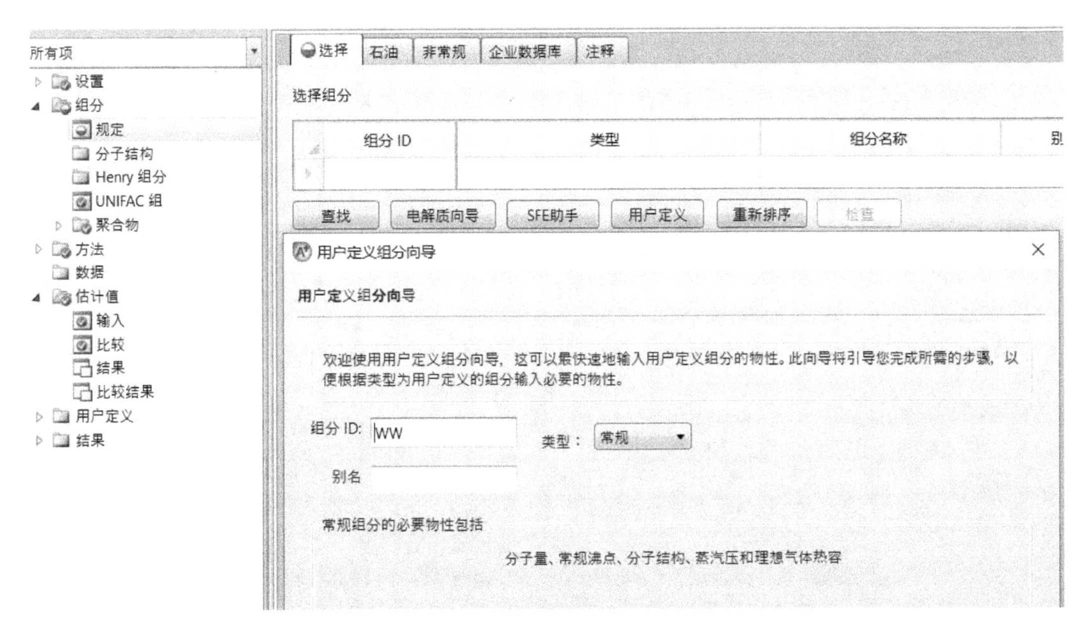

附图 8-30 定义组分 ID

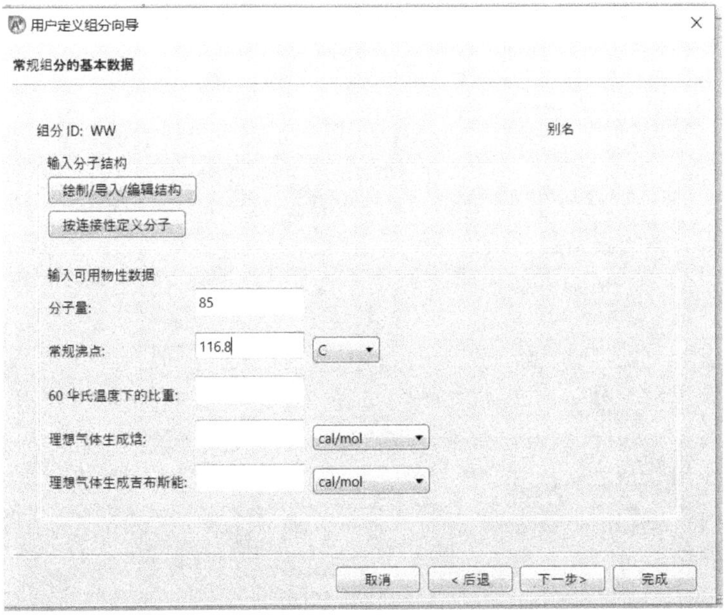

用户定义组分向导
常规组分的基本数据
组分 ID: WW
别名
输入分子结构
绘制/导入/编辑结构
按连接性定义分子
输入可用物性数据
分子量:
85
常规沸点:
116.8
C
60 华氏温度下的比重:
理想气体生成焓:
cal/mol
理想气体生成吉布斯能:
cal/mol
取消
< 后退
下一步 >
完成

附图 8-31 输入物性数据

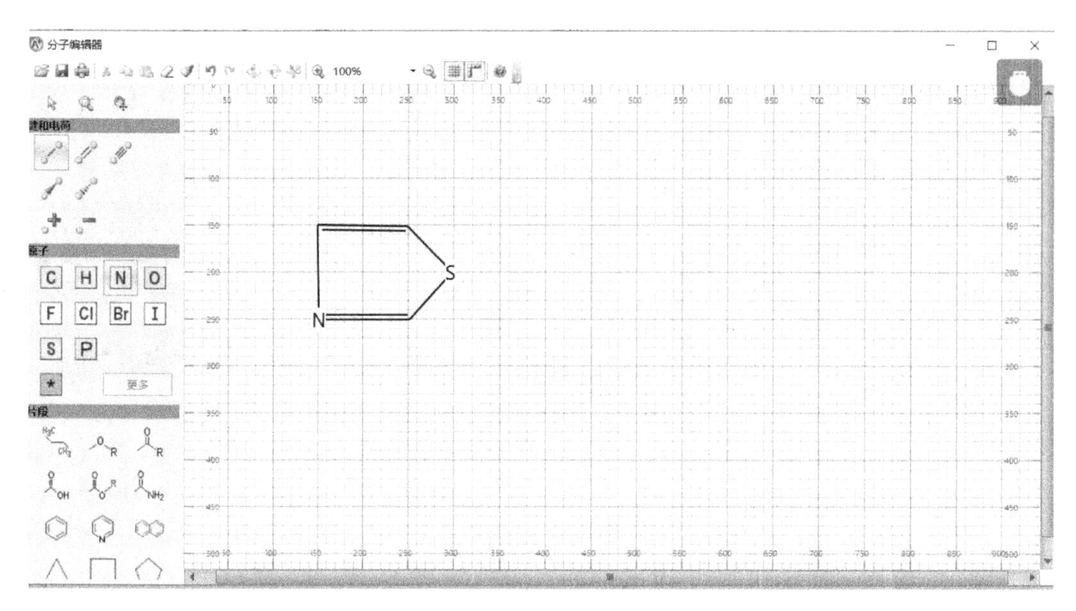

附图 8 - 32 分子结构的编写

分子结构编写完成，点击下一步，进入常规组分的基本数据，跳出提示对话框，保存用户输入的物性数据，如附图 8 - 33 所示，点击确定，进入下一步。

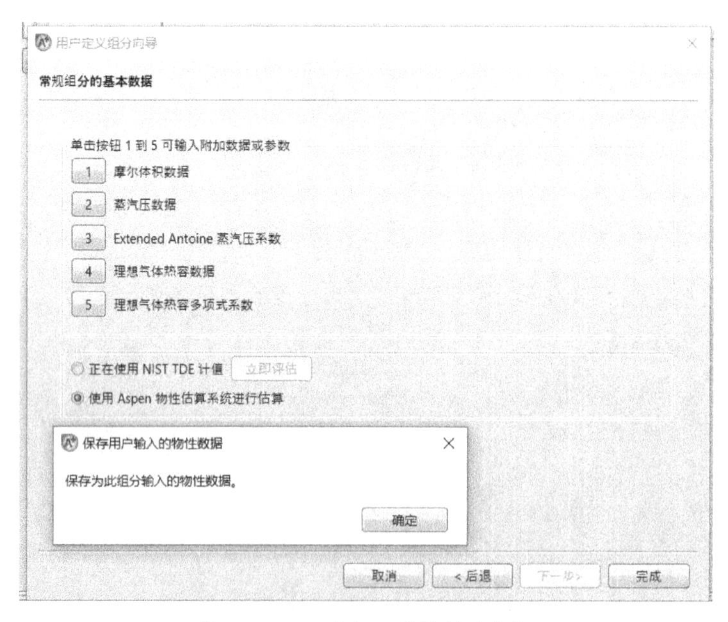

附图 8 - 33 常规组分的基本数据

点击组分|分子结构|结构与功能页面，点击计算氢键，如附图 8 - 34 所示。计算运行完成后，得到分子结构中的原子类型、原子数量以及原子之间键的类型，如附图 8 - 35 所示。

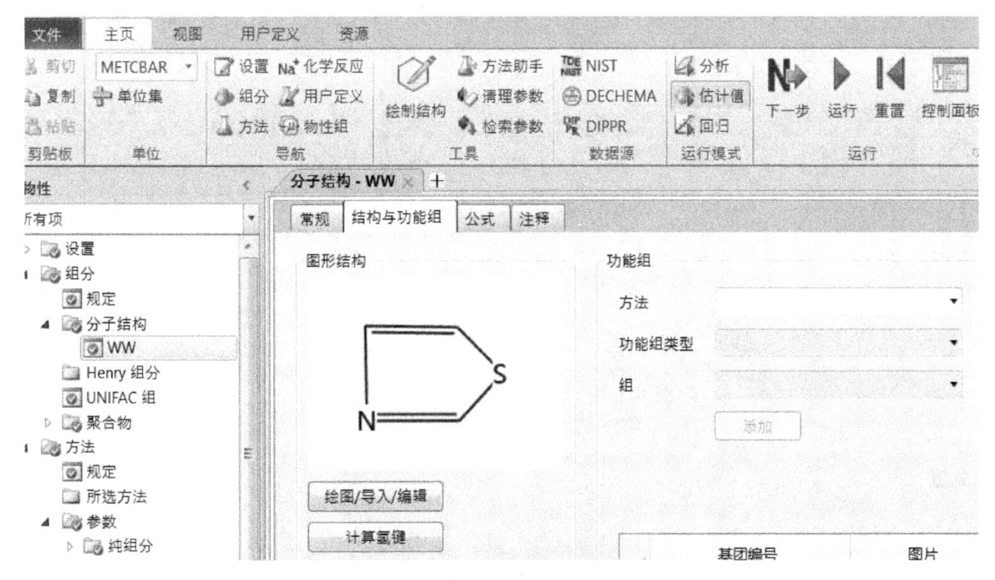

附图 8 - 34　分子结构与功能

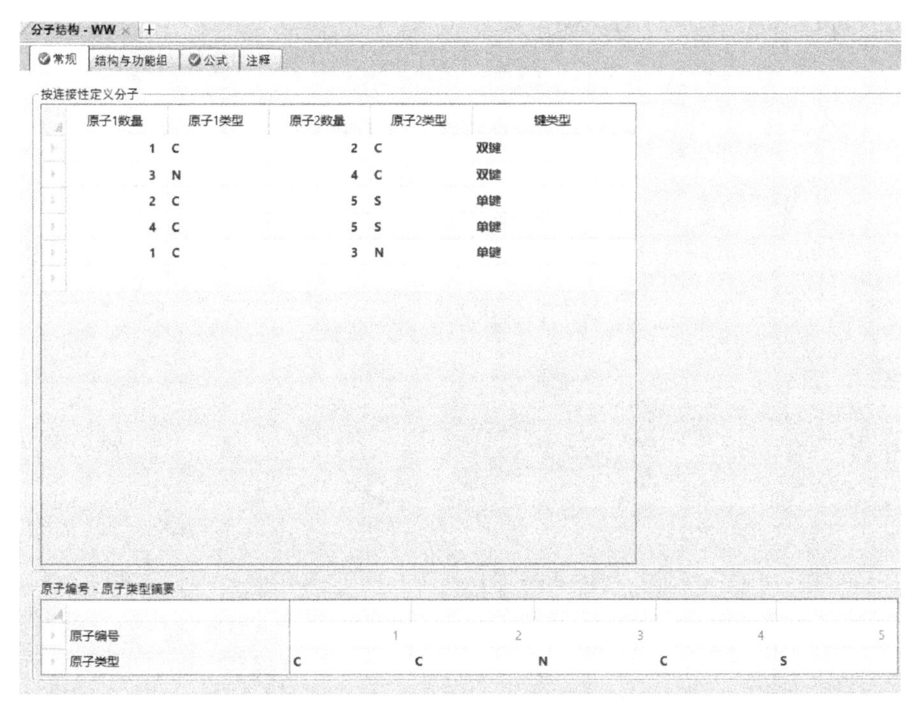

原子1数量	原子1类型	原子2数量	原子2类型	键类型
1	C	2	C	双键
3	N	4	C	双键
2	C	5	S	单键
4	C	5	S	单键
1	C	3	N	单键

原子编号	1	2	3	4	5
原子类型	C	C	N	C	S

附图 8 - 35　分子结构中原子个数及键类型

点击下一步，进入到方法参数里，纯组分里找 PLXANT－1，如果有参数，输入参数数据，如附图 8－36 所示。

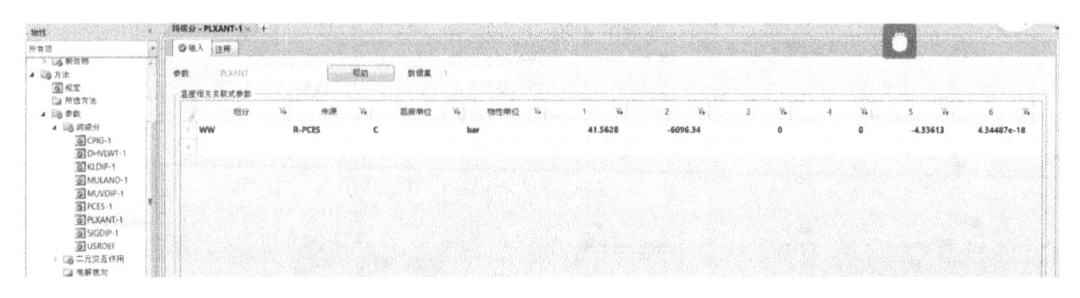

附图 8－36　分子的 PLXANT－1 参数

参考文献

[1] 曾兴业，莫桂娣. 化学工程与工艺专业实验[M]. 北京：中国石化出版社，2018.
[2] 李德华. 化学工程基础实验[M]. 北京：化学工业出版社，2019.
[3] 乐清华. 化学工程与工艺专业实验[M]. 北京：化学工业出版社，2018.
[4] ASPEN PLUS V11. Aspen Technology, Inc.